Vorhersage feuchteinduzierter Bewuchsentwicklung auf Außenwandoberflächen

von Heide Ackerbauer

FRAUNHOFER IRB VERLAG

Herausgeber
Univ.-Prof. Dr.-Ing. Nabil A. Fouad
Leibniz Universität Hannover
Institut für Bauphysik
Appelstraße 9A
30167 Hannover

Verfasser
Heide Ackerbauer

Alle Rechte vorbehalten

Dieses Werk einschließlich aller seiner Teile ist urheberrechtlich geschützt. Jede Verwertung in anderen als den gesetzlich zugelassenen Fällen bedarf deshalb der vorherigen schriftlichen Einwilligung des Herausgebers.

© 2020 by Univ.-Prof. Dr.-Ing. Nabil A. Fouad
Leibniz Universität Hannover
Institut für Bauphysik
ISBN (Print): 978-3-7388-0444-7
ISBN (E-Book): 978-3-7388-0445-4

Nachdruck, Druck: Libri Plureos GmbH, Hamburg

Fraunhofer IRB Verlag
Fraunhofer-Informationszentrum Raum und Bau IRB
Postfach 80 04 60, D-70504 Stuttgart
Telefon 0711 970-2500
Telefax 0711 970-2508
E-Mail irb@irb.fraunhofer.de
www.bauinformation.de

Berichte

des Instituts für Bauphysik der Leibniz Universität Hannover
Herausgeber:
Univ.-Prof. Dr.-Ing. Nabil A. Fouad;
Leibniz Universität Hannover – Institut für Bauphysik
Heft 9, Februar 2020

Fraunhofer IRB Verlag

Vorhersage feuchteinduzierter Bewuchsentwicklung auf Außenwandoberflächen

Von der Fakultät für Bauingenieurwesen und Geodäsie

der Gottfried Wilhelm Leibniz Universität Hannover

zur Erlangung des Grades

DOKTOR DER INGENIEURWISSENSCHAFTEN

Dr.-Ing.

genehmigte Dissertation

von

Dipl.-Ing. Heide Ackerbauer
geboren am 15.10.1983, in Hofgeismar

2020

Referent:	Univ.-Prof. Dr.-Ing. Nabil A. Fouad
Korreferenten:	Univ.-Prof. Dr.-Ing. Ludger Lohaus
	Univ.-Prof. Dr.-Ing. Andreas Rapp
Vorsitzender:	Univ.-Prof. Dr.-Ing. Martin Achmus
Tag der Promotion:	15. Februar 2019

Kurzfassung

Als zentrales Einflusskriterium für mikrobiellen Bewuchs (Algen- und Pilzbewuchs) gilt die an der Bauteiloberfläche vorhandene Feuchtigkeit. Auf Grund der gestiegenen Anforderungen an den energiesparenden Wärmeschutz erhöhte sich allgemein auch der Wärmedämmstandard. Insbesondere bei Außenwänden mit WDV-Systemen wird infolge eines im Vergleich zu ungedämmten Konstruktionen höheren Feuchteniveaus ein verstärkter mikrobieller Bewuchs beobachtet.

In der Forschung und Entwicklung von Außenwandkonstruktionen wurden bereits vielfältige Methoden untersucht, Oberflächenwasseranfall zu reduzieren. So wurden unter anderem auch Ansätze untersucht, Außenoberflächen künstlich zu beheizen. Die bisher angedachten Maßnahmen zur Reduktion des Oberflächenwasseranfalls auf das Niveau ungedämmter, unbewachsener Konstruktionen werden derzeit als unwirtschaftlich eingestuft.

Geeignete Vermeidungsstrategien könnten allerdings dann wirtschaftlich sein, wenn gerade so viel Oberflächenwasser zugelassen wird, dass sich noch kein mikrobieller Bewuchs bildet. Zur Umsetzung dieses Ansatzes fehlte bislang eine Untersuchung, die sich mit der Feststellung eines derartigen Grenzniveaus der mikrobiellen Bewuchsneigung beschäftigt.

Ziel dieser Arbeit war es daher, eine neue methodische Herangehensweise zur Entwicklung einer Kenngröße zu bestimmen, ab dem an beliebig ausgerichteten und beliebig aufgebauten Außenwandoberflächen mit einem potentiellen Bewuchs zu rechnen ist. Dieser neue Kennwert sollte möglichst als Einzahlwert alle potentiellen baulichen und standortabhängigen Einflüsse bewerten und für die Beurteilung und Bemessung anwendbar sein. In der Arbeit wurde dieser Kennwert als Oberflächenfeuchteintensität t'_{w} eingeführt

Zur Ableitung des Kennwerts wurden rechnerisch/phänomenologische Langzeituntersuchungen mit einer Datenerfassung über mehrere Jahre an mikrobiell bewachsenen Gebäuden und Bereichen durchgeführt. Hierbei wurden insbesondere solche Testflächen ausgewählt, bei denen bewachsene und unbewachsene Bereiche dicht beieinander liegen. Diese Untersuchungen wurden an bestehenden Wandaufbauten in-situ durchgeführt.

Darüber hinaus wurde ein neuer Teststand in Würfelform entwickelt, der durch seine Aufstellung im Freien unter realen Randbedingungen bewittert wurde. Durch eine Variation der Wandaufbauten mit Abbildung von konstruktiven Extremwerten zur Dämmstoff- und Putzdicke wurden unterschiedliche Feuchteniveaus auf der Oberfläche generiert. Auf den jeweils in die Haupthimmelsrichtungen ausgerichteten Oberflächen wird so sicher ein kritischer Bewuchsbereich innerhalb der Testfläche provoziert. Die Entwicklung des Bewuchses wurde im Rahmen dieser Arbeit über 2,5 Jahre beobachtet.

Am neu entwickelten Teststand war die natürlich auftretende Häufigkeit von flüssigem Wasser (Tau- und Regenwasser) als charakterisierende Einflussgröße besonders wichtig. Durch die bislang verfügbaren Messmethoden kann Oberflächenfeuchte jedoch nicht ohne Beeinflussung der eigentlichen Oberfläche bestimmt werden. Aus diesem Grund wurde ein neuartiges Messsystem zur minimal invasiven Bestimmung von flüssigem Wasser durch die Methode eines von außen zu beobachtenden Farbindikators entwickelt und zur Erfassung von Messdaten angewandt.

Zur numerischen Berechnung der Oberflächenfeuchtigkeit wurden instationäre, gekoppelte Wärme- und Feuchtefeldberechnungen mit dem Programmsystem WUFI durchgeführt. Hierbei wurde mit Hilfe einer Erweiterung des Ursprungs-Außenwandmodells um eine fiktive Oberflächenschicht eine Berechnung des an der Außenoberfläche vorhandenen Wassergehaltes möglich.

Mit Hilfe der Daten aus den Labor- und Freifeldversuchen und des speziell zur Detektion von Oberflächenwasser entwickelten Messsystems wurde das Berechnungsmodell erfolgreich validiert und die Anwendbarkeit für die Untersuchungsaufgabe nachgewiesen.

Mit diesem hygrothermischen Berechnungsmodell wurde das komplexe Feuchteverhalten der untersuchten Fassaden unter Berücksichtigung mikro-/lokalklimatischer Einflussgrößen (z.B. Verschattung, Wind, Einschränkung des Sichtfelds zum Himmel durch Bäume und umliegende Gebäude) simuliert und mit dem Fokus auf die neue Kenngröße Oberflächenfeuchteintensität ausgewertet.

Die Berechnungen zeigten, dass sich für alle untersuchten Außenwandoberflächen ein charakteristischer Verlauf des Feuchteanfalls in den Monaten September bis Januar einstellt und dieser Zeitraum mit der mikrobiellen Hauptwachstumszeit zusammenfällt.

Die neue Kenngröße Oberflächenfeuchteintensität $t'_{w,Sep\text{-}Jan}$ beschreibt daher anschaulich die durchschnittliche Anzahl an Stunden pro Tag, in denen über einen Zeitraum von ca. fünf Monaten (für mitteleuropäisches Klima von September bis Januar unter Berücksichtigung von Lokalklimaeffekten) frei verfügbares Wasser an der Oberfläche vorhanden sein muss, damit sich langfristig mikrobieller Bewuchs bildet. Die Anwendbarkeit dieser Kenngröße wurde über das sich mit der Untersuchungszeit eingestellte Bewuchsbild am Teststand belegt.

Als Ergebnis der Langzeitsimulationen (simulierte Zeitdauer 9 Jahre) an den realen Untersuchungsobjekten und dem Vergleich mit dem tatsächlich vorhanden mikrobiellen Bewuchsbild wurde in erster Näherung eine mögliche kritische Oberflächenfeuchteintensität von ca. $t'_{w,Sep\text{-}Jan} = 3$ h/d bestimmt. Diese Zeitdauer des Feuchteanfalls in der Hauptwachstumsphase im Herbst und Winter wäre voraussichtlich ausreichend damit sich mikrobieller Bewuchs bilden kann. Unterhalb einer derartigen Grenze ist kein Bewuchs zu erwarten. Diese in erster Näherung als mögliche kritische Oberflächenfeuchtintensität angegebene Größe sollte durch weitere Studien an realen Objekten überprüft werden.

Zur praktischen Anwendbarkeit der neuen Beurteilungsmethodik wurden Variationsrechnungen durchgeführt, die es ermöglichen unterschiedliche Bauteilaufbauten im Zusammenhang mit der Feuchtebeanspruchung zu bewerten.

Schlagworte: Mikrobieller Bewuchs, Vorhersagemodell, Algen und Pilze, numerische Abbildung Temperatur- und Feuchtefelder

Abstract

Determination of a limit value to predict the development of moisture-induced fouling on exterior wall surfaces

High moisture level is the main cause of microbial growth (algae and fungal growth) on facades on the surface of buildings. Due to the increased requirements on energy-saving thermal insulation, the standards of thermal insulation also have raised. Especially in the case of exterior walls with ETIC systems, compared to uninsulated structures an increased microbial growth is observed as a result of higher moisture levels.

In the research and development of exterior wall constructions, various methods have been assessed to reduce liquid water on surfaces. For example, approaches have been evaluated to heat exterior surfaces artificially. The measures proposed to reduce liquid water on surfaces to the level of uninsulated, uncovered constructions are currently considered as uneconomic so far.

Considering this from an economic point of view, it needs find a strategy which tolerates only as much liquid water on exterior wall surfaces to prevent microbial growth. To implement this approach, a study that seeks to determine such a threshold of microbial growth was still missing, till now.

The main objective of this study was to determine a newly methodological approach to develop a derived parameter, from which a potentially fouling on exterior wall surfaces can be predicted. This parameter should be valid for any orientation or composition of the wall in question. This new parameter should preferably evaluate as a single value all potential influences and be applicable for assessment and dimensioning. The parameter is introduced as surface moisture intensity $t'_{w,Sep\text{-}Jan}$.

To derive this parameter, long-term phenomenological investigations were carried out on microbial vegetated structures over several years. In particular, those surface tests were selected in which overgrown and not overgrown areas are in close proximity. These investigations were carried out on existing wall structures on site.

In addition, a new test series was developed in form of a cube, which was weathered outdoors under real conditions. By varying the constructions of the walls under consideration of extreme values for the insulation and plaster thickness, different moisture levels were generated on the surfaces. The surfaces of the cube were oriented to each direction (north, east, south, west), so a critical fouling could be reliably provoked. The development of the vegetation on this cube has been observed for 2,5 years.

The main focus of the developed test stand was to examine the frequency of condensed water and rain water as a characterizing influence. Though, the measurement methods cannot determine moisture on surfaces without the influence of the actual exterior wall surface so far. For this reason, a new measuring system was developed to examine the minimally invasive determination of liquid water by the method of a color indicator and to record the measured data.

With the software WUFI it was possible to calculate the moisture on the surfaces, linked by calculations of unsteady coupled heat and humidity. In this case, it was possible to calculate the liquid water content which was present on the exterior surfaces by means of an extension of the original exterior wall model using a fictitious surface layer.
With the help of laboratory data, free-field tests, and the measuring system which was specially developed for the detection of water on surfaces, the model was successfully validated and proved the applicability for the investigation task.

Using this hygrothermal calculation model, the complex moisture behavior of facades could be simulated by taking into account micro and local climatic factors (eg. shading, wind, limitation of the view to the sky through trees and surrounding buildings). Therefor the focus on the evaluation was the parameter of moisture intensity on the surface.

The calculations showed that for all examined exterior wall surfaces a characteristic process occurs of the moisture seizure in the months of September to January. This period coincides with the main microbial growth period.

The new parameter surface moisture intensity t'w describes the average number of hours per day in which, over a period of about five months (for central european climate from September to January, taking local climate effects into account), liquid water must be present on the surface so that microbial growth could develop over a long-range. Over the examination time the applicability of this parameter was confirmed by the growth pattern on the test stand.

As a result of the long-term simulations (simulation time 9 years) on the real examination objects and the comparison with the actually present microbial growth pattern, an average duration of approx. $t'_{w,Sep\text{-}Jan}$ = 3 h/d was determined as a first estimation for the surface moisture intensity. This period of moisture occurrence in the main growth phase in autumn and winter is sufficient for microbial growth. Below this limit, no vegetation is expected. This value, which in a first approximation is given as the possible critical surface moisture intensity, should be checked by further studies on real objects.

For the practical applicability of the identified correlations, variational calculations were carried out on the basis of the new assessment methodology, which make it possible to evaluate different component structures in connection with the moisture load.

Key words: microbial growth, predictive model, algae and fungi, numerical image of temperature and humidity fields

Inhalt

1 Problemstellung und Ziel der Arbeit ... 1

1.1 Einführung ... 1

1.2 Ziel der Arbeit und Untersuchungsmethodik ... 3

2 Aktueller Kenntnisstand zum Auftreten von mikrobiellem Bewuchs ... 5

2.1 Bewuchsbeispiele ... 5

2.2 Mikrobieller Bewuchs aus statistischer Sicht ... 12
2.2.1 Bestehende Studien zu Bewuchshäufigkeit und -intensität ... 12
2.2.2 Studie im Stadtgebiet Hannover ... 12

2.3 Organismen an Bauteiloberflächen ... 15
2.3.1 Arten von Mikroorganismen ... 15
2.3.1.1 Algen ... 15
2.3.1.2 Pilze ... 16
2.3.1.3 Cyanobakterien ... 17
2.3.1.4 Flechten ... 17
2.3.2 Wachstumsvoraussetzungen für Mikroorganismen an Außenwandkonstruktionen ... 18
2.3.2.1 Vorbemerkungen ... 18
2.3.2.2 Licht ... 18
2.3.2.3 Temperatur ... 18
2.3.2.4 pH-Wert ... 19
2.3.2.5 Feuchtigkeit ... 20
2.3.2.6 Zusammenstellung wesentlicher Wachstumsvoraussetzungen ... 20

2.4 Ursachen für mikrobiellen Bewuchs ... 21
2.4.1 Vorbemerkungen ... 21
2.4.2 Nicht beeinflussbare Ursachen ... 21
2.4.3 Beeinflussbare Ursachen ... 22

2.5 Maßnahmen gegen Bewuchs - Stand der Forschung ... 23
2.5.1 Chemisch-Biologische Ansätze ... 23
2.5.1.1 Biozide und Algizide ... 23
2.5.1.2 Nanosilber und photokatalytische Nanopartikel ... 24
2.5.1.3 Selbstreinigung durch Abbau oberflächennaher Schichten ... 24
2.5.2 Thermische Ansätze ... 25
2.5.2.1 Vorbemerkungen ... 25
2.5.2.2 Phasenwechselmaterialien ... 25
2.5.2.3 Außenwandtemperierung ... 26
2.5.2.4 Änderung der strahlungstechnischen Eigenschaften der Oberflächenbeschichtung ... 26
2.5.3 Hygrische Ansätze ... 26
2.5.3.1 Hydrophobie, Hydrophilie ... 26

3 Feuchtehaushalt von Oberflächen – theoretische Grundlagen ... 28

3.1 Feuchtespeicherung ... 28

3.2 Feuchtetransport 29
3.2.1 Wasserdampfdiffusion 29
3.2.2 Oberflächendiffusion 30
3.2.3 Kapillarleitung 31

3.3 Feuchteübergang 32

3.4 Entstehung von Oberflächenfeuchtigkeit 33
3.4.1 Tauwasserbildung 33
3.4.2 Niederschlag 37

3.5 Wasseraufnahme 39

3.6 Verdunstung 39

3.7 Lokalklimatische Einflussparameter 41
3.7.1 Vegetation 41
3.7.2 Geografische Lage 42

4 Möglichkeiten zur Berechnung der Bewuchsneigung 43

4.1 Vorhandene Vorhersagemodelle und Berechnungsmethoden 43

4.2 Vorhandene Beurteilungsparameter 43

5 Versuchstechnische Untersuchungen 46

5.1 Messdatenerfassung an Bestandsbauwerken 46
5.1.1 Voruntersuchungen 46
5.1.1.1 Untersuchungen zum Temperaturverhalten 46
5.1.1.2 Untersuchungen zur Bewuchsentwicklung im Jahresverlauf 49
5.1.2 Messtechnische Langzeituntersuchungen 50
5.1.2.1 Vorbemerkungen 50
5.1.2.2 Eingesetzte Messtechnik 50
5.1.2.3 Auswahl und Beschreibung der Untersuchungsobjekte 51
5.1.2.4 Messobjekt Nr. 1 – Hannover Garbsen 52
5.1.2.5 Messobjekt Nr. 2 – Hannover Berenbostel 60
5.1.2.6 Messobjekt Nr. 3 – Berlin Mitte 66
5.1.2.7 Messobjekt Nr. 4 – Garbsen Osterwald 70
5.1.3 Material- und Bauteiluntersuchungen 73
5.1.3.1 Vorbemerkungen 73
5.1.3.2 Feststellung Konstruktion im WDVS-Dübelbereich 74
5.1.3.3 Untersuchung der Wasseraufnahme der Fassadenoberflächen 75
5.1.3.4 Untersuchung der pH-Werte der Fassadenoberflächen 78

5.2 Messdatenerfassung an einem frei bewitterten Teststand 79
5.2.1 Versuchsbeschreibung 79
5.2.2 Dokumentation des Versuchsaufbaus 88
5.2.3 Oberflächenbehandlung vor Versuchsbeginn 91
5.2.4 Mess-, Steuerungs- und Überwachungstechnik am Teststand 95
5.2.4.1 Aufnahme des Temperatur- und Feuchtezustands der Prüfwände 95
5.2.4.2 Steuerungstechnik für den Teststand 97
5.2.4.3 Bezug meteorologischer Daten am Teststand 98

5.2.4.4 Beobachtung der Bewuchsentwicklung mit Hilfe forensischer Methoden ... 101

6 Entwicklung eines Messsystems zur kontinuierlichen Detektion von freiem Oberflächenwasser ... 104

6.1 Vorbemerkungen ... 104

6.2 Anforderungen an das Messsystem ... 104

6.3 Messprinzip ... 105

6.4 Herstellung, Funktionsweise und technische Umsetzung ... 106
6.4.1 Erstellung und Applikation der Feuchtedetektorgitter ... 106
6.4.2 Auswertungsprinzip ... 107
6.4.3 Softwaretechnische Umsetzung zur automatisierten Bildanalyse ... 111

6.5 Laborversuche zur Prüfung der Einsatzmöglichkeiten des Messsystems ... 115
6.5.1 Untersuchungen zur Dauerhaftigkeit ... 115

6.6 Modellversuche zur Untersuchung des Messsystems zur Oberflächenfeuchtedetektion unter Laborbedingungen ... 117
6.6.1 Vorgehen ... 117
6.6.2 Modellversuch A – Betauungsversuch mit einer Glasscheibe ... 121
6.6.3 Modellversuch B – Betauungsversuch auf rauer Putzoberfläche ... 126
6.6.4 Modellversuch C – Betauungsversuch an unterschiedlich saugfähigen Putzoberflächen ... 129

7 Zusammenstellung der Messergebnisse ... 131

7.1 Auswertung materialtechnischer Untersuchungen ... 131

7.2 Bewuchsbild und Bewuchsentwicklung ... 132
7.2.1 Langzeitbilddokumentation einer Fassade in Berlin ... 132
7.2.2 Bewuchsbild an Bestandsobjekten ... 134
7.2.3 Bewuchsentwicklung des Freifeldversuchs ... 134

7.3 Messergebnisse der Langzeitklimamessungen an Bestandsgebäuden ... 143
7.3.1 Vorbemerkungen ... 143
7.3.2 Zusammenstellung der Messdaten ... 143
7.3.3 Auswertung der Messdaten ... 148
7.3.3.1 Auswertung der Oberflächentemperaturen ... 148
7.3.3.2 Auswertung der Messwerte zur Luftfeuchtigkeit ... 153
7.3.4 Zusammenfassende Beurteilung zu den Feststellungen der Untersuchungen ... 156

8 Erweiterung des hygrothermischen Rechenmodells zur Bestimmung des Feuchtezustands einer Oberfläche ... 157

8.1 Vorbemerkungen ... 157

8.2 Festlegung der Materialparameter für die im Rechenmodell ergänzte Oberflächenschicht ... 157

8.3 Validierung des Rechenmodells ... 160
8.3.1 Vorgehen ... 160
8.3.2 Validierung an Modellversuchen unter Laborbedingungen ... 160
8.3.2.1 Modellversuch A – Betauungsversuch mit einer Glasscheibe ... 162
8.3.2.2 Modellversuch B – Betauungsversuch mit Putzoberfläche ... 163
8.3.2.3 Modellversuch C – Betauungsversuch mit unterschiedlich saugfähigen Putzen ... 164
8.3.3 Validierung des Modells bei freier Bewitterung ... 165
8.3.3.1 Vorbemerkungen ... 165
8.3.3.2 Thermische Betrachtung ... 165
8.3.3.3 Thermisch-Hygrische Betrachtung ... 171

9 Ableitung einer Kenngröße ... 181

10 Annäherung eines Grenzniveaus für Oberflächenfeuchteintensität ... 188

10.1 Vorgehen ... 188

10.2 Hygrothermische Simulation der Untersuchungsobjekte ... 188
10.2.1 Simulation im Untersuchungszeitraum ... 188
10.2.1.1 Anpassung des Referenzklimas auf das Lokalklima ... 188
10.2.1.2 Geometrische und materialspezifische Ansätze für den Wandaufbau ... 198
10.2.1.3 Ergebnisse im Untersuchungszeitraum ... 200
10.2.1.4 Ergebnisse der Langzeitberechnung über 9 Jahre ... 210

11 Parametervariationen zur Ermittlung geeigneter Konstruktionsaufbauten ... 217

11.1 Vorgehen ... 217

11.2 Angesetzte Parameter für die Variationsrechnungen ... 217

11.3 Ergebnisse der Variationsrechnungen ... 220
11.3.1 Einfluss der Wandausrichtung ... 220
11.3.2 Einfluss der Rauigkeit des Geländes ... 226
11.3.3 Einfluss der Gebäudeform in Zusammenhang mit der Schlagregenbeanspruchung ... 228
11.3.4 Einfluss der Einstrahlzahl zur Atmosphäre F_{sky} ... 231
11.3.5 Einfluss der durch Vegetation veränderten Umgebungsluftfeuchte ... 233
11.3.6 Schlussfolgerungen aus der Parametervariation ... 238

12 Zusammenfassung und Ausblick ... 240

13 Quellenverzeichnis ... 244

14 Anlagen ... 253

14.1 A – Produktdatenblätter und Zertifikate ... 254

14.2 B – Numerische Untersuchungen zur Berechenbarkeit keilförmiger Geometrien ... 267

14.3 C – Feuchtekorrekturkurven 276

14.4 D – Dokumentation der Berechnungsergebnisse zur Bestimmung der Oberflächenfeuchteintensität in unterschiedlichen Wandhöhen an Untersuchungsobjekt Nr. 1.2 277

14.5 E – Lebenslauf und Selbstständigkeitserklärung 280

Verwendete Bezeichnungen

Lateinische Buchstaben

A	[m²]	Fläche
A	[W/m²]	Atmosphärische Gegenstrahlungsdichte
c	[J/(kg·K)]	Spezifische Wärmekapazität
c(ϑ)	[J/(kg·K)]	Spezifische, temperaturabhängige Wärmekapazität
D	[W/m²]	Diffusstrahlungsintensität
E	[W/m²]	Langwellige Ausstrahlung
F_{bld}	[-]	Einstrahlzahl zu angrenzenden Gebäuden oder Umgebung
F_{gnd}	[-]	Einstrahlzahl zur Erdoberfläche
F_{sky}	[-]	Einstrahlzahl zur Atmosphäre
G	[W/m²]	Globalstrahlungsintensität
GSC	[-]	Verschattungskoeffizient einer Zielfläche
α	[W/(m²·K)]	Wärmeübergangskoeffizient für Konvektion
I	[W/m²]	Direktstrahlungsintensität
m	[kg]	Masse
N	[-]	Gesamtbedeckung (Bewölkungsgrad)
t	[s], [h]	Zeit, Periodendauer
T	[K]	Absolute Temperatur
T_{bld}	[K]	absolute Außenoberflächentemperatur der Gebäude oder Umgebung
T_{gnd}	[K]	absolute Temperatur der Erdoberfläche
T_{se}	[K]	absolute Temperatur der betrachteten Außenoberfläche
T_{sky}	[K]	Himmelstemperatur
v	[m/s]	(Wind)Geschwindigkeit, Strömungsgeschwindigkeit
v_{xm}	[m/s]	(Wind)Geschwindigkeit, gemessen in 2 oder 10 m Höhe
z_0	[m]	Rauhigkeitslänge
WDVS	[-]	Wärmedämmverbundsystem
pH	[-]	Maß für den sauren oder basischen Charakter
s_d	[m]	Wasserdampfäquivalente Luftschichtdicke
d	[m]	Schichtdicke eines Bauteils
Dws	[m²/s]	Flüssigtransportkoeffizient für den Saugvorgang
W_w	[kg/(m²h^{0,5})]	Wasseraufnahmekoeffizient
w	[kg/m³]	Wassergehalt
w_f	[kg/m³]	Wassergehalt bei freier Wassersättigung
D_{ww}	[m²/s]	Flüssigtransportkoeffizient für Weiterverteilen
Q	[W/m²]	Gesamtstrahlungsbilanz; Summe aller positiven (Energiequelle, z.B. kurzwellige Sonnenstrahlung) und negativen (Energiesenke, z.B. langwellige Abstrahlung der Oberfläche), nach VDI 3789
K	[W/m²]	Wärmeflussdichte zur Berücksichtigung der Wärmeleitung zu einer Oberfläche, nach VDI 3789
H	[W/m²]	Wärmeflussdichte zur Berücksichtigung der konvektiven Wärmeübertragung zwischen Atmosphäre und Oberfläche, nach VDI 3789
V	[W/m²]	Wärmeflussdichte latenter Wärme infolge Verdunstung und Kondensation, nach VDI 3789

P	[W/m²]	Wärmeflussdichte der durch Niederschläge zur Oberfläche transportierten Wärme, nach VDI 3789
A_R	[W/m²]	Reflektierte Atmosphärische Gegenstrahlungsdichte
WA-Platte	[-]	Wasseraufnahme-Platte nach Prof. Franke, für in-situ Bestimmung des Wasseraufnahmekoeffizienten W_W
HSV	[-]	Farbraummodell mit den Größen Farbwert (hue), Farbsättigung (saturation), Hellwert (value)
t_{TPU}	[h]	Taupunkttemperaturunterschreitung, Ereignis
t_w	[h]	Oberfläche mit Wassergehalt w>99%, Ereignis
T_{TPU}	[h]	Taupunkttemperaturunterschreitung, Summe
T_w	[h]	Oberfläche mit Wassergehalt w>99%, Summe
t'_{TPU}	[h/d]	Gemittelte Anzahl der Taupunktunterschreitungsstunden am Tag in einem definierten Zeitraum, hier September bis Januar
v	[-]	View-Faktoren für Verschattungsberechnungen
F_D	[-]	Regendepositionsfaktor
F_E	[-]	Regenexpositionsfaktor
HRY	[-]	Hygrothermisches Referenzjahr (Klimawerte)
R	[m²K/W]	Wärmedurchlasswiderstand

Griechische Buchstaben

α	[-]	Absorptionsgrad
α_F	[°]	Azimut einer Fläche
γ_F	[°]	Neigung einer Fläche gegenüber der Horizontalen
β_p	[kg/m²sPa]	Wasserdampfübergangskoeffizient
ε	[-]	Emissionsgrad
θ	[°C]	Temperatur
$\Delta\theta$	[K],	Temperaturunterschied
θ_i	[°C]	Innenluft-Temperatur
λ	[W/m·K]	Wärmeleitfähigkeit
λ	[m]	Wellenlänge
Φ	[W]	Wärmestrom
Φ	[m³/m³]	Porosität
ρ	[kg/m³]	Rohdichte
σ	[W/(m²·K⁴)]	Stefan-Boltzmann-Konstante
μ	[-]	Wasserdampfdiffusionswiderstandszahl
φ	[W]	Wärmestrom
ν	[%]	Relative Luftfeuchte
θ_e	[°C]	Außenluft-Temperatur
θ_s	[°C]	Oberflächen-Temperatur, Innen (i) oder Außen (e)
Δ	[SI-Einheit]	Delta, allgemein für Darstellung von Unterschieden
ρ_w	[g/m³]	Absolute Luftfeuchte

1 Problemstellung und Ziel der Arbeit

1.1 Einführung

Um die energetischen Einsparziele im Bereich des Gebäudesektors in konstruktiver Hinsicht zu erfüllen, ist bei Neubauten und Gebäudesanierungen der Einsatz von gut wärmegedämmten Außenwänden Stand der Technik. Insbesondere bei der Ertüchtigung von Bestandsbauten werden die gemäß aktuell gültiger Energieeinsparverordnung *(EnEV [100])* geforderten Wärmedämmqualitäten der Gebäudehülle meist durch nachträglich außenseitig angebrachte Wärmedämmung in Form von Wärmedämmverbundsystemen (WDVS) erzielt. Im Gegensatz zu monolithischen Außenwandkonstruktionen wird durch die Dämmung mit WDV-Systemen die äußere, meist massearme Wetterschutzschicht thermisch von der tragenden Konstruktion und dem Innenklima entkoppelt. In der Folge besteht weitaus häufiger die Wahrscheinlichkeit der Tauwasserbildung und längerem Verbleiben von Niederschlags- und Tauwasser an der Fassadenoberfläche.

Länger anhaltende Feuchtigkeit auf der Außenoberfläche wird in der Literatur als Hauptvoraussetzung für mikrobiellen Bewuchs angegeben *(z.B. Büchli, Raschle [82])* und ist als Hauptursache schon länger bekannt. Bei wärmedämmtechnisch höherwertigen Konstruktionen wird daher seit etwa Mitte der 1980er Jahre immer wieder der sich mit der Zeit einstellende mikrobielle Belag auf den Außenoberflächen gerügt und als Nachteil der Wärmedämmung mit WDV-Systemen beschrieben *(Künzel [65])*. Bei dem mikrobiellen Bewuchs handelt es sich um ein Konglomerat aus Algen, Pilzen, Flechten, Bakterien oder Moosen, die auf der Außenwandkonstruktion durch flächige Verfärbungen mindestens optisch störend wirken können. Nachstehendes Bild 1-1 zeigt exemplarisch die nach Nord-Westen gerichtete Außenwand eines Wohnhauses mit extremem mikrobiellen Bewuchs. Die Bewohner berichteten, dass die Fassade etwa alle zwei Jahre zur Beseitigung der Begrünung überarbeitet werden müsste und so zusätzliche Betriebskosten generiert werden.

Bild 1-1: Durch mikrobiellen Bewuchs grünlich verfärbte, nach Nord-Westen gerichtete Außenwandkonstruktion eines mit WDVS gedämmten Wohnhauses

Auch lokal verstärkt auftretende Verfärbungen, wie in Bild 1-2 gezeigt, sind häufig Grund für ein unerwünschtes Erscheinungsbild.

Bild 1-2: Mit WDVS gedämmte Nordfassade mit starken Verfärbungen oberhalb eines Fensters. Im Bereich der Befestigungsmittel sind im Vergleich keine Verfärbungen erkennbar

Obwohl nach derzeitigem Kenntnisstand der Bewuchs keine technischen Auswirkungen auf die Fassadenfunktion bewirkt *(Künzel [65])* kommt bei den Verbrauchern zunehmend die Frage nach dem Mehrwert von Dämmmaßnahmen bei den teilweise gravierenden optischen Beeinträchtigungen auf. Dem zu schnell auftretenden Bewuchs wird durch die Hersteller der WDV-Systeme sehr häufig durch den noch aktuell zugelassenen Einsatz von Bioziden im aufgebrachten Putz begegnet. Die bewuchshemmende Wirkung ist allerdings durch die systemimmanente benötigte aber zeitlich begrenzte Freisetzung der Biozide begrenzt. Zudem wurde durch den Gesetzgeber auch erkannt, dass auch aus Umweltschutzgründen Alternativen zur Biozid- Methode gefunden werden müssen. Wird die optische Beeinträchtigung durch den Bewuchs zu groß, werden häufig und mehrmals malermäßige Ertüchtigungen vorgenommen. Die dafür notwendigen Kosten werden häufig unterschätzt.

Suche nach einem Grenzniveau

Ein Hauptaugenmerk der Forschung liegt daher seit einigen Jahren darauf, Strategien zur Vermeidung von mikrobiellem Bewuchs zu entwickeln. Die bislang untersuchten Ansätze beruhen überwiegend auf dem Grundsatz, Feuchteereignisse an der Fassadenoberfläche zu reduzieren. Die vollständige und gleichzeitig wirtschaftliche Vermeidung von Oberflächenwasser an wärmegedämmten Außenwandkonstruktionen auf das Niveau einer ungedämmten Konstruktion ist jedoch bislang noch nicht gelungen. So wird zum Beispiel der Ansatz einer künstlichen Temperierung einer Fassadenoberfläche zur permanenten Vermeidung von Oberflächentauwasser als ökologisch und ökonomisch eher unwirtschaftlich eingestuft. Wirtschaftlich könnte es dagegen nach *(v. Werder et al [104])* eine bedarfsgerechte Temperierung sein, wenn es ausreiche, die Betauungszeiten auf ein bestimmtes Niveau zu reduzieren. Gerade die Findung eines derartigen, allgemeingültigen Grenzniveaus und einer geeigneten Auswertungsmethodik hierzu wurde bislang noch nicht ermittelt und stellte daher in dieser Arbeit den wesentlichen Antrieb zur Forschung auf diesem Gebiet dar.

Als wesentliche Beurteilungsgröße zur Bewuchsanfälligkeit von Fassaden wird in der Literatur zu diesem Thema vorwiegend die aufsummierte Unterschreitungsdauer der Taupunkttemperatur der oberflächennahen Materialschicht in einem definierten Zeitraum herangezogen.. Einen standortunabhängigen Grenzwert zur Taupunkttemperaturunterschreitungsdauer, der für unterschiedliche Klimazonen gilt, gibt es bislang nicht. Die Verwendung der Taupunkttemperaturunterschreitungsdauer als hygrische Größe setzt außerdem voraus, dass jedes Unterschreitungsereignis mit einem Feuchteereignis der Oberfläche einhergeht. Unterschiedlich saugfähige Untergründe können bei dieser Betrachtung nicht berücksichtigt werden. Die Untergründe haben jedoch einen wesentlichen Einfluss auf die Verweilzeit des an der Oberfläche haftenden Wassers. Außerdem wird bei ausschließlicher Betrachtung der Taupunkttemperaturunterschreitungsdauer die Zeitdauer, die eine Oberfläche durch Schlagregen nass ist und bis zur Abtrocknung benötigt, nicht berücksichtigt.

Bislang wird in der vorhandenen Literatur noch keine solche Bewertungsgröße definiert, die das langzeitige Feuchteangebot auf einer Oberfläche unter Berücksichtigung der Häufigkeit und Dauer der Feuchteereignisse im Jahresverlauf wiedergibt.

1.2 Ziel der Arbeit und Untersuchungsmethodik

Hinsichtlich einer gezielten Weiterentwicklung und Bewertung von Vermeidungsstrategien kommt aus vorgenannten Gründen der Suche nach einem Grenzniveau, ab welcher Feuchtebelastung es zu Bewuchs kommen kann, eine besondere Bedeutung zu. Damit könnte es möglich sein, gezielt Wandaufbauten je nach Feuchtebeanspruchung so auszulegen, dass sich kein mikrobieller Bewuchs an der Oberfläche ausbildet.

Ziel dieser Arbeit ist es daher, zunächst die Methodik zur Bestimmung eines Grenzwerts zu entwickeln, ab dem mit Bewuchs zu rechnen ist. Hierbei ist besonders wichtig, dass die neue Kenngröße alle klimatischen und bautechnischen Einflüsse, die an feuchteinduzierter Bewuchsentwicklung beteiligt sind, berücksichtigt. Neben den oben genannten Einflüssen muss auch die Dauer und die Häufigkeit der Feuchteereignisse im zeitlichen Verlauf über diesen Wert kalkulierbar werden.

Im Einzelnen werden in dieser Arbeit folgende Hauptaufgaben behandelt:

1. Entwicklung einer Methode zur Definition einer Beurteilungskenngröße als Einzahlwert, die als Größe für die Feuchtebeanspruchung einer Oberfläche herangezogen werden kann.
2. Anwendung der entwickelten Methode zur Bestimmung eines vorläufigen Grenzwerts für die Beanspruchbarkeit einer Oberfläche, oberhalb der es zu Bewuchs kommt. Die Ermittlung erfolgt anhand von Langzeitmessungen und -simulationen von Beispielobjekten.
3. Bewertung unterschiedlicher material- und baukonstruktiver Maßnahmen bei Berücksichtigung lokalklimatischer Faktoren unter Verwendung der abgeleiteten Beurteilungskenngröße.

Zur Ableitung einer Beurteilungskenngröße wird phänomenologisch vorgegangen. Dabei wird zunächst das Temperaturverhalten bewachsener und unbewachsener Bestandsfassadenoberflächen im Rahmen von Langzeitmessungen erfasst. Außerdem werden die Daten zur Umgebungsluftfeuchte im Jahresverlauf aufgenommen.

Darüber hinaus wird ein Teststand mit unterschiedlichen Wandaufbauten entwickelt, an dem sich mikrobieller Bewuchs gezielt einstellen und beobachtet werden soll.

Mit derzeit am Markt verfügbaren Messmethoden kann die Oberflächenfeuchte nicht ohne Beeinflussung des hygrothermischen Verhaltens der Oberfläche kontinuierlich erfasst werden. Daher wird die Bestimmung der aufgetretenen Feuchtigkeit auf den untersuchten Oberflächen mit einer neu entwickelten Messmethode erfasst und durch numerische Berechnungen mit Hilfe der erfassten Messdaten validiert.

Die vorhandenen Simulationsverfahren zum gekoppelten Wärme- und Feuchtetransport liefern aktuell noch keine standardisierte Auswertung des unmittelbar außerhalb der Materialgrenze vorhandenen oberflächlichen Wassers. Das bestehende Berechnungsmodell muss daher um eine virtuelle Oberflächenschicht erweitert werden, die das reale Verhalten (unter anderem auch den Effekt von ablaufendem Wasser bei großem Wasseranfall) der Oberflächen wiedergibt.

Die Modellerweiterung wird im Laborversuch und vor allem unter realklimatischen Einflüssen überprüft.

Mit Hilfe des validierten numerischen Berechnungsmodells kann die Oberflächenfeuchte in den untersuchten bewachsenen und unbewachsenen Fassadenbereichen und den Teststandoberflächen berechnet werden. Die Berechnungsergebnisse sollen in Zusammenhang mit dem Bewuchsbild der Oberflächen Rückschlüsse auf ein bewuchsförderndes Feuchteniveau zulassen.

Aus der daraus abgeleiteten Beurteilungskenngröße und eines entsprechenden vorläufigen Grenzwerts für bewuchsfördernden Oberflächenfeuchteanfall hat die Arbeit abschließend zum Ziel, unterschiedliche Außenwandkonstruktionen mit Hilfe von Variationsrechnungen zu bewerten. Dabei sollen auch unter lokalklimatischen Gesichtspunkten allgemeingültige Empfehlungen zur baukonstruktiven Ausbildung von Außenwänden abgeleitet werden.

2 Aktueller Kenntnisstand zum Auftreten von mikrobiellem Bewuchs

2.1 Bewuchsbeispiele

Die Bewuchsbilder und Beispiele zum Vorkommen mikrobiellen Aufwuchses an Fassaden sind genauso zahlreich wie vielfältig. Sie reichen farblich gesehen von leichten Grau- oder Grünschleiern bis hin zu stark bewachsenen, dunkelgrau, grün oder bräunlich gefärbten Bereichen. Fahnenartige, streifige Verfärbungen sind ebenfalls nicht selten.

In erster Linie sind die sichtbaren Beispiele für mikrobiellen Bewuchs auf erhöhte Feuchtigkeitsbelastung der Oberflächen zurückzuführen.

Besonders deutlich wird der Effekt erhöhter Wasserzufuhr an Fassaden dort, wo durch Regenwasserablaufwege den Mikroorganismen viel Feuchtigkeit zur Verfügung steht. In nachstehendem Bild 2-1 ist anhand der Bewuchssituation die Ableitung des Wassers auf die Wandoberfläche unterhalb der Fensterbank erkennbar.

Bild 2-1: Mit WDVS wärmegedämmte Nordfassade mit starkem mikrobiellen Bewuchs unterhalb einer Fensterbank, von der Wasser direkt auf die Fassade abläuft

Der unmittelbare Zusammenhang zwischen der Zunahme der Bewuchsneigung mit Steigerung des Wärmedurchlasswiderstandes der Außenwärmedämmung bei gleichzeitig niedriger wärmespeichernder Masse auf der Außenseite ist in der Fachwelt unstrittig. Die Fassade wird häufiger durch Tauwasserbildung und langsamer abtrocknenden Niederschlagswasser mit Feuchtigkeit beaufschlagt als bei ungedämmten Konstruktionen.

Nachstehendes Bild 2-2 zeigt eine im obersten Geschoss partiell gedämmte Außenwandkonstruktion mit entsprechend durch Bewuchs gräulich verfärbten Bereichen. Die ungedämmten Außenwandbereiche sind bewuchsfrei.

Ausschnittsvergrößerung

Bild 2-2: *Partiell gedämmte und in diesen Bereichen bewachsene Fassade im obersten Geschoss. Die Stoßfugen der WDVS-Dämmung werden durch weniger bewachsene Bereiche sichtbar*

Auffällig wird der Bewuchs für den Betrachter insbesondere immer dann, wenn im Gegensatz zur üblichen gleichmäßigen Vergrauung durch Feinstaub, an der Fassade ein sichtbarer Kontrast zu unbewachsenen Bereichen entsteht.

Signifikantes Beispiel und gleichermaßen auch ein Indikator zur Unterscheidung mikrobiellen Aufwuchses von üblicher Verschmutzung ist das Abzeichnen von Befestigungsmitteln. So bleiben beispielsweise bei gedübelten WDV-Systemen die Putzoberflächen im Bereich der Dübel sehr oft frei von Bewuchs oder sind im Vergleich zur übrigen Wandfläche weniger stark bewachsen (siehe Bild 2-3 und Bild 2-4).

Bild 2-3: *Typisches Bewuchsbild gedübelter WDV-Systeme. Im Bereich der Dübel ist der Bewuchs wenig bis gar nicht vorhanden*

Bild 2-4: Typisches Bewuchsbild gedübelter WDV-Systeme. Im Bereich der Dübel ist der Bewuchs kaum bis wenig vorhanden

Die Gründe für dieses Bewuchsbild werden in Bild 2-5 sichtbar. Die abgebildete Außenwand weist keinen sichtbaren Bewuchs auf, die dunkel verfärbten Bereiche sind hier auf Tauwasserbildung zurückzuführen. Im Bereich der Dübel und im unteren Außenwandbereich sind an der vergleichsweise hellen Farbe Oberflächen ohne Tauwasserbeaufschlagung zu erkennen. Bei WDV-Systemen entstehen so innerhalb einer Wandoberfläche unterschiedliche Feuchteniveaus, die ein entsprechendes Bewuchsbild provozieren können.

Bild 2-5: *Giebelwand eines mit WDV-System gedämmten Gebäudes. Tauwasserbildung sichtbar an dunkel gefärbten Bereichen. Im Dübelbereich keine Tauwasserbildung erkennbar (Foto: Dr. T. Steinborn)*

Partiell verstärkte Bewuchsbildung kann auch dort beobachtet werden, wo nutzerbedingt mehr Feuchtigkeit zur Verfügung gestellt wird und dadurch ein bewuchsförderndes Mikroklima herrscht. Bei über längere Zeiträume gekippten Fenstern von Aufenthaltsräumen sind deshalb im Sturzbereich häufig starke Dunkelverfärbungen zu erkennen (siehe Bild 2-6).

Ausschnittsvergrößerung

Bild 2-6: *Mikrobieller Bewuchs im Sturzbereich der Fenster durch nutzerbedingt lokal dauerhaft erhöhte Luftfeuchtigkeit durch dauerhafte Kippstellung des Fensters*

Mit Steigerung der Wärmedämm- und Luftqualität, insbesondere der Reduktion von Schwefeldioxid *(Kalwoda [52])* und dem Wegfall von Kohlefeuerungen haben sich die Gründe für verfärbte Fassadenbereiche und auch deren Erscheinungsbild im Laufe der Jahre verändert. Beispielsweise sind Bereiche unterhalb von Überständen, die nicht vom Regen erreicht wurden, in früheren Jahren verschmutzt geblieben (siehe Bild 2-7 und Bild 2-8 links). Im Gegensatz dazu sind diese Bereiche heute häufig nicht durch Bewuchs gekennzeichnet, weil dort die notwendige Feuchtigkeitszufuhr durch Niederschlag fehlt (siehe Bild 2-7 rechts).

Bild 2-7: *Links: Ungedämmte Außenwand mit deutlich sichtbaren Verschmutzungen unterhalb der Balkone. Rechts: Gedämmte Außenwand mit WDVS, unterhalb der vorstehenden Tropfkante der Fensterbank ist kein Bewuchs erkennbar*

Ungedämmte Wand
Bereich unter Dachüberstand
vergraut

Gedämmte Wand, Bereich unter Tropfkante ohne mikrobiellen
Bewuchs

Bild 2-8: *Links: Ungedämmte Außenwand mit deutlich sichtbaren Verschmutzungen unterhalb des Dachüberstands. Rechts: Gedämmte Außenwand mit WDVS, unterhalb der vorstehenden Tropfkante des Dachs ist kein Bewuchs erkennbar*

Der Wirkbereich eines Dach- oder generell eines Überstands an Konstruktionen wird auch in Bild 2-9 deutlich.

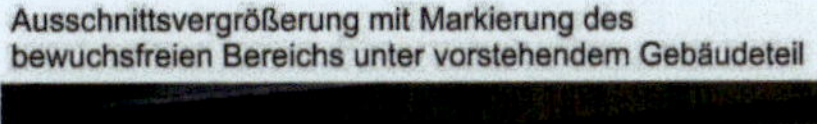

Bild 2-9: *Gebäude mit WDVS – der Bereich unterhalb des vorstehenden Gebäudeteils weist keinen sichtbaren Bewuchs auf*

Auch an schlagregenarmen Nordseiten kann Bewuchs auftreten (siehe Bild 2-10). Diese Beobachtung lässt den Schluss zu, dass auch oberflächennahe Tauwasserbildungen allein als ein Haupteinflussfaktor für mikrobiellen Bewuchs gelten können.

Ausschnittsvergrößerung

Bild 2-10: *Nach Norden gerichtete Außenwand mit WDVS mit sichtbarem mikrobiellem Bewuchs trotz großem Dachüberstand von ca. 80 cm*

Durch diese Feststellungen wird deutlich, dass der konstruktive Schlagregenschutz der Fassade durch einen weit auskragenden Dachüberstand nicht zwangsläufig auch Algen- und Pilzwachstum in allen Fällen vermeidet.

Bei Betrachtung der zu beobachtenden einzelnen Bewuchsszenarien und Randbedingungen wird deutlich, dass der Bewuchs meist lokal begrenzt ist, beziehungsweise das es in der Fläche immer auch Bereiche ohne Bewuchs bei von außen identischen klimatischen und biologischen Randbedingungen auftreten. Für die Suche ableitbarer Grenzniveaus für einen notwendigen Feuchteanfall zur Erzielung eines Bewuchses auf der Wandoberfläche wird daher die hygrothermische Langzeituntersuchung unmittelbar benachbarter bewachsener und bewuchsfreier Wandbereiche durchgeführt.

2.2 Mikrobieller Bewuchs aus statistischer Sicht

2.2.1 Bestehende Studien zu Bewuchshäufigkeit und -intensität

Bei der Frage zur Bestimmung nach Vermeidungsstrategien von mikrobiellen Bewuchs kann berechtigt hinterfragt werden, wie hoch die Häufigkeit aufgetretener Bewuchsfälle ist. Quantitative Studien zur Verbreitung und Intensität von mikrobiellen Bewuchs sind im deutschsprachigen Raum lokal begrenzt an nachträglich sanierten Objekten in Mecklenburg Vorpommern *(Jatzek [50], Messal, Venzmer [98])* und in Thüringen, Sachsen-Anhalt und Brandenburg *(v. Werder, Venzmer, Messal [105])* durchgeführt worden. Sie zeigen im Ergebnis auf, dass ca. 70 – 75 % der untersuchten, energetisch sanierten Gebäude einen mikrobiellen Bewuchs aufweisen. Der Bewuchs ist regelmäßig unabhängig von der Fassadenorientierung festgestellt worden. Die Intensität des Bewuchses sei allerdings auf den Südseiten am geringsten und nehme mit Entfernung von der Südseite zu *[98]*.

In einer weiteren, überregional durchgeführten Studie einer Online-Befragung mit Vor-Ort-Begutachtung des Fraunhofer Instituts für Bauphysik *(Krueger, Schwerd, Hofbauer [29])* wird dokumentiert, dass die West- und danach die Nordfassade am stärksten von der Bewuchsentwicklung betroffen sind.

2.2.2 Studie im Stadtgebiet Hannover

Im Rahmen eigener Untersuchungen zur Erhebung der Verbreitung von mikrobiellem Bewuchs wurde eine Studie im Raum Hannover durchgeführt. Ziel der Studie war es, einen repräsentativen Eindruck der bewachsenen Fassaden über das gesamte Stadtgebiet zu bekommen. Daher wurden in den ausgesuchten Gebieten sämtliche Gebäude einbezogen und begutachtet. Darüber hinaus wurde auch die Konstruktionsart dokumentiert.

Zur Ermittlung eines allgemeinen Bewuchszustands wurden rasterartig ausgesuchte Gebiete, die unterschiedliche topologische Eigenschaften wie Gewässernähe, Waldnähe bzw. Standort im Stadtzentrum oder Stadtrand aufweisen, ausgewählt (Zur Lage der Gebiete siehe Bild 2-11). Insgesamt wurden 889 Gebäude begutachtet und überwiegend bildlich dokumentiert. Eine Auswahl der Fotodokumentation mit Verortung der einzelnen Objekte wurde aufbereitet und kann unter: http://www.ifbp.uni-hannover.de/algenstudie eingesehen werden.

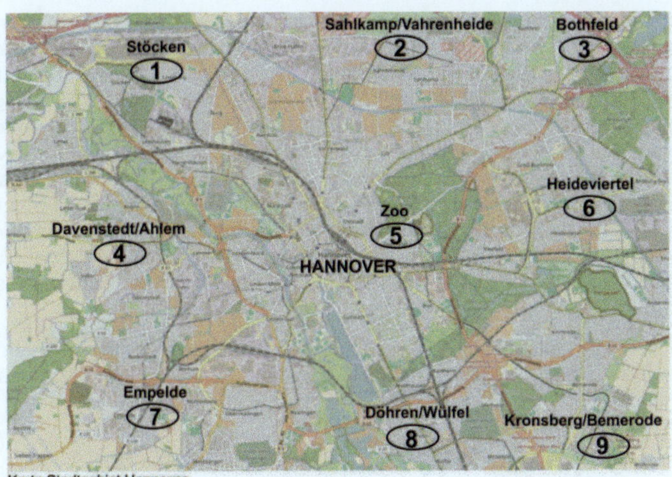

Bild 2-11: Stadtgebiet Hannover mit Markierung der einzelnen Untersuchungsgebiete 1 bis 9 (Quelle: OpenStreetMap [78] ©OpenStreetMap-Mitwirkende)

Die Untersuchungsergebnisse der wichtigsten Parameter der Begutachtung der einzelnen Gebäude in den entsprechenden Gebieten sind in Tabelle 2-1 zusammengestellt.

Tabelle 2-1: Untersuchungsergebnisse der durchgeführten Studie zur Bewuchshäufigkeit im Stadtgebiet Hannover

Gebiet		Anzahl Gebäude	Aufwuchs vorhanden				kein Aufwuchs vorhanden			
			Gesamt		davon WDVS		Gesamt		davon WDVS	
Nr.	Stadtteil		Anzahl	[%]	Anzahl	[%]	Anzahl	[%]	Anzahl	[%]
1	Stöcken	87	14	16,1	10	71,4	73	83,9	6	8,2
2	Sahlkamp	86	20	23,3	14	70,0	66	76,7	16	24,2
3	Bothfeld	126	21	16,7	21	100,0	105	83,3	70	66,7
4	Davenstedt	88	26	29,5	20	76,9	62	70,5	7	11,3
5	Zoo	107	7	6,5	5	71,4	100	93,5	8	8,0
6	Heideviertel	81	7	8,6	4	57,1	74	91,4	10	13,5
7	Empelde	84	14	16,7	10	71,4	70	83,3	5	7,1
8	Döhren	101	9	9,0	8	88,9	92	91,1	26	28,3
9	Kronsberg/ Bemerode	129	81	62,8	81	100,0	48	37,2	48	100,0
Gesamt		889	199	22,4	173	86,9	690	77,6	196	28,4

Aus der Zusammenstellung der Studienergebnisse der einzelnen Untersuchungsgebiete lässt sich abhängig von der Gebäudestruktur eine Bewuchshäufigkeit ableiten. Ist der Anteil an bewachsenen Gebäuden hoch, steht dies häufig in direktem Zusammenhang mit wärmegedämmten Konstruktionen die bei vorliegender Datenauswertung vorwiegend mit einem WDVS hergestellt sind. In Bereichen, in denen Gebäude stehen, deren Entstehungszeit auf die Jahre um 1900 zurückgeht (5 - Zooviertel, 6 - Heideviertel) ist die Bewuchshäufigkeit am niedrigsten. In Neubaugebieten, bei dem der Bestand fast ausschließlich aus mit WDVS-wärmegedämmten Mehr- und Einfamilienreihenhäusern besteht, kann fast an jedem Objekt sichtbarer mikrobieller Bewuchs erkannt werden. In Hannover ist dies zum Beispiel am Kronsbergviertel (Gebiet 9) zu erkennen, das im Zuge der Weltausstellung EXPO2000 in Hannover auch mit einigen Passivhausobjekten erbaut wurde.

Die Studie schließt Gebiete mit unterschiedlicher Gebäudestruktur, -alter und –bauart ein und kann zusammenfassend in folgender Grafik (siehe Bild 2-12) dargestellt werden.

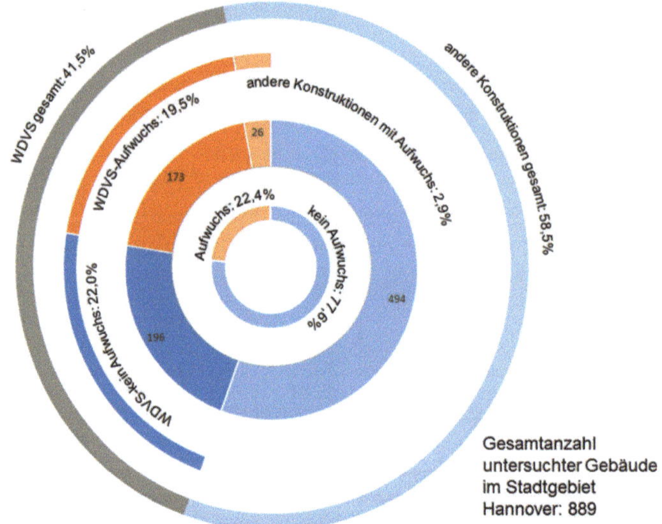

Bild 2-12: Zusammenfassende Darstellung der Studie zur Bewuchshäufigkeit im Stadtgebiet Hannover ermittelt aus Begehungen repräsentativer Stadtteilgebiete

Grundsätzlich können aus der Studie folgende Schlüsse gezogen werden:

- Etwa 22 % der Gebäude sind über die repräsentativen Stadtgebiete in Hannover sichtbar mikrobiell bewachsen,
- von allen bewachsenen Außenwandkonstruktionen sind etwa 87 % mit wärmegedämmt.

2.3 Organismen an Bauteiloberflächen

2.3.1 Arten von Mikroorganismen

2.3.1.1 Algen

Als Algen werden in der Biologie grundsätzlich ursprüngliche Pflanzen bezeichnet, die einen echten Zellkern besitzen (Eukaryoten). Sie leben autotroph (selbsternährend), das heißt, sie nutzen anorganische Ausgangsstoffe wie Licht als Energielieferant (Photoautotrophie) zur Assimilation von Kohlendioxid und produzieren so ihren eigenen organischen Zellaufbau. Für die Energiegewinnung sind photosynthetische Pigmente (z.B. Chlorophyll) zuständig, die bestimmte Wellenlängen des Lichts im Bereich von etwa λ = 400 bis 700 nm absorbieren. Ihre grüne Farbe erhalten die Algen durch Reflektion der nicht für die Energiegewinnung genutzten Wellenlängenbereiche des sichtbaren Lichts von etwa λ = 500 bis 600 nm. In diesem Fall wird auch von der sogenannten „Grünlücke" gesprochen.

Die überwiegend Außenwandkonstruktionen besiedelnden Algenarten sind den Grünalgen zuzuordnen *(Fitz et al [38])*. Im Fall der Anreicherung von carotinioden Pigmenten können Grünalgen auch rot erscheinen (siehe Bild 2-13). Zur Durchführung der Photosynthese wird Wasser benötigt. Die Wasseraufnahme erfolgt durch osmotische Prozesse. Die an Bauteiloberflächen vorkommenden Algenarten werden aufgrund ihrer Lebensweise außerhalb ständig nasser Bereiche und ihrer Verbreitung über die Luft auch als aero-terrestrische Algen bezeichnet.

Die Erscheinungsform der Einzelzellen von den am häufigsten vorkommenden Grünalgen ist meistens kugelig oder elliptisch. An Stellen mit längerer Feuchtebeaufschlagung finden sich durchaus fädige Formen *(Eixler, Schumann, Görs, Karsten [33])*. Durch die zumeist kugelige Formgebung wird die Anheftung der Algen an der Fassade eher erschwert und das Abspülen durch zum Beispiel Regenwasser begünstigt. Daher kann häufig vor allem anfängliche Algenbildung in konkaven, vor Regen geschützten Strukturen beobachtet werden.

Nach Schilderungen von *Freystein und Reisser [40]* wird durch das Anheften von Algenzellen an Pilzhyphen die nötige mechanische Stabilität erreicht. Daher sei davon auszugehen, dass bei einer Ansiedlung von Algen auch immer Pilze vorhanden sind, ohne allerdings schon einen gemeinsamen Fruchtkörper, wie bei Flechten charakteristisch, auszubilden*[40]*. Diese Feststellung wird auch von *Hofbauer et al. [44]* geschildert.

Bild 2-13: Algen an einer nach Norden ausgerichteten Außenwand mit Mikroskopaufnahme von der Oberfläche

Den Weg an die Fassade finden Algenzellen über die Luft oder werden mit dem Niederschlagswasser mitgeführt. In einem Kubikmeter Luft können an einem Sommertag 300-500 Algenzellen enthalten sein *(Reißer [84])*.

2.3.1.2 Pilze

Pilze sind wie Algen zu den Eukaryoten zu zählen. Sie unterscheidet im Wesentlichen von den Pflanzen, dass sie keine Photosynthese betreiben. Sie leben heterotroph („sich von anderem ernährend"). Ihre Kohlenstoff-Energiequelle ist organische Materie der sie umgebenden Stoffe. Die organische Materie wird gleichermaßen auch zum Aufbau körpereigener Stoffe benötigt. In der Botanik trägt der Pilz den Namen Fungi, was sich aus dem griechischen „sphongos" ableitet *(Genaust [41])* und ursprünglich für Schwamm steht. Durch die gleichsam für beide geltende Eigenschaft, sich mit Wasser vollzusaugen, hat sich der Name im Laufe der Zeit auf die Pilze übertragen.

Schimmelpilze zeichnet aus, dass sie aus einem Geflecht von Pilzfäden, den Hyphen bestehen. Der Wachstumsprozess geschieht durch Zellteilung an des Spitzen oder Verzweigungen der Pilzfäden. Die Gesamtheit der Hyphen wird Myzel genannt. Im Fall der Schimmelpilze bilden sich an einer bestimmten Hyphe Pilzsporen aus (vgl. *Büchli, Raschle [82])*. Aus einer Spore kann bei geeignetem Nährboden wieder ein neues Myzel erwachsen.

Die häufigste an Außenwandkonstruktionen als störend empfundene Pilzart sind Schwärzepilze (siehe Bild 2-14). Der Begriff kennzeichnet keine taxonomische Einteilung unterschiedlicher Pilzarten, vielmehr werden darunter alle die Pilze zusammengefasst, die dunkle Pigmente bilden können. Einer der am häufigsten Baustoffe besiedelnden Pilzarten ist die Spezies „alternaria alternata", die durch Melanin Einlagerungen zum Schutz vor UV-Licht dunkel gefärbt ist.

Bild 2-14: *Hyphengeflecht (Myzel) an einer mit WDVS wärmegedämmten Außenwand mit einer dunkel erscheinenden Färbung*

2.3.1.3 Cyanobakterien

Cyanobakterien, auch Blaualgen genannt, unterscheidet von Algen und Pilzen, dass sie keinen Zellkern besitzen. Sie gehören zu der Gruppe der Prokaryoten (Vorkernwesen) und ähneln von ihrem Aufbau her mehr den Bakterien. Sie sind aber ebenfalls wie Algen in der Lage, Photosynthese zu betreiben. Cyanobakterien kommen in ein- oder mehrzelliger, fädiger oder verzweigter Organisation vor *(Hofbauer et al. [44])*. Einige Arten sind in der Lage sich fortzubewegen, um so Substrate mit günstigeren Lebensbedingungen zu besiedeln *(Fitz et al. [38])*.

2.3.1.4 Flechten

Als Flechten bezeichnet man die Symbiose aus Algen und Pilzen. Die Bildung einer symbiotischen Lebensgemeinschaft ist für beide Partner vorteilhaft. Im Fall der Flechte wird die Alge von einer Art Saugorgan, den sogenannten Haustorien, vom Pilz umwachsen, über die der Stoffaustausch stattfinden kann. Der Pilz erhält so die dank der Photoautotrophie von der Alge produzierten Kohlenstoffbausteine. Umgekehrt liefert das Pilzgeflecht der Alge die nötige Feuchtigkeit, gibt ihr mechanische Stabilität und schützt sie. Flechten können durch Sekretion organischer Säuren Korrosion des Untergrundes bewirken *(Eixler et al. [33])*. Nach *Fitz et al. [38]* sei aber aufgrund der Langwierigkeit dieser Prozesse kein nennenswerter Schaden für moderne Fassadenoberflächen in unseren Breiten zu befürchten. Flechten gelten als guter Indikator zur Einschätzung der Luftreinheit. Sie nehmen Stäube und im Niederschlag gelöste Verbindungen auf, die sie aber nicht ausscheiden können und sind so sehr sensitiv gegenüber Luftverschmutzung (z.B. SO_2) *[33]*.

2.3.2 Wachstumsvoraussetzungen für Mikroorganismen an Außenwandkonstruktionen

2.3.2.1 Vorbemerkungen

Zu den grundsätzlichen Umweltfaktoren, die Mikroorganismen beeinflussen, gehören neben der Temperatur und vorhandenen Feuchtigkeit auch der pH-Wert, Kohlenstoffquellen und Energiequellen in Form von Licht (für photosynthetisch aktive Organismen) oder verfügbare Nährstoffe (für Pilze).

Die wesentlichen Voraussetzungen für das Auftreten von Bewuchs müssen im Regelfall alle gleichzeitig erfüllt sein. Im Fall von Algenbewuchs sind Licht und CO_2 an Außenoberflächen regelmäßig verfügbar. Pilze finden je nach Siedlungsgrund organische Energiequellen in diesem selbst oder in angelagerten Bestandteilen.

Die Temperaturen und die Feuchtigkeit sind die im Wesentlichen signifikant beeinflussenden Umweltfaktoren.

2.3.2.2 Licht

Für Stoffwechselprozesse benötigen Pilze kein Licht. Allerdings spielt Licht in Form der ultravioletten Strahlung (Wellenlänge $\lambda = 280 - 315$ nm) aufgrund der sehr hohen Energiedichte eine große Rolle hinsichtlich der Schädigung lebenswichtiger Zellbestandteile. Pilze schützen sich vor der aggressiven UV-Strahlung durch die Bildung dunkler Pigmente wie zum Beispiel Melanin. Diese Pigmente absorbieren die „harte" Strahlung, so dass sie den Zellapparat nicht zerstören kann.

Bei Algenzellen werden vor allem pflanzliche Proteine beschädigt, die am Photosyntheseprozess beteiligt sind. Dadurch können die Stoffwechselprozesse und in der Folge das Wachstum und die Nährstoffaufnahme nicht mehr lebenserhaltend ablaufen *[53]*.

Auch Algen haben eine Möglichkeit entwickelt, sich bei hohen Strahlungsintensitäten zu schützen. So wird zum Beispiel über die Regulierung des Chlorophyllgehalts und des Zellquerschnitts die optimale Balance zur Absorption von Strahlung am jeweiligen Standort geregelt. Außerdem wird unter Bildung von β-Carotin überschüssige Wärmeenergie abgegeben. Dadurch ist auch die teils rötlich bis rötlich-braune Färbung an intensiv besonnten Fassaden zu erklären. An Fassadenalgen wurden außerdem UV-Schutzpigmente mit hohen Absorptionsgraden im Wellenlängenbereich von $\lambda = 320 - 340$ nm festgestellt *[53]*.

2.3.2.3 Temperatur

Die Wachstumsaktivität von Mikroorganismen ist temperaturabhängig. Die biochemischen Lebensvorgänge der Organismen finden in einem bestimmten Bereich, begrenzt durch Minimal- und Maximaltemperaturen mit einem Temperaturoptimum bei höchster Aktivität statt. Die drei Temperaturbereiche werden auch Kardinaltemperaturen genannt. Zwischen Temperaturminimum und Temperaturoptimum verdoppelt sich die Stoffwechselgeschwindigkeit der Mikroorganismen je 10 °C Temperaturzunahme *[33]*. Das Temperaturoptimum, in dem die biochemische Reaktion (Aufnahme von Nährstoffen, Photosynthese, Atmung) ihre höchstmögliche Stärke erreicht beschreibt meist einen Temperaturbereich, der je nach Organismus unterschiedlich ist. Steigt die Temperatur über den Optimalbereich an, nimmt die Wachstumsaktivität sehr stark ab, bis sie im Temperaturmaximum völlig zum Erliegen kommt. Bei Erreichen des Temperaturmaximums können die Mikroorganismen überleben, sofern das Temperaturniveau nicht dauerhaft gehalten wird. Bei einem weiteren Anstieg der Temperaturen kann es zur Schädigung des Enzymapparats durch Hitzeschädigung kommen. Die durch die Kardinaltemperaturen gekennzeichnete prinzipielle Optimumkurve für die Wachstumsaktivität von Mikroorganismen ist in nachfolgendem Bild 2-15 dargestellt.

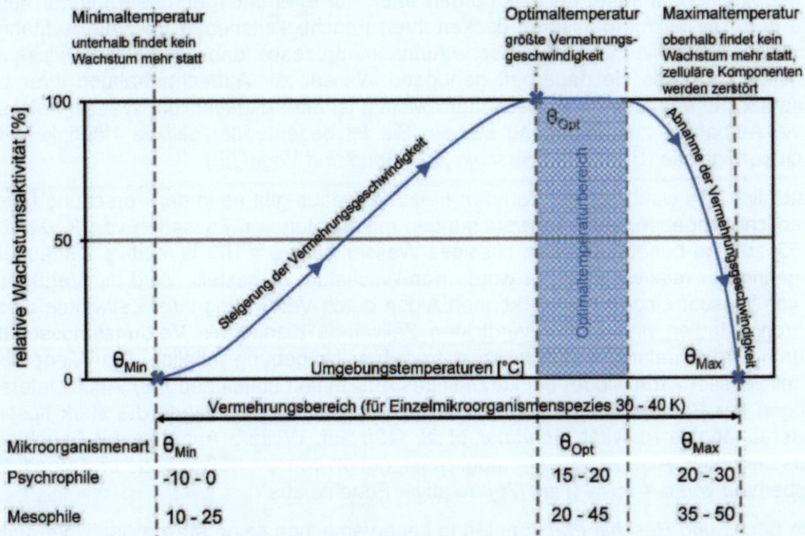

Bild 2-15: Schema für Wachstumsaktivität unter Temperatureinfluss, Informationen aus Munk [74], Heller [102]

Die an der Gebäudehülle im Außenbereich vorkommenden Mikroorganismen zählen zu den mesophilen und psychrophilen Lebewesen. Mesophile (altgriech. mittelliebend) Lebewesen haben ihr Temperaturoptimum bei θ = 20 °C bis 45 °C, Psychrophile (griech. kälteliebend) gedeihen gut bis Temperaturen nahe θ = 0 °C und haben ihr Optimum im Bereich bis θ = 20 °C *(Lerch [67])*. Aufgrund der Vielfalt an Spezies von Mikroorganismen sind die Temperaturbereiche für die Kardinaltemperaturen fließend angegeben. Der Vermehrungsbereich, als Bereich in dem ein Organismus Wachstumsaktivität aufweist, beträgt für eine Einzelspezies nicht mehr als 30 – 40 K *[102]*.

2.3.2.4 pH-Wert

Auch der pH-Wert des Substrats ist für die Besiedlungseignung von wesentlicher Bedeutung. Generell sind Mikroorganismen in pH-Wertbereichen von unter pH = 1 bis 11,5 anzutreffen *(Fitz et al [38])*, wobei der Bereich um pH = 7 bis 8,5 bezogen auf Grünalgen als bevorzugtes Milieu angegeben wird *[99]*. Eigene Untersuchungen der Oberputze befallener Fassadenflächen haben unabhängig von der Putzart (Kunstharz- und mineralische Systeme) pH-Werte von pH = 8 bis 9,5 ergeben. Auch anfangs hohe pH-Werte bei beispielsweise mineralischen Putzsystemen werden durch die chemischen Prozesse bei der Alterung durch Karbonatisierung, auf bewuchstolerante Niveaus reduziert. Dauerhaft hohe pH-Werte, die einer Besiedlung von Algen und Pilzen entgegenwirken würden, sind nach *Hofbauer et al. [44]* nicht realisierbar.

2.3.2.5 Feuchtigkeit

Die an der Gebäudehülle vorkommenden Mikroorganismen werden aufgrund ihrer Lebensweise an der Luft auch „aerophytische" Organismen genannt. Das Substrat spielt bei der Wasseraufnahme der Mikroorganismen nur eine untergeordnete bis gar keine Rolle *[93]*. Die Mikroorganismen decken ihren Feuchtigkeitsbedarf über die Aufnahme von Wassermolekülen über osmotische Aufnahmeprozesse, dabei ist beispielsweise bei Algen wichtig, dass sie dauerhaft genügend Wasser zur Aufrechterhaltung ihrer Lebensprozesse enthalten *[95]*. Besonders wichtig ist die Zeitdauer, die Wassermoleküle für die Aufnahme zur Verfügung stehen. Sie ist bedeutender als die Häufigkeit der Feuchteereignisse (*Büchli und Raschle [82], Boué und Vogel [6]*).

Hinsichtlich des wachstumsfördernden Feuchteniveaus gibt es in der Forschung unterschiedliche Angaben. Laboruntersuchungen mit Isolaten von Fassaden von *Karsten et al. [53]* zufolge benötigen Algen flüssiges Wasser oder φ = 100 % relative Luftfeuchte. Bei geringerer relativer Feuchte wurde das Wachstum eingestellt. Wird die Verfügbarkeit von Wasser eingeschränkt, können Algen durch Verdickung ihrer Zellwände Überdauerungsstadien bilden. Die verdickten Zellwände dienen als Verdunstungsschutz, dadurch wird jahrelanges Überleben in trockener Umgebung möglich. Bei Wiederkontakt mit Wasser kann wieder ein kurzfristiges Auskeimen stattfinden *[53]*. Auch Untersuchungen zur Photosyntheseaktivität von Algen an Fassaden zeigen die stark flüssigwasserabhängige Aktivität (*Häubner et al. [43]*) auf. Weitere Angaben für Feuchteniveaus bei denen Algenwachstum möglich ist, gehen von φ = 85 % (*Boué und Vogel [6]*) bis oberhalb von φ = 95 % (*Nay [76]*) relativer Feuchte aus.

Nach *Büchli und Raschle [82]* konnten in Laborversuchen keine Mikroorganismen unter einer relativen Luftfeuchte von φ = 65 % wachsen. Als untere Grenze für Mikroorganismen wird daher als Wasseraktivität des Habitats in *[82]* ein a_w-Wert von 0,65 angegeben. Der a_w-Wert beschreibt eine Gleichgewichtsfeuchte eines Materials, die einer relativen Luftfeuchtigkeit an der Oberfläche entspricht. *Büchli und Raschle* fassen ihre Untersuchungen zu feuchteabhängige Wachstumsrandbedingungen für Pilze im Außenbereich so zusammen, dass bei φ = 75 % relativer Feuchte noch kein Wachstum stattfindet, bei φ = 85 % aber das Wachstum verschiedener Schwärzepilze möglich ist. *Eixler et al. [33]* geben für Pilzwachstum eine relative Feuchte bis φ = 99 % an.

Aufgrund der Vielfalt an der Fassade vorkommender Mikroorganismen ist eine allgemeingültige Festlegung zum für Wachstum benötigten Feuchteniveau noch nicht erfolgt und bedarf weiterer Forschung *(Hofbauer et al. [44])*.

2.3.2.6 Zusammenstellung wesentlicher Wachstumsvoraussetzungen

Hinsichtlich der optimalen Wachstumsrandbedingungen und Bereiche, in denen Lebensprozesse von Mikroorganismen ablaufen, gibt es in der Literatur, bedingt durch die Vielfalt an Arten unterschiedliche Angaben. Die Anhaltswerte wesentlicher Quellen zu klimatischen Wachstumsvoraussetzungen für Mikroorganismen im Außenbereich werden in nachfolgender Tabelle 2-2 zusammengefasst.

Tabelle 2-2: Zusammenstellung signifikanter Parameter zu Feuchte- und Temperaturansprüchen der häufigsten an der Fassade vorkommenden Mikroorganismen

Organismen	Temperatur θ			Wasseraktivität a_w	
	Wachstumsbereich in dem Lebensprozesse ablaufen können (Minimal- bis Maximaltemperatur)	Optimalbereich (Maximale Wachstumsaktivität)	Grenztemperatur für Hitzeschädigung (im trockenen Zustand)	Wachstumsbereich in dem Lebensprozesse ablaufen können	Optimalbereich (Maximale Wachstumsaktivität auch für Keimung)
Einheit	[°C]			[-]	
Algen	-15 bis 60 *[38]* 0 bis 40 *[99]*	20 bis 23 *[42]*	40 bis 50 (Luftalgen an feuchtkühlen Standorten) *[67]*	0,7 bis 1,0 *[8]*	nahe 1,0
Pilze	-15 bis 60 *[38]*	20 bis 25 *[103]*	75-100 (Sporen über 100) *[67]*	0,65 (trockenheitstolerante Pilze) bis 1,0 *[89], [44]*	0,85 bis 0,99 *[33], [82]* 0,85 bis 0,90 *[103]*
Cyanobakterien (Blaualgen)	5 bis 40 *[52]*	20 bis 23 *[42]*	~100 *[67]*	1,0 *[87]*	

2.4 Ursachen für mikrobiellen Bewuchs

2.4.1 Vorbemerkungen

Anhand der in Tabelle 2-2 aufgeführten Umweltrandbedingungen hinsichtlich des Temperatur- und Feuchteangebots wird deutlich, dass mikrobieller Bewuchs im moderaten Klima (wie in Deutschland) generell auf günstige Wachstumsbedingungen trifft und sichtbarer Bewuchs daher auch immer schon möglich war. Die Zunahme der Wachstumsintensität im Außenbereich ist auf einige Ursachen zurückzuführen, die nachstehend erläutert werden. Dabei gibt es Ursachen, die mindestens im Rahmen der Bauforschung nicht direkt beeinflussbar sind wie beispielsweise die Veränderung des Erdklimas. Andere Ursachen bauphysikalischer und baukonstruktiver Art sind im Zusammenhang mit der Bewuchsneigung beeinflussbar und werden näher erläutert.

2.4.2 Nicht beeinflussbare Ursachen

Als Teilursachen für die Zunahme mikrobiellen Bewuchses werden sowohl die Zunahme von CO_2 als potentielle Nahrungsgrundlage für Algen *[101]*, weniger Luftverunreinigung durch Reduktion von Schwefeldioxid *[52]* als auch der durch den globalen Klimawandel in Richtung feuchtwarmer Sommer und milderer Winter *[38]* verschiebende Wetterereignisse diskutiert.

Hinweise, wie die Auswertung von Satellitenbildern der letzten Jahrzehnte, die eine zunehmende Begrünung von Teilbereichen der Erde zeigen, deuten auf direkte Zusammenhänge mit der Zunahme an CO_2 hin *[92]*. Auch zwischen der weitgehenden Abschaffung von Braunkohleheizungen vor allem im Osten Deutschlands und der Zunahme von Algenwachstum wird ein Zusammenhang vermutet *[38]*. Direkte Abhängigkeiten sind jedoch noch nicht bewiesen.

Ein weiterer nur mäßig beeinflussbarer Faktor ist die Auswahl des Konstruktionsstandorts. In ländlichen Gebieten wird häufig von einem höheren „Infektionsdruck“ aufgrund generell mehr vorhandener Mikroorganismen in der Umgebung ausgegangen *[88]*. Zudem kann die Standortwahl die Wachstumsvoraussetzungen hinsichtlich des erhöhten Feuchteangebots in Gewässernähe oder in Tälern, in denen es aufgrund niedrigerer Temperaturen zu erhöhter relativer Feuchtigkeit kommen kann, verbessern *[38]*. Abschattungen durch Umgebungsbebauung oder umliegende Bäume können die direkte Sonneneinstrahlung auf die Fassade einschränken und bewirken so eine geringere Bauteiloberflächentemperatur, die wiederum mit höherer relativer Oberflächenfeuchtigkeit einhergeht. Durch die Bebauungsdichte wird auch der Sichtfaktor der Fassade zum Himmel eingeschränkt, der sich in Nächten mit niedrigem Bewölkungsgrad auf Grund der geringeren langwelligen Strahlungsbilanz der Wandoberfläche mit einer höheren, unkritischeren Oberflächentemperatur auswirken kann.

2.4.3 Beeinflussbare Ursachen

Aus Sicht der beeinflussbaren Ursachen sind grundsätzlich Faktoren zu nennen, die sich auf das Feuchtigkeitsangebot als maßgebliche Einflussgröße auf der Fassadenoberfläche auswirken. Sie sind dadurch auch direkt für das Wachstum verantwortlich.

Durch die Ausbildung konstruktiver Details, wie großzügige Dachüberstände und ausreichend dimensionierte Tropfkanten kann die durch Schlagregen zugeführte Feuchtigkeit von den Außenwandkonstruktionen ferngehalten werden. Insbesondere bei Fehlwasserabläufen von Dachrinnen, fehlerhaft ausgeführten Ableitdetails entlang der Fassade und Spritzwasserzonen ist verstärkt mikrobieller Bewuchs zu beobachten (vgl. Bild 2-1). Bedingt durch die bei der aktuellen Architektur gewünschten moderaten bis gar nicht ausgeführten Dachüberstände ist der zunehmende Bewuchs auch auf die regenwasserinduzierte Feuchtebelastung meist auf der Seite der Hauptschlagregenrichtung der Fassade zurückzuführen.

Neben der im zeitlichen Ablauf langsamer abtrocknenden Feuchtigkeit nach Schlagregenereignissen ist auch die Bildung von Tauwasser auf den Außenwandoberflächen ein wesentlicher Einflussfaktor. Bei negativer Gesamtenergiebilanz der Außenwandoberfläche (mit der Folge der Abkühlung der Oberfläche unter die Taupunkttemperatur) kann vorwiegend in der Nacht eine Tauwasserbildung auftreten. Im Fall von wärmegedämmten Außenwandkonstruktionen ist die Möglichkeit der negativen Energiebilanz aufgrund der Abkopplung vom wärmeren Innenklima deutlich höher als bei ungedämmten Konstruktionen bei denen der Wärmestrom von innen nach außen noch höher ist.

Weiterhin kommt der Dimensionierung der oberflächennahen Speichermasse eine entscheidende Rolle zu. Über sie kann die am Tag eingestrahlte Wärme gespeichert und bei negativer Energiebilanz wieder an die Oberfläche zurückgeführt werden. Das System reagiert so „träger“ auf klimatische Änderungen. In diesem Zusammenhang spielt auch die Grundausrichtung hinsichtlich der Tauwasserbildung eine entscheidende Rolle. Südseiten sind selten durch Bewuchs gekennzeichnet. Ihre Energiebilanz ist tagsüber durch die solaren Strahlungsgewinne überwiegend positiv. Außerdem können an der Süd- und Westseite öfter Oberflächentemperaturspitzen um θ_{se} = 60 °C oder höher auftreten, die ein für mikrobielles Wachstum eher ungünstige Temperaturbereich kennzeichnen (vgl. Wachstumsgrenzen in Abschnitt 2.3.2.6). Durch die auf der Südseite im Tagesverlauf zeitlich höchste UV-Strahlungsdosis und die geringere Regenwasserbeanspruchung sind die Südseiten insgesamt unkritischer als z.B. die Westseiten. Auf den Nordseiten mit deutlich geringeren solaren Einstrahlungen liegen die Oberflächentemperaturen zum Teil ganztags unterhalb der Außenlufttemperatur *[38]*. Auf den Ostseiten stellt sich dann ein entsprechender Zwischenzustand ein.

Bei einer wärmegedämmten Außenwandkonstruktion ist Studien zufolge der zeitbezogene prozentuale Anteil der tauwasserinduzierten Oberflächenfeuchtigkeit deutlich höher als durch Schlagregenereignisse *(Hofbauer et al [44])*.

Anhand der beschriebenen bislang bekannten Einflussfaktoren für mikrobiellen Bewuchs wird deutlich, dass der Einflussfaktor der Wasserbelastung die signifikante Stellgröße und direkte Hauptursache von mikrobiellem Bewuchs ist. Der Feuchtigkeitszufuhr durch Tauwasser kommt dabei eine besondere Bedeutung zu, sie steht in direktem Zusammenhang mit dem thermischen Verhalten einer Außenwandkonstruktion.

2.5 Maßnahmen gegen Bewuchs - Stand der Forschung

2.5.1 Chemisch-Biologische Ansätze

2.5.1.1 Biozide und Algizide

Zur Vermeidung von mikrobiellem Bewuchs ist der Einsatz von Bioziden in Oberflächendeckschichten das derzeit verwendete Handlungsmittel. Diese Maßnahme ist möglich, aber nicht unumstritten.

Das Inverkehrbringen von Bioziden wird über die Biozid-Verordnung (Verordnung Nr. 528/2012 über die Bereitstellung auf dem Markt und die Verwendung von Biozidprodukten *[15])* geregelt. Nach dieser Verordnung beschreibt ein Biozidprodukt „*...jeglichen Stoff oder jegliches Gemisch in der Form, in der er/es zum Verwender gelangt, und der/das aus einem oder mehreren Wirkstoffen besteht, diese enthält oder erzeugt, der/das dazu bestimmt ist, auf andere Art als durch bloße physikalische oder mechanische Einwirkung Schadorganismen zu zerstören.“*

Entsprechend dieser Verordnung darf ein Biozidprodukt nur Biozid-Wirkstoffe enthalten, die in einer Positivliste, der so genannten „Unionsliste der genehmigten Biozid-Wirkstoffe“, aufgeführt sind. Die Genehmigung eines Biozidwirkstoffs erfolgt je nach Anwendungsbereich für eine bestimmte Produktart (PA). Der Anwendungsbereich im Bereich von Außenwänden wird größtenteils der PA 7 (Beschichtungsschutzmittel) und die PA 10 (Schutzmittel für Baumaterialien) zugeordnet. In einigen Fällen werden auch Wirkstoffe der PA 8 (Holzschutzmittel) angewendet.

Die in den Biozidprodukten enthaltenen Wirkstoffe müssen wasserlöslich sein, damit sie an die Oberfläche transportiert und vom Zielorganismus aufgenommen werden können.

Das Wirksystem über die Wasserlöslichkeit führt allerdings zu einer begrenzten Wirkdauer der Biozidprodukte. Hinzu kommt, dass bei abflusswirksamen Regenereignissen die entsprechenden Wirkstoffe über direkte Einträge in die Gewässer gelangen *[29]*. Untersuchungen von *Burkhardt et al. [10]* zur Regenwasserbelastung durch die Auswaschung von Bioziden kommen zu dem Ergebnis, dass die Wasserbelastung innerhalb der ersten drei bis fünf Jahre bei hoher Anfangsbelastung auftritt. Im Umkehrschluss kann von einer entsprechend raschen Reduktion der Konzentration der Wirkstoffe ausgegangen werden. Mit Bioziden ist im Idealfall die Verzögerung des Bewuchses über die Gewährleistungsfrist erreichbar. Von einer Bewuchsvermeidung über die Gesamtlebensdauer der Fassade kann durch die Verwendung von bioziden Wirkstoffen nicht ausgegangen werden.

Entsprechend der EU-Richtlinie zur Änderung der bestehenden Umweltqualitätsnormen im Bereich der Wasserpolitik in Bezug auf prioritäre Stoffe (*[36]*) sind einige der bislang in Bioziden eingesetzten Wirkstoffe (Terbutryn, Diuron, Isoproturon) als prioritäre Stoffe aufgeführt. Der Wirkstoff Terbutryn wurde hierbei neu aufgenommen. Prioritäre Stoffe sind solche, für die Immissionsgrenzwerte für den guten Zustand von Oberflächengewässern auf europäischer Ebene festgelegt wurden. Diese Grenzwerte waren ab dem Jahr 2018 einzuhalten. *„Bis 2027 soll durch die EU-Mitgliedsstaaten mittels zusätzlicher Maßnahmen- und Überwachungsprogramme ein guter chemischer Zustand der Oberflächengewässer in Bezug auf die aufgeführten Stoffe erreicht werden, d.h. die Grenzwerte müssen eingehalten werden.“ (Umweltbundesamt [9])*.

Durch die aufgeführten Studien und die eigene durchgeführte Untersuchung im Stadtgebiet Hannover wird deutlich, dass der mikrobielle Bewuchs an Fassaden keine Einzelfallproblematik ist. Viele Eigentümer greifen zu biozidhaltigen Mitteln, um aufgetretenen Bewuchs zu entfernen und Renovierungsintervalle zu verlängern.

Langfristig kann im Sinne des Naturschutzes und der eventuellen auch noch nicht erkannten Gefahren für die Umwelt der Einsatz von Bioziden nicht ratsam sein. Daher kommt der Suche nach alternativen und umweltschonenden Vermeidungsstrategien eine besondere Bedeutung zu.

2.5.1.2 Nanosilber und photokatalytische Nanopartikel

Nanopartikel erhalten ihren Namen aufgrund der Größe von weniger als im Durchmesser von etwa 100 nm. Sie erreichen durch ihre große spezifische Oberfläche eine sehr gute Wirksamkeit bei vergleichsweise niedriger Konzentration. Die Wirkungsweise von Nanosilber beruht auf der stark toxischen Wirkung auf Organismen von gelöstem Silber durch eine Blockade von Enzymen.

Photokatalytisch aktive Nanopartikel aus Titandioxid bilden freie Radikale, die organische Materie zerstören. Dabei würden auch organische Bestandteile herkömmlicher Putze und Farben abgebaut werden. Daher muss ihre Rezeptur entsprechend angepasst werden.

Da Silber und Titandioxid nicht von der Umwelt abgebaut werden können, werden diese Stoffe mit der Zeit in der Natur angereichert *[73]*.

2.5.1.3 Selbstreinigung durch Abbau oberflächennaher Schichten

Der Effekt, dass Titandioxid bei dem Einsatz als photokatalytisch aktive Nanopartikel die organischen Substanzen der oberflächennahen Schicht abbaut, bewirkt auch, dass sich die gelösten Bestandteile leicht vom Regen von der Fassade abwaschen lassen. Dieser Vorgang wird auch als Kreidung bezeichnet. Die photokatalytische Wirkungsweise bewirkt bei einigen Materialien die Ausbildung einer superhydrophilen Oberfläche auf der sich Wasser nicht als Tröpfchen sondern als geschlossener Wasserfilm (Kontaktwinkel kleiner als 10°) niederschlägt. So wird die Photohydrophilie zum Beispiel auch bei Glasscheiben als Anti-Beschlag-Effekt nutzbar gemacht *[39]*.

Auch bei einigen mineralischen Putzsystemen kann im Rahmen der „Edelkreidung" eine Erneuerung der Oberfläche herbeigeführt werden *[29]*.

2.5.2 Thermische Ansätze

2.5.2.1 Vorbemerkungen

Die thermischen Ansätze zur Vermeidung von mikrobiellem Aufwuchs verfolgen grundsätzlich das Ziel, Oberflächentemperaturen zu erreichen, die das Feuchteangebot auf der Oberfläche begrenzen. Als Indikator für die Begrenzung des optimalen Feuchteangebots wird die Reduktion der Betauungsdauer infolge Taupunkttemperaturunterschreitung verwendet. Diese Taupunkttemperaturunterschreitungsdauer diente häufig in der Literatur zur Beurteilung der Wirksamkeit einer Maßnahme *[62]*. Die Minimierung der Taupunkttemperaturunterschreitungsdauer kann theoretisch durch die Reduktion der Wärmedämmqualität in Abhängigkeit von der oberflächennahen Speichermasse erreicht werden. Hinsichtlich der stark gestiegenen Anforderungen an die Gebäudehülle bezogen auf die Dämmqualität ist die Reduktion von Wärmedämmung allerdings keine anzustrebende Option. Eine weitere Möglichkeit zur Verringerung der Taupunkttemperaturunterschreitungsdauer ist die Vergrößerung der oberflächennahen Speichermasse im Rahmen der Steigerung der Putzdicke. Untersuchungen an Dickschichtputzsystemen haben gezeigt, dass eine Reduktion der Betauungszeiten um bis zu 20 % betragen kann *(Krus [61])*. Die theoretischen Ansätze über die Dämmstoff- und Putzdicke können auch als passive Maßnahmen bezeichnet werden, da sie nicht oder in geringem Maß an Produktentwicklungen gebunden sind. Die beiden Maßnahmen können in Kombination zur Reduktion der Betauungszeiten beitragen. Die wesentlichen aktiven thermischen Ansätze, die einer Modifikation des konservativen Außenwandaufbaus bedürfen sind nachstehend aufgeführt.

2.5.2.2 Phasenwechselmaterialien

Eine Möglichkeit zur Vermeidung wachstumsfördernder Betauungszeiten ist der Einsatz von Stoffen mit Latentwärmespeicher-Möglichkeit. Sie zeichnen sich dadurch aus, dass sie bei einem definierten Schmelz- und Erstarrungspunkt ihre Phase wechseln, daher der Name „phase change materials" - PCM. Diese Stoffe können während des Schmelzprozesses latent, also ohne Temperaturänderung Wärme aufnehmen, die sie bei ihrer Kristallisation wieder abgeben. Üblicherweise sind die in der Baupraxis derzeit eingesetzten Materialien Paraffine, die als „Auslaufschutz" mikroverkapselt in die entsprechenden Deckschichten eingebaut werden. Berechnungen zufolge lassen sich die Betauungszeiten durch den Einsatz von PCM-Materialien um bis zu 70% reduzieren *(Krus [61])*. Rechnerisch sind bei größeren Mengen als man in der äußeren Schicht bislang einarbeiten kann, weitere signifikante Reduzierungen der Betauungszeiten möglich *(Krus, Lengsfeld [56])*.

2.5.2.3 Außenwandtemperierung

Ein Ansatz zur Vermeidung von erhöhter Oberflächenfeuchte ist die Anhebung der Oberflächentemperatur durch die Temperierung der außen liegenden Schichten einer Wandkonstruktion. Über oberflächennah integrierte Heizmatten wird die Oberflächentemperatur über der Taupunkttemperatur gehalten und auf diese Weise Oberflächentauwasser vermieden. Eine dauerhafte Beheizung ist laut *v. Werder et al. [104]* allerdings eher unwirtschaftlich. Die Reduktion der Betauungszeiten durch Temperierung könne jedoch bei Kenntnis eines bestimmten Niveaus wirtschaftlich sein.

2.5.2.4 Änderung der strahlungstechnischen Eigenschaften der Oberflächenbeschichtung

Grundsätzlich gibt es zwei Ansätze hinsichtlich der Veränderung der strahlungstechnischen Eigenschaften. Zum einen kann durch die Verwendung dunkler Farbpigmente die kurzwellige Absorption der Globalstrahlung tagsüber gesteigert werden. Je nach Dimensionierung oberflächennaher Speichermasse führt dies zu einem späteren Absinken der Oberflächentemperatur in der Nacht. Zum anderen kann durch den Einsatz von Anstrichen mit herabgesetztem langwelligem Emissionsgrad die von der Oberfläche emittierte Strahlung gesenkt werden. Durch diese Veränderung der strahlungstechnischen Eigenschaften ist eine Reduktion der Betauungszeiten um bis zu 20 % erreichbar *(Krus [61])*. Als bislang noch nicht zufriedenstellend gelöst kann die Langzeitstabilität der Erhaltung der Strahlungseigenschaften, vor allen von geringen Emissionsgraden gelten.

2.5.3 Hygrische Ansätze

2.5.3.1 Hydrophobie, Hydrophilie

Im Fall von WDVS werden die entsprechend verwendeten Putze auf Untergründe aufgetragen, die nicht kapillar saugfähig sind. Im Regelfall werden hier Dicken im Millimeterbereich angestrebt. Die dünnen Putzschichten können im Vergleich zu monolithischen, dickeren Konstruktionen, die das Potential aufweisen Wasser in tiefere Bauteilschichten ableiten zu können, absolut weniger Wasser aufnehmen, beziehungsweise weisen rascher hohe Feuchtegehalte auf.

Bei dem Einsatz von hydrophoben und superhydrophoben Putzen stellt sich neben der Erfüllung des Kriteriums des Schlagregenschutzes (vgl. Abschnitt 3.4.2) auch ein Selbstreinigungseffekt durch an der Fassade abrollende Wassertropfen ein. Gleichzeitig würde das den Mikroorganismen zum Leben notwendige Wasser entzogen *(Cerman et al. [11])*. Weitergehende Untersuchungen zeigten jedoch auch, dass die im Vergleich zu Regentropfen (Durchmesser 0,5 bis 6,4 mm [*95*]) deutlich kleineren Tautropfen (Durchmesser 0,0015 - 0,1 mm *[95]*) in den Zwischenräumen einer einem „Nagelbett" ähnelnden Struktur der hydrophoben Putzoberfläche verbleiben *(Cerman [12])*. Die Tropfen werden auf dieser „rauen" Fläche somit nicht abgeführt. Durch die systemimmanenten schlecht saugfähigen Eigenschaften solcher hydrophob und superhydrophob eingestellten Putze, verbleibt Tauwasser auf diese Weise lange an der Oberfläche. Vor allem morgens weisen hydrophobe Oberflächen sichtbar Feuchtigkeit in Form von anhaftenden kleinen Wassertröpfchen auf (siehe Bild 2-16).

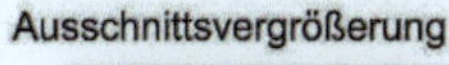

Bild 2-16: Hydrophob eingestellter Oberputz eines nördlich ausgerichteten WDVS mit morgens an der Oberfläche anhaftenden Tautröpfchen

Zur Reduktion oberflächennaher Feuchtigkeit und Abführung von der Oberfläche weg gerichtet wird daher der Einsatz saugfähiger Untergründe für vorteilhaft gehalten *(Krus [61], v. Werder [95])*. In Freilandversuchen des Fraunhofer Instituts für Bauphysik seien an *„nicht ganz so hydrophoben Fassadenoberflächen, die an der Nordseite des Gebäudes im Freigelände appliziert wurden, zu keinem Zeitpunkt Oberflächenfeuchte abgetupft worden.“ (Krus [61])*.

Neue Produktentwicklungen sollen am biologischen Vorbild eines Insektes (des Nebeltrinkerkäfers) die Vorteile beider Wirkprinzipien kombinieren. Dabei sollen hydrophobe Teile der Fassade den Schlagregenschutz sicherstellen und hydrophile Bereiche Tautropfen verflüssigen und abführen *(Stocolor [45])*.

3 Feuchtehaushalt von Oberflächen – theoretische Grundlagen

3.1 Feuchtespeicherung

Neben dem reinen Transport der Feuchtigkeit wird in den Hohlräumen des Materials auch Feuchtigkeit gespeichert. Beschrieben wird das im Material vorhandene Hohlraumvolumen über den Materialparameter Porosität Φ in [m³/m³], der das Verhältnis der eingeschlossenen Hohlräume zum Gesamtvolumen des Feststoffes widergibt.

In Abhängigkeit der Materialporengröße und der relativen Feuchte können unterschiedliche Transportmechanismen bei Materialien mit Porenräumen vorliegen. In Bild 3-1 werden die in der Literatur beschriebenen Transport- und Speichermechanismen für eine Modellpore für unterschiedliche Feuchtezustände idealisiert.

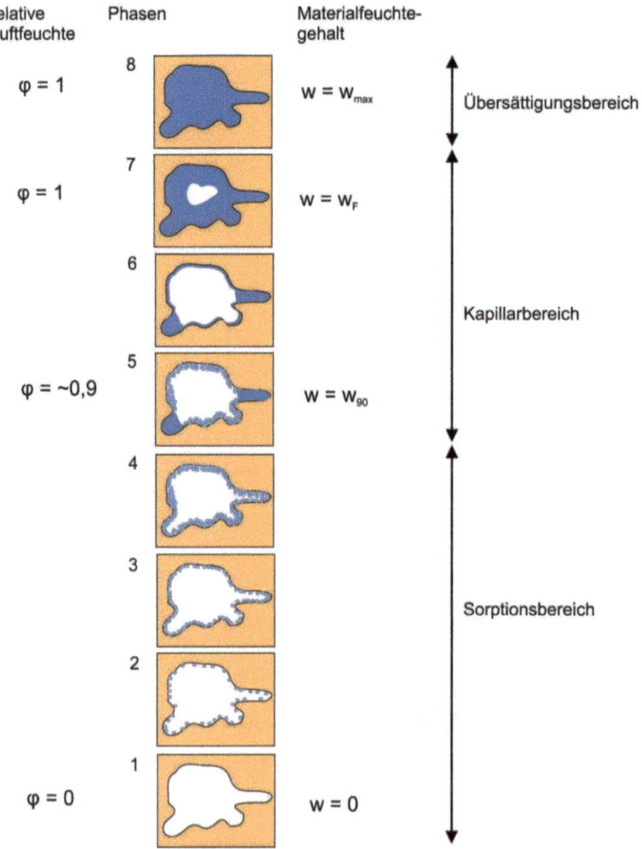

Bild 3-1: Phasen (1 bis 8) der Feuchtespeicherung einer Modellpore mit Darstellung der Feuchtegehaltsbereiche. Informationen aus [79], [60], [63].

Bei Vorliegen einer trockenen Pore (1) wird bei Feuchtebeaufschlagung eine Anlagerung von einzelnen Wassermolekülen an den Porenwandungen stattfinden. Dieser Prozess erfolgt in Stufen, so dass zunächst nur eine monomolekulare Anlagerung einzelner Moleküle (2), später ein geschlossener monomolekularer Film (3) und mit weiter steigender Feuchte eine polymolekulare Feuchteanlagerung stattfindet (4). Der Prozess der Anlagerung (2) bis (4) wird auch als Sorption bezeichnet. Es stellt sich ein Sorbatfilm ein.

Steigt der Feuchtegehalt weiter, werden die Kapillarporen mit flüssigem Wasser gefüllt. In den kleinen, in konkav ausgebildeten, gekrümmten Zwickeln kommt es durch die dort auftretende Dampfdruckerniedrigung zu einer Kapillarkondensation noch bevor an den übrigen Porenbereichen eine Anreicherung mit flüssigem Wasser auftritt (5). Die weitere Auffeuchtung führt zu einem geschlossenen Wasserfilm auf der Porenwandung (6), der bis zur so genannten freien Wassersättigung w_F anwachsen kann (7). Das Merkmal der freien Wassersättigung ist, dass ohne zusätzliche Druckbeaufschlagung durch flüssiges Wasser (z.B. durch Regen, Tauwasser) keine höheren Feuchtegehalte möglich sind. Beim Grenzzustand der freien Wassersättigung beträgt die relative Luftfeuchte $\varphi = 100$ %. Die Grenze zwischen den Sorptions- und Kapillarkondensationsbereichen ist nicht klar definierbar sondern je nach Material fließend. Sie wird in der Literatur [60], [79] der Übergang zum Auftreten der Kapillarkondensation bei einer relativen Luftfeuchte von etwa $\varphi = 90$ bis 95 % angegeben.

Beim Zustand der freien Wassersättigung sind die Porenräume noch nicht zu $\varphi = 100$ % gefüllt. Diese Luftporenbereiche können erst durch die angesprochene Druckbeaufschlagung mit Wasser aufgefüllt werden. Dieser Zustand der restlosen Wasserfüllung wird auch als maximaler Feuchtegehalt w_{max} bezeichnet (8).

Die Materialien, deren Wassergehalt sich über Sorption entsprechend der sie umgebenden relativen Luftfeuchte einstellt, werden als hygroskopische Materialien bezeichnet. Der sich einstellende, von der Luftfeuchte abhängige Materialfeuchtegehalt (Ausgleichsfeuchtegehalt) wird über die materialtypischen Sorptionsisothermen beschrieben. Die Sorptionsisothermen werden z.B. als Berechnungsgrundlage für hygrothermische Simulationen benutzt.

3.2 Feuchtetransport

Für übliche Baustoffe werden drei wesentliche Feuchtetransportmechanismen unterschieden:

- Diffusion (Wasserdampftransport),
- Oberflächendiffusion (Flüssigwassertransport),
- Kapillarleitung (Flüssigwassertransport).

3.2.1 Wasserdampfdiffusion

Die Wasserdampfdiffusion tritt auf, wenn Bereiche unterschiedlicher Dampfkonzentrationen aneinander grenzen. Infolge der thermischen Eigenbewegung kommt es mit der Zeit zu einem Konzentrationsausgleich. Die Ausgleichsvorgänge sind mit den Fick'schen Diffusionsgesetzen zu beschreiben. Demnach stellt sich in Richtung der geringeren Konzentration ein Diffusionsstrom ein, der proportional zur Differenz der anliegenden Wasserdampfpartialdrücke ist. Die physikalischen Vorgänge der Diffusion sind in der Literatur bereits sehr umfassend beschrieben worden und können z.B. in *Künzel [63], Krus [60]* und in der Anwendung auf stationäre Randbedingungen auch in der *DIN 4108-3 [18]* nachgelesen werden.

Der Widerstand, den ein Material in Bezug auf den durch ihn hindurch diffundierenden Wasserdampf aufweist, wird durch den Wasserdampfdiffusionswiderstand μ [-] beschrieben. Er gibt den Faktor an, um den der Diffusionswiderstand im Vergleich zu dem einer 1 m dicken Luftschicht größer ist. Der Wasserdampfdiffusionswiderstand einer Bauteilschicht wird durch die wasserdampfdiffusionsäquivalente Luftschichtdicke s_d [m] ausgedrückt und ermittelt sich zu:

$$s_d = d \cdot \mu \quad [m] \tag{1}$$

Mit: s_d: Wasserdampfdiffusionsäquivalente Luftschichtdicke [m]

d: Schichtdicke des Bauteils [m]

μ: Wasserdampfdiffusionswiderstandszahl [-]

3.2.2 Oberflächendiffusion

Mit zunehmend geschlossener Sorbatfilmschicht an den Porenwandungen werden die Wassermoleküle beweglicher. Die Bewegungsrichtung des Flüssigkeitstransports wird von der höheren zur niedrigeren Sorbatfilmschichtdicke bestimmt. Als treibende Kraft für diesen Feuchtetransport ist der Gradient der relativen Luftfeuchte verantwortlich und kann dadurch auch der Transportrichtung der Wasserdampfdiffusion entgegengesetzt sein (vgl. Bild 3-2).

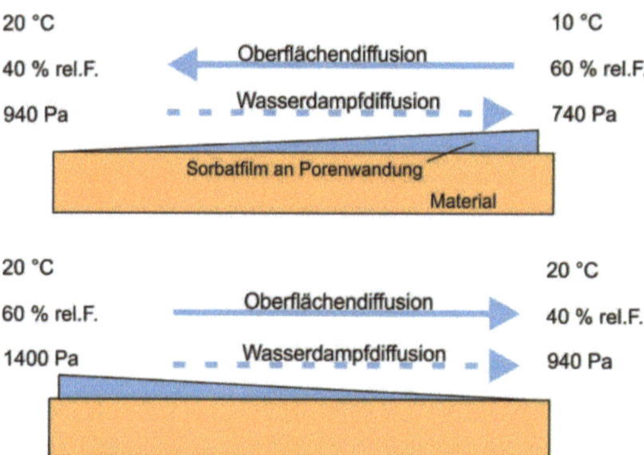

Bild 3-2: Darstellung der Antriebsabhängigkeiten der Transportrichtung von Oberflächendiffusion und Wasserdampftransport. Die Richtungen können gleich- oder gegeneinander gerichtet sein. Informationen aus [79].

3.2.3 Kapillarleitung

Die Kapillarleitung beschreibt die Aufnahme und Weiterleitung flüssigen Wassers, wenn kapillare Saugspannungen bei benetzten kapillarporösen Materialien auftreten. Für die Größe der Saugspannungen ist die Kapillargröße entscheidend, kleinere Kapillardurchmesser weisen eine höhere Saugspannung und damit Saughöhe als größere Durchmesser auf. Die Steiggeschwindigkeit ist hingegen bei den größeren Kapillaren höher.

Der Kapillartransport wird vom Gradienten des Wassergehalts bestimmt. In *Krus [60]* wurde beschrieben, dass zur besseren Abbildung von Versuchsergebnissen zwischen dem Effekt des Saugens und der Weiterverteilung differenziert werden muss. So bestimmen die größeren Kapillaren den Effekt des Saugens, die kleineren Kapillaren hingegen die kapillare Weiterverteilung. Dabei ist die Transportgeschwindigkeit beim Weiterverteilen durch die größere Reibung in den kleineren Kapillaren geringer, gegenüber der Geschwindigkeit beim Saugen ist sie etwa um den Faktor 10 kleiner.

In *Krus [60]* wird der obige Zusammenhang des unterschiedlichen Verhaltens beim Saugen und Weiterverteilen durch zwei Materialkenngrößen beschrieben, dem Koeffizient für Saugen D_{WS} für die Wasseraufnahme bei Benetzung durch eine Flüssigwasserquelle und dem Koeffizienten für Weiterverteilen D_{WW} im Material nach Beendigung der Benetzung.

Die Flüssigtransportkoeffizienten werden für das in dieser Arbeit verwendete hygrothermische Berechnungsmodell nach *[60]*, bestimmt zu

$$D_{WS}(w) = 3{,}8 \cdot \left(\frac{W_w}{w_f}\right)^2 \cdot 1000^{\left(\frac{w}{w_f}\right)-1} \quad \left[\frac{m^2}{s}\right] \tag{2}$$

Mit: D_{WS}: Flüssigtransportkoeffizient für den Saugvorgang [m²/s]

W_W: Wasseraufnahmekoeffizient [kg/(m²s^0,5)]

w: Wassergehalt [kg/m³]

w_f: Wassergehalt bei freier Wassersättigung [kg/m³]

$$D_{ww}(w_f) = \frac{D_{ws}(w_f)}{10} \quad \left[\frac{m^2}{s}\right] \tag{3}$$

Mit: D_{WW}: Flüssigtransportkoeffizient für Weiterverteilen [m²/s]

Da die Kennwerte zum Flüssigwassertransport maßgeblich vom Wasseraufnahmekoeffizient W_W bestimmt werden, wurde im Rahmen der Arbeit der W_W-Wert an den Versuchsobjekten in-situ und in Labormessungen ermittelt (vgl. Abschnitte 5.1.3.3 und 5.2.3).

3.3 Feuchteübergang

Der Wasserdampftransport von oder an eine Oberfläche wird für anwendungsorientierte Lösungen über den Wasserdampfübergangskoeffizient β_p nach folgender Beziehung definiert:

$$g_v = \beta_p \cdot (p_e - p_{se}) \quad \left[\frac{kg}{m^2 s}\right] \tag{4}$$

Mit: g_v: Wasserdampfdiffusionsstromdichte [kg/(m²s)]

β_p: Dampfübergangskoeffizient [kg/(m²sPa)]

p_e: Wasserdampfteildruck des anliegenden Luftvolumens [Pa]

p_{se}: Wasserdampfteildruck der Oberfläche [Pa]

Der Wasserdampfübergangskoeffizient β_p ist strömungsabhängig. Er leitet sich aus dem konvektiven Wärmeübergangskoeffizienten α_k nach folgender Beziehung nach einem Ansatz von *Illig [48]* ab und wird in *[32]* beschrieben durch:

$$\beta_p = 7 \cdot 10^{-9} \cdot \alpha_k \quad \left[\frac{kg}{m^2 s Pa}\right] \tag{5}$$

Mit: β_p: Dampfübergangskoeffizient [kg/(m²s Pa)]

α_k: konvektiver Wärmeübergangskoeffizient [W/(m²K)]

Der konvektive Wärmeübergangskoeffizient α_k definiert den zwischen Oberfläche und anliegender Luft transportierten Wärmestrom:

$$\Phi = \alpha_k \cdot A \cdot (\theta_f - \theta_s) \quad [W] \tag{6}$$

Mit: Φ Wärmestrom [W]

A Fläche [m²]

θ_f, θ_s Temperatur der angrenzenden Luft, Oberflächentemperatur [°C]

Für den rechnerischen Ansatz des konvektiven Wärmeübergangs α_k werden in der Fachliteratur verschiedene Berechnungsmöglichkeiten angegeben (z.B. in DIN EN ISO 6946 *[29]*). In dieser Arbeit wurde konform zu dem verwendeten Programmsystem WUFI *[32]* ein von der Windgeschwindigkeit und der Anströmrichtung (Luv- und Leebedingungen) abhängiger Ansatz verwendet:

$$\alpha_k = \alpha_{conv} + \frac{f_{luv}}{f_{lee}} \cdot v_{wind} \quad \left[\frac{W}{m^2 K}\right] \tag{7}$$

Mit: α_{conv}: Konvektiver Wärmeübergangskoeffizient bei Windstille [W/(m²K)]

f_{luv}: Windkoeffizient bei Luv-Bedingungen, Ansatz hier pauschal 1,6 nach *Snatzke aus [32]* [Ws/(m³K)]

f_{lee}: Windkoeffizient bei Lee-Bedingungen, Ansatz hier pauschal 0,33 nach *Snatzke aus [32]* [Ws/(m³K)]

v_{Wind}: Stundenmittel der Windgeschwindigkeit [m/s]

Für α_{conv} wird in der vorliegenden Arbeit der Ansatz für Wände nach *Recknagel et al. [83]* verwendet. Danach gilt:

$$\alpha_{conv} = 1{,}6 \cdot (\theta_f - \theta_s)^{0{,}3} \quad \left[\tfrac{W}{m^2K}\right] \tag{8}$$

Mit: θ_f: Temperatur eines Fluids, hier Luft [°C]

θ_s: Oberflächentemperatur des Körpers [°C]

3.4 Entstehung von Oberflächenfeuchtigkeit

3.4.1 Tauwasserbildung

Für viele Fragestellungen im Bauwesen ist die Erwärmung bzw. Abkühlung von Körpern auf Grund vom Energietransportphänomenen zu berechnen. Für die in dieser Arbeit durchgeführten Untersuchungen ist vor allem von Bedeutung, ob und wann eine Außenoberflächentemperatur die Taupunkttemperatur erreicht bzw. unterschreitet und sich flüssiges Wasser bildet.

Die Bildung von Tauwasser an Bauteiloberflächen kann durch Unterschreitung der Taupunkttemperaturen erfolgen, wenn z.B. die Gesamtbilanz zwischen Energiequellen (Gewinne) und Energiesenken (Verluste) unter Berücksichtigung von gespeicherten Energiemengen und latenten Wärmen negative Werte annehmen.

Die Energiebilanz einer Oberfläche, kann in Anlehnung an die *VDI 3789 Blatt 2 [97]* bilanziert werden. Durch die Einführung einer zunächst masselosen, unendlich dünnen Bilanzoberfläche ohne Energiespeicherfunktion kann geschrieben werden:

$$Q + K + H + V + P = 0 \quad [W/m^2] \tag{9}$$

Mit: Q: Gesamtstrahlungsbilanz; Summe aller positiven (Energiequelle, z.B. kurzwellige Sonnenstrahlung) und negativen (Energiesenke, z.B. langwellige Abstrahlung der Oberfläche) Strahlungsflussdichten zur Oberfläche [W/m²]

K: Wärmeflussdichte aus dem Inneren des Körpers zur masselosen Oberfläche [W/m²]

H: Wärmeflussdichte zur Berücksichtigung der konvektiven Wärmeübertragung zwischen Atmosphäre und Oberfläche [W/m²]

V: Wärmeflussdichte latenter Wärme infolge Verdunstung und Kondensation [W/m²]

P: Wärmeflussdichte der durch Niederschläge zur Oberfläche transportierten Wärme [W/m²]

Jedes Glied in dieser Gleichung bedeutet eine Leistungsdichte in W/m². Üblicherweise werden die Leistungsdichten in Gleichung (9) positiv angesetzt, wenn sie zur Fläche hin gerichtet sind. Da die Fläche als unendlich dünne Schicht keine Energie speichern kann, ist die Summe aller Leistungsdichten zu und von der Oberfläche weg gleich Null.

Ein Tagesgang der einzelnen bilanzierten Energiemengen ist exemplarisch im Bild 3-3 für eine Oberfläche mit einer ausgeprägten Vegetation und damit einem bedeutenden Energieanteil latenter Wärme (am Tag Verdunstung = negativer Energiefluss der Oberfläche) dargestellt.

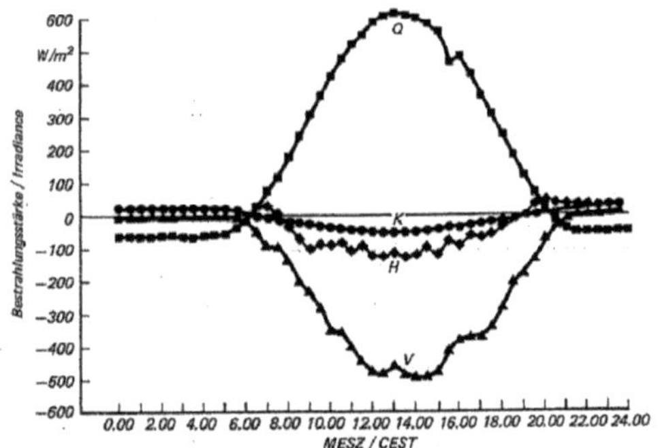

Bild 2. Tagesgang der einzelnen Glieder der Energiebilanz der Erdoberfläche (Beispiel)
Messung über einem Winterweizenfeld in der Hildesheimer Börde bei fast wolkenlosem Himmel, 14.6.1988, nach *Löpmeier* u.a. (1991)

Bild 3-3: Wärmeströme mit Energierichtungen (positives Vorzeichen: zur Oberfläche hin gerichtet, negatives Vorzeichen: von der Oberfläche weg gerichtet) an einer Erdoberfläche über den Tag, aus VDI 3789 Blatt 2 [97]

Wie in Bild 3-3 gezeigt, wird die Energiebilanz der Oberfläche maßgeblich durch die Gesamtstrahlungsbilanz beeinflusst. Die Gesamtstrahlungsbilanz Q umfasst alle Effekte der kurz- und langwelligen Strahlung, die auf die Oberfläche auftreffen oder abgestrahlt werden.

Die Gesamtstrahlungsbilanz ergibt sich zu:

$$Q = + G - R + A - A_R - E \quad [W/m^2] \tag{10}$$

Mit: Q: Wärmeflussdichte der Gesamtstrahlungsbilanz [W/m²]

G: von der Oberfläche zu absorbierende Globalstrahlungsintensität durch Sonneneinstrahlung, inklusive der auf die Wandoberfläche von der Umgebung reflektierten kurzwelligen Strahlung - kurzwellig [W/m²]

R: Reflektierte Globalstrahlungsintensität der Wandoberfläche - kurzwellig [W/m²]

A: Atmosphärische Wärmestrahlungsintensität - langwellig [W/m²]

A_R: Reflektierte atmosphärische Wärmestrahlungsintensität - langwellig [W/m²]

E: Wärmestrahlungsintensität der Wandoberfläche – langwellig [W/m²]

Die Anteile der kurzwelligen (G und R) und langwelligen Strahlungsdichten (A, A_R und E) können jeweils zusammengefasst werden. Es ergibt sich für die kurzwellige Strahlungsbilanz Q_s

$$Q_s = + G - R \quad [W/m^2] \tag{11}$$

und die langwellige Strahlungsbilanz Q_t

$$Q_t = + A - A_R - E \quad [W/m^2] \tag{12}$$

Für die Gesamtstrahlungsbilanz Q kann so geschrieben werden

$$Q = Q_s + Q_t \quad [W/m^2] \tag{13}$$

Der Ansatz einer bis hier unterstellten masselosen Oberfläche entspricht nicht der Realität, so dass sich bei realen Oberflächen Wärmeeinspeicher- und Ausspeichereffekte ergeben. Einspeichervorgänge werden sich zum Beispiel einstellen, wenn die Gesamtstrahlungsbilanz Q > 0 wird und auch die übrigen beeinflussenden Wärmeströme aus Gleichung (9) Werte > 0 ergeben. In diesem Fall, der häufig am Tag und bei viel Sonnenschein auftritt entsteht der in Bild 3-4 dargestellte Zusammenhang.

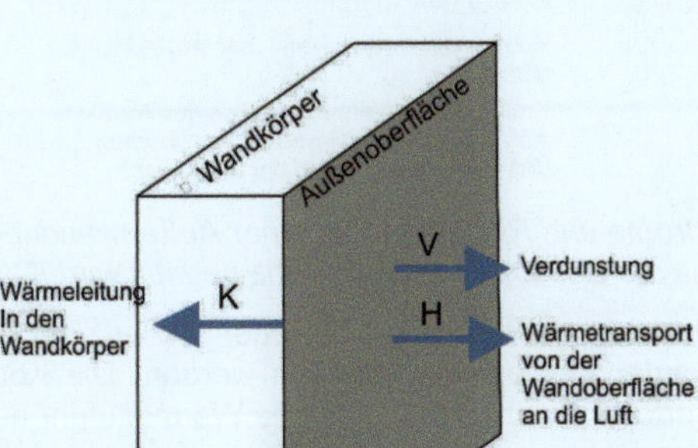

Bild 3-4: Wärmeströme und Richtungen an einer Außenwandoberfläche für den Fall, dass die Gesamtstrahlungsbilanz positiv wird (Tagfall)

Die in den Wandkörper transportierte Wärme wird in Abhängigkeit von der spezifischen Wärmekapazität c, der Masse des Körpers m und der Zeitdauer gespeichert. Umso größer die drei Parameter sind, desto mehr Wärme kann gespeichert werden.

In der Nacht und auch z.B. an entsprechend vor direkter Sonneneinstrahlung geschützten Bereichen (z.B. Nordseiten) fehlt oder reduziert sich die kurzwellige solare Einstrahlung und die Strahlungsbilanz Q kann negativ werden.

Für diesen Fall, und meist in einer klaren Nacht, ergibt sich der typische Fall entsprechend Bild 3-5:

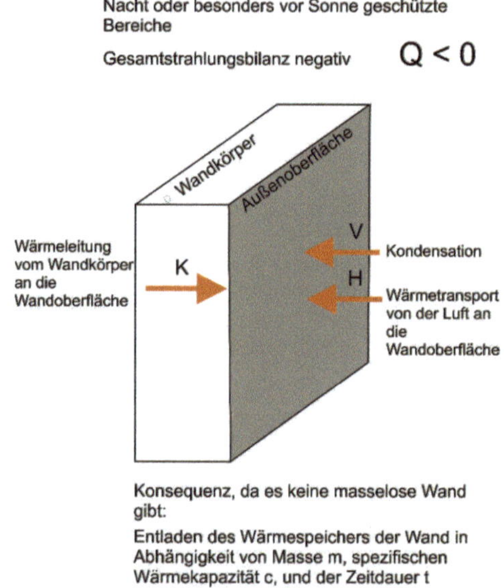

Bild 3-5: Wärmeströme und Richtungen an einer Außenwandoberfläche für den Fall, dass die Gesamtstrahlungsbilanz negativ wird (Nachtfall)

Bei negativer Gesamtstrahlungsbilanz muss die Energiebilanz der Oberfläche durch die Wärmeströme anliegender Medien ausgeglichen werden. Die Kompensation bei Außenwandoberflächen erfolgt in der Regel durch die Wärmezufuhr aus dem Wandkörper und durch Entladen des Wärmespeichers der Wand. Kann die negative Gesamtstrahlungsbilanz hierdurch nicht ausgeglichen werden, wird die Energiebilanz negativ und die Temperatur der Oberfläche kann unter die Außenlufttemperatur und auch unterhalb der Taupunkttemperatur der Außenluft sinken.

Im Fall von gedämmten Fassaden mit geringer oberflächennaher Speichermasse sind die Effekte der negativen Energiebilanz in Form von nächtlicher Tauwasserbildung insbesondere morgens sichtbar (siehe Bild 3-6).

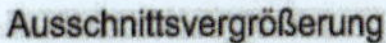

Bild 3-6: *Gedämmte WDVS-Konstruktion am Morgen nach einer klaren Nacht - Tauwasserbildung ist an der Oberfläche hier als geschlossener Feuchtigkeitsfilm sichtbar*

Ein Tauwasserausfall auf den außenseitigen Bauteilflächen tritt dann auf, wenn die Oberflächentemperatur θ_{se} die Taupunkttemperatur θ_d unterschreitet. Die an der Bauteiloberfläche angrenzende Außenluft kann in diesem Fall das im gasförmigen Aggregatzustand vorliegende Wasser in der Luft nicht mehr in diesem Zustand halten, das Luft-Wasser-Gemisch ist quasi gesättigt. Unter Freisetzung von Kondensationswärme kann das überschüssige Wasser auch in der Luft selbst in kleinen Tropfen an sogenannten Kondensationskernen oder Aerosolen abgeschieden werden. Die in der Luft üblicherweise natürlich vorhandenen Kondensationskerne stellen somit für das abzuscheidende Wasser eine Benetzungsfläche dar und sind sehr klein. Bei z.B. Bauteiloberflächen wie einem Putz eines WDVS sind die Benetzungsflächen ohnehin vorhanden, hier kann durch hydrophobe oder hydrophile Eigenschaften die Benetzung der Flächen beeinflusst werden.

3.4.2 Niederschlag

Ein auftretender Normalregen auf die Erdoberfläche bekommt durch die Wirkung des Windes eine horizontale Richtungskomponente. Bei Windanströmung auf eine Wand kann der Regen so auch nahezu horizontal an die Oberfläche gelangen. Der auf die Wand auftreffende Regen wird Schlagregen genannt.

Je nach Jahresniederschlagsmenge werden gemäß *DIN 4108-3 [18]* drei Beanspruchungsgruppen unterschieden.

Tabelle 3-1: Einteilung der Schlagregenbeanspruchung nach DIN 4108-3 [18] und Anforderungen an die Wasseraufnahme- und abgabefähigkeit

Beanspruchungsgruppe	Schlagregenbeanspruchung	Jahresniederschlagsmenge [mm]	Gilt auch für	Anforderungen an den Wasseraufnahmekoeffizient W_W [kg/(m²h^0,5)]	Anforderungen an die wasserdampfäquivalente Luftschichtdicke s_d [m]
I	Gering	<600	Gebiete mit größeren Mengen in windgeschützten Lagen	keine	keine
II	Mittel	≥600 ≤800	Hochhäuser oder Häuser in exponierter Lage bei geringerer Niederschlagsmenge	$0{,}5 < W_W < 2{,}0$	keine
III	Stark	>800	Küstengebiete, Hochgebirgslagen, Hochhäuser oder Häuser in exponierter Lage bei geringerer Niederschlagsmenge	≤ 0,5	≤ 2,0

Um einen ausreichend hohen Schutz vor eindringendem Schlagregen zur Vermeidung von beispielsweise Frostschäden oder mikrobiellem Bewuchs im Bauteilinneren der Konstruktion zu erreichen, sind Grenzwerte hinsichtlich der kapillaren Wasseraufnahme (W_w-Wert) und des Diffusionsvermögens (s_d-Wert) definiert. Das Produkt aus beiden Größen ist die Klassifizierung für den Regenschutz. Die wasserabweisende Wirkung von Putzen gilt gemäß *DIN 4108-3 [18]* als erfüllt wenn gilt:

$$w_w \cdot s_d \leq 0{,}2 \frac{kg}{m \cdot \sqrt{h}} \tag{14}$$

Mit: W_w: Wasseraufnahmekoeffizient [kg/(m²h^0,5)]

s_d: Wasserdampfdiffusionsäquivalente Luftschichtdicke [m]

Durch die Beziehung wird erreicht, dass bei beispielsweise einer größeren Wasseraufnahme des Putzes oder der Beschichtung der sd-Wert der Schicht noch kleiner werden muss, damit durch einen geringen Wasserdampfdiffusionswiderstand (diffusionsoffener) das aufgenommene Wasser wieder ausdiffundieren kann.

Für die Berechnungen in dieser Arbeit wird die Schlagregenmenge aus dem Stundenmittel der Windgeschwindigkeit, der Windrichtung und der Stundensumme der Normalregenmenge nach dem *ASHRAE Standard 160 [2]* ermittelt. Zur genauen Beschreibung mit Erläuterung zur Ermittlung für die konkret vorliegenden Fälle wird auf Abschnitt 10.2.1.1 verwiesen.

3.5 Wasseraufnahme

Eine allgemeine Klassifizierung der Wasseraufnahme von Baustoffen gemäß *DIN EN ISO 15148 [26]* zur kapillaren Wasseraufnahme unterscheidet vier Gruppen:

- Wasserdicht: $W_W < 0{,}01$ kg/(m²$h^{0,5}$),
- Wasserabweisend: $W_W \leq 0{,}5$ kg/(m²$h^{0,5}$),
- Wasserhemmend: $0{,}5 < W_W < 2{,}0$ kg/(m²$h^{0,5}$),
- Wassersaugend: $W_W \geq 2{,}0$ kg/(m²$h^{0,5}$).

Die Wasserdurchlässigkeit von Beschichtungen an Oberflächen wird gemäß *DIN EN 1062 [20]* eingeteilt:

- Niedrige Wasserdurchlässigkeit: $W_W \leq 0{,}1$ kg/(m²$h^{0,5}$),
- Mittlere Wasserdurchlässigkeit: $0{,}1 < W_W \leq 0{,}5$ kg/(m²$h^{0,5}$),
- Hohe Wasserdurchlässigkeit: $W_W > 0{,}5$ kg/(m²$h^{0,5}$).

Für die Regenwasserabsorption wird in *[32]* aufgrund des bei Auftreffen wieder wegspritzenden Wassers ein Absorptionsgrad von 70 % angegeben.

Trifft Niederschlagswasser auf eine Oberfläche oder entsteht Tauwasser an einer Oberfläche, kann nur eine bestimmte Menge (Höchstmenge) an Wasser an der Wandoberfläche anhaften. Oberhalb dieser Grenze schließen sich aus der Feuchtigkeit heraus Wassertropfen zusammen und beginnen abzulaufen. In experimentellen Untersuchungen wurde von *Krus und Rösler [58]* festgestellt, dass in verschiedenen Mineralwollearten, die an nicht saugfähigen Grund grenzen, Wasser ab einer Menge von m= 200 g/m² abzulaufen beginnt. Die *DIN EN ISO 13788 [24]* warnt vor einer Überschreitung der Oberflächenwassermenge von m= 200 g/m², weil darüber ein Ablaufen beginne.

Der *British Standard BS 5250 [7]* liefert detaillierte Angaben zum Feuchtezustand und Ablaufbeginn. Demnach bildet sich unter m = 30 g/m² ein Feuchtebeschlag an der Oberfläche, darüber und bis m = 50 g/m² schließen sich einzelne Tröpfchen zusammen und beginnen abzulaufen.

Die maximal anhaftende Wassermenge ist stark vom Untergrund abhängig. Die in der Literatur definierten Angaben können daher nur als Anhaltswerte dienen. Zur Bestimmung des maximalen Haftwassergehalts werden in dieser Arbeit daher experimentelle Untersuchungen durchgeführt (vgl. Abschnitt 6.6).

3.6 Verdunstung

Von Verdunstung spricht man, wenn ein Stoff vom flüssigen Zustand in den gasförmigen Zustand übergeht. Hierbei findet dieser Vorgang bei Temperaturen unterhalb der Siedetemperatur statt. Zur Verdunstung kommt es nur, wenn die Gasphase über der zu verdunstenden Flüssigkeit noch nicht voll mit Dampf gesättigt ist und so noch Teilchen von der Flüssigkeit in der Gasphase aufgenommen werden können. Für die Verdunstung von Wasser ist Energie nötig, die dem System zugeführt werden muss bzw. sich das verdunstende Medium aus der Flüssigkeit die Wärme bezieht (die Flüssigkeit wird dann kälter). Die Energiemenge die für die Verdunstung von Wasser benötigt wird, wird Verdunstungswärme genannt und ist betragsmäßig die gleiche Energiemenge, die beim umgekehrten Fall der Kondensation (Kondensationswärme) entsteht. Die Energiemengen die beim Verdunsten und Verdampfen entstehen bzw. benötigt werden sind relativ groß und sind temperaturabhängig (wärmeres Wasser weist eine geringere Verdampfungsenthalpie H auf als kälteres Wasser). Die Energie die für ein Gramm Wasser bei einer Temperatur von etwa 25 Grad benötigt wird beträgt z.B. etwa Q = 2,44 kJ/g.

In dem angewendeten numerischen Modell wird die Kondensations- und Verdunstungswärme berücksichtigt. Die Verdunstung von Wasser geht umso schneller, je geringer die Luftfeuchte der umgebenden Luft zu der die Verdunstung stattfinden kann ist. Beträgt die relative Luftfeuchte über einer nassen Oberfläche z.B. φ = 100 % findet gar keine Verdunstung statt, die Oberfläche bleibt nass. Umgekehrt trocknet ein Körper umso schneller ab, je geringer und damit aufnahmefähiger die umgebende Luft (entspricht dem Dampfdruckgefälle) ist.

Für Außenwandoberflächen ist die Berücksichtigung der Verdunstung (und Kondensation) von Bedeutung, da hierdurch die Abtrocknungsvorgänge in zeitlicher Dauer nach einem Feuchteereignis (bzw. Befeuchtungsereignisse) berechnet werden.

3.7 Lokalklimatische Einflussparameter

3.7.1 Vegetation

Die Reaktion von Pflanzen auf die Umgebungsbedingungen durch Transpiration wird zum Beispiel von *Bendix [5]* und in *Strasburger [91]* beschrieben. Pflanzen geben einen Großteil des aus dem Boden aufgenommenen Wassers als Wasserdampf über die Stomataöffnungen ab. Dabei wird die stomatäre Öffnungsweite von dem Lichtangebot bestimmt *[91]*. Zusätzlich kommt die Evaporation als Verdunstung der Landoberfläche hinzu. Zusammen werden beide Prozesse als Evapotranspiration bezeichnet. Im Tagesverlauf richtet sich die Transpiration der Pflanzen außerdem nach dem Sättigungsdefizit der Luft. Bild 3-7 stellt exemplarisch die Verdunstungsmenge infolge Evapotranspiration im Tagesgang dar.

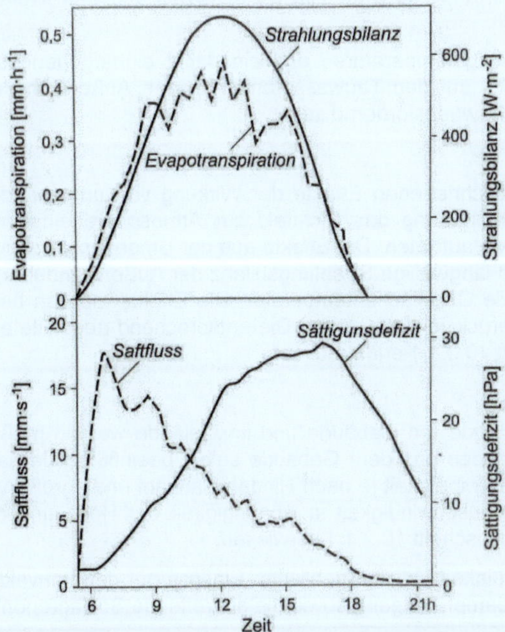

Bild 3-7: Tagesgang der Verdunstung eines Kieferwalds aus [5]

Die zusätzlich in der Umgebungsluft durch Vegetation vorhandene Feuchtigkeit kann bei der Betrachtung wachstumsbegünstigender Umweltfaktoren nicht unberücksichtigt bleiben und wird daher in dieser Arbeit mitbetrachtet (siehe dazu Abschnitte 10.2.1.1 und 7.3.3.2).

Durch Laubbäume an den betrachteten Außenwänden entstehen unterschiedliche Verschattungssituationen im Jahresverlauf. In den laubarmen Wintermonaten sind die Verschattungseffekte geringer und beeinflussen maßgeblich die Direktstrahlungsintensität auf die Außenwand. Außerdem wird das Sichtfeld der Außenwand zur Atmosphäre bei fehlender Belaubung der Bäume in den Herbst und Wintermonaten größer. Dadurch wird der langwellige Strahlungsaustausch ebenfalls verändert.

Die Effekte wechselnder Belaubung im Jahresverlauf werden ebenfalls in dieser Arbeit berücksichtigt (siehe dazu Abschnitt 10.2.1.1).

3.7.2 Geografische Lage

Lufttemperatur und Luftfeuchte

Die einzelnen Klimaelemente Temperatur, Feuchte, Wind werden maßgeblich von der lokalen Exposition des Gebäudes beeinflusst. *Zirkelbach et al [109]* unterscheiden 4 wesentliche Lagekategorien in Stadt, Berg, Gewässer und Tal. Während in der Stadt eine Temperaturerhöhung der Außenlufttemperatur um etwa im Mittel $\Delta T=1$ K gegenüber dem in der Region gültigen Referenzklima empfohlen wird, kann die Temperatur im Tal bis zu $\Delta T = -1$ K abweichen. Am Gewässer ist mit einer Erhöhung der relativen Feuchte zu rechnen.

Niedrigere Umgebungstemperaturen und ein damit einhergehendes höheres Feuchteniveau wirken sich auf den Tauwasseranfall an den Außenwandkonstruktionen aus und können daher bewuchsfördernd sein.

Strahlung

Ebenso wie die beschriebenen Effekte der Wirkung von umgebenden Bäumen kann durch Umgebungsbebauung das Sichtfeld zur Atmosphäre eingeschränkt sein oder Verschattungseffekte auftreten. Die Effekte aus der Umgebungsbebauung beeinflussen die kurzwellige und langwellige Strahlungsbilanz der Außenwandoberflächen und damit die sich einstellende Oberflächentemperatur. Die Effekte müssen bei der Berechnung und Beurteilung berücksichtigt werden. Die entsprechend abgeleiteten Zusammenhänge sind in Abschnitt 10.2.1.1 erläutert.

Wind

Die Strömungszustände um Gebäude und im Gelände werden maßgeblich durch die Rauigkeit des Geländes und dem Gebäude selbst beeinflusst. Je nach Lage wird vor allem die Windgeschwindigkeit je nach Hindernisanzahl und –größe verringert. Zur Berechnung der Windgeschwindigkeit in Abhängigkeit der Höhe und der Rauigkeit des Geländes wird auf Abschnitt 10.2.1.1 verwiesen.

Die Windgeschwindigkeit hat maßgeblichen Einfluss auf den konvektiven Wärmeübergang, den Wasserdampfübergang sowie die auftreffende Schlagregenmenge an der.

4 Möglichkeiten zur Berechnung der Bewuchsneigung

4.1 Vorhandene Vorhersagemodelle und Berechnungsmethoden

Die realitätsnahe Berechnung des gekoppelten Wärme- und Feuchtetransports in Außenbauteilen ist mit Simulationsprogrammen möglich. Die bekanntesten Programme sind WUFI („Wärme und Feuchte instationär") *[108]*, Cond *[14]* und Delphin *[17]*. Sie sind vielfach validiert worden, werden weltweit in Forschung und Entwicklung sowie in der Bauplanung eingesetzt und erfüllen die Anforderungen der *DIN EN 15026 [21]*.

Über entwickelte Zusatzprogramme (z.B. WUFI Bio, WUFI VTT) ist es möglich, die Berechnungsergebnisse hinsichtlich der Schimmelpilzbewuchsneigung einer Konstruktion auf der Innenseite zu bewerten. Unter anderem kann auf Grundlage des von *Sedlbauer [89]* beschriebenen Verfahrens der Bewertung über Isoplethen das Schimmelpilzrisiko im Innenbereich oder im Inneren von Bauteilen eingeschätzt werden (siehe auch *WTA-Merkblatt 6-3-05/D [107]*). Das Isoplethenmodell wurde abgeleitet aus für unterschiedliche Baustoffe geltenden Isoplethensystemen, die die Wachstumsvoraussetzungen besiedelnder Pilzarten beschreiben. Das Wachstum und auch Sporenauskeimzeiten sind dann zeitabhängig für eine sogenannte Modellspore bestimmbar.

Andere Verfahren wie das *ESP-r Modell [13*] und das Modell nach *Viitanen [46]* leiten auf der Grundlage von Laborversuchen Wachstumsrandbedingungen ab, die überführt in mathematische Gleichungen das Wachstumspotential in Abhängigkeit der berechneten Temperatur und Feuchtezustände beurteilen. Ein weiteres, das Time of Wetness-Modell nach *Adan [1],* beurteilt das Schimmelpilzwachstumsrisiko nach dem Anteil der Stunden am Tag, in denen die relative Luftfeuchte $\varphi \geq 80$ % beträgt. Ist der Wert größer als TOW = 0,5 wird von einem hohen Schimmelpilzrisiko ausgegangen. Die vorhandenen Prognoseverfahren beziehen sich ausschließlich auf Schimmelpilze im Innenbereich und sind zum Teil auch nur auf wenige Schimmelpilzarten anwendbar. Für andere mikrobielle Organismen besteht keine Gültigkeit *[107].* Für eine sachgerechte Bewertung von Schimmel im Außenbereich fehlen derzeit noch einschlägige Modelle *[32]*.

Aufgrund der Vielzahl der im Außenbereich vorkommenden Mikroorganismen mit unterschiedlichsten Wachstumsanforderungen (vgl. auch Tabelle 2-2) und der vielfältigen klimatischen Einflussparameter im Außenbereich ist die Entwicklung eines auf jeden Einzelmikroorganismus abgestimmten Modells bisher nicht gelungen.

4.2 Vorhandene Beurteilungsparameter

Diese Arbeit nähert sich aus vorgenannten Gründen über phänomenologische Untersuchungen dem Problem der Definition eines Grenzwerts. Entscheidend für die dafür notwendige praktische Beurteilung wachstumsfördernder Randbedingungen ist dabei die Wahl des Parameters mit dem Aussagen über die Bewuchsneigung abgeleitet werden sollen. *v. Werder [95]* definiert als Kenngröße die berechnete Zeitdauer t_{csh} eines Berechnungszeitraums, in der die relative Feuchte an einer Oberfläche die kritische Feuchte von $\varphi = 99\%$ überschreitet und gleichzeitig die Oberflächentemperatur $\theta_{se} > 0°C$ beträgt. Aussagen zu einem konkreten Befallsrisiko sind damit nicht abgeleitet worden.

Ein Überblick zu bisher zur Einschätzung bewuchsfördernder Randbedingungen herangezogenen Parametern ist der Tabelle 4-1 zu entnehmen.

Tabelle 4-1: Zusammenstellung thermischer und hygrischer Parameter zur Beschreibung wachstumsfördernder Oberflächenfeuchtigkeit aus [95]

Parameterbeschreibung	Einheit	Formelzeichen
thermische Parameter		
Unterkühlung *(Künzel et al.[64])* Differenz zwischen Taupunkttemperatur θ_d und Oberflächentemperatur θ_s $T_U = \theta_D - \theta_s \quad ; \theta_D > \theta_s$	K	T_U
Summierte Unterkühlung *(Delgado et al. [16])* $\sum_{t=0}^{t=1} T_U$	K	ΣT_U
Kondensationszeit *(Krus et al. [59])* Zeitdauer, in der die Taupunkttemperatur unterschritten wird $t_c = \int_{t=0}^{t=1} \theta\left(T_U(t')\right) dt \qquad \theta_{(x)} = \begin{Bmatrix} 0: x < 0 \\ 1: x \geq 0 \end{Bmatrix}$	h	t_c
Kondensationsdosis *(Krus et al. [59])* Aufsummierte Kondensationszeit mit Multiplikation der Unterkühlung T_U $CD = \int_{t=0}^{t=1} \theta\left(T_U(t')\right) \cdot T_U(t') \, dt \qquad \theta_{(x)} = \begin{Bmatrix} 0: x < 0 \\ 1: x \geq 0 \end{Bmatrix}$	Kh	CD
Kondensationspotential *(Barreira et al. [3])* Differenz zwischen Partialdampfdruck der Luft p_{air} und Sättigungsdampfdruck der Oberfläche $p_{sat,s}$ $CP = p_{air} - p_{sat,s}$	Pa	CP
Summiertes Kondensationspotential *(Barreira et al. [3])* Differenz zwischen Partialdampfdruck der Luft p_{air} und Sättigungsdampfdruck der Oberfläche $p_{sat,s}$ $CPE = \int_{t=0}^{t=1} \theta\left(CP(t')\right) \cdot CP(t') \, dt \qquad \theta_{(x)} = \begin{Bmatrix} 0: x < 0 \\ 1: x \geq 0 \end{Bmatrix}$	Pah	CPE
Kondensationsdichte pro Stunde *(Künzel [66])* Produkt von CPE und dem Wasserdampfübergangskoeffizient β_p $\dot{m}_c = CPE \cdot \beta_p$	kg/(m²h)	$\dot{m}_c$

Parameterbeschreibung	Einheit	Formelzeichen
hygrische Parameter		
Wassergehalt der Oberfläche *(Krus et al. [57])* Wassergehalt in einer Oberflächenspeicherschicht	g/m²	w_s
Relative Luftfeuchte an der Oberfläche *(Becker [4])*	%	RH_s
Wassergehalt des Putzsystems *(Korjenic et al. [55])*	vol. %	w_{vol}
Überhygroskopischer Wassergehalt oberhalb 95% *(Stopp et al. [94])*	g/m²	w_{oh}

Die Verwendung thermischer Parameter berücksichtigt nicht die Feuchtetransporteigenschaften des Materials, auf dem Kondensat auftritt. Außerdem wird auf der Fassade anhaftendes Niederschlagswasser nicht berücksichtigt. Nur die hygrischen Ansätze von *Krus et al. [57]* und *Becker [4]* zielen auf die an der Oberfläche der Außenwand vorhandene Feuchtigkeit ab. Dabei ist nach *Krus et al. [57]* die numerische Berechnung des an der Außenoberfläche befindlichen Wassers nur über die Erweiterung um eine Oberflächenspeicherschicht möglich.

5 Versuchstechnische Untersuchungen

5.1 Messdatenerfassung an Bestandsbauwerken

5.1.1 Voruntersuchungen

5.1.1.1 Untersuchungen zum Temperaturverhalten

Um für die Langzeituntersuchungen geeignete Messbereiche auszuwählen, wurde mit Hilfe einer thermografischen Bildreihe das thermische Verhalten bewachsener und unbewachsener Wandoberflächen aufgenommen. Der untersuchte Fassadenbereich beinhaltet zwei zufällig nebeneinanderliegende, unterschiedlich aufgebaute Außenwände. Eine ungedämmte, monolithisch aufgebaute Außenwand (links im Bild 5-1) neben einer mit gedübeltem WDVS gedämmten Außenwand. (rechts im Bild 5-1)

Die gedämmte Außenwand mit WDVS weist sichtbar mikrobiellen Aufwuchs auf. Im Wandbereich oberhalb der sichtbaren Dübelbereiche ist dieser Aufwuchs nicht vorhanden, erkennbar ist dies an den helleren punktförmigen Bereichen. Die ungedämmte, monolithisch aufgebaute Außenwand der Fassade links daneben ist nicht bewachsen.

Bild 5-1: Thermografisch untersuchter Fassadenbereich eines gedübelten WDVS und einer ungedämmten, monolithischen Außenwand

Das Aufnahmeintervall der Thermogramme betrug 10 Minuten, die Gesamtbeobachtungszeit 14 Stunden. Der Bewölkungsgrad während der Aufnahmezeit betrug $N \leq 3/8$.

In nachstehendem Diagramm ist der gemessene Temperaturverlauf der unterschiedlichen Wandbereiche Dübel, Dämmung und monolithischem Wandaufbau der ungedämmten Wand sowie Taupunkt- und Außenlufttemperatur über die Zeitdauer dargestellt.

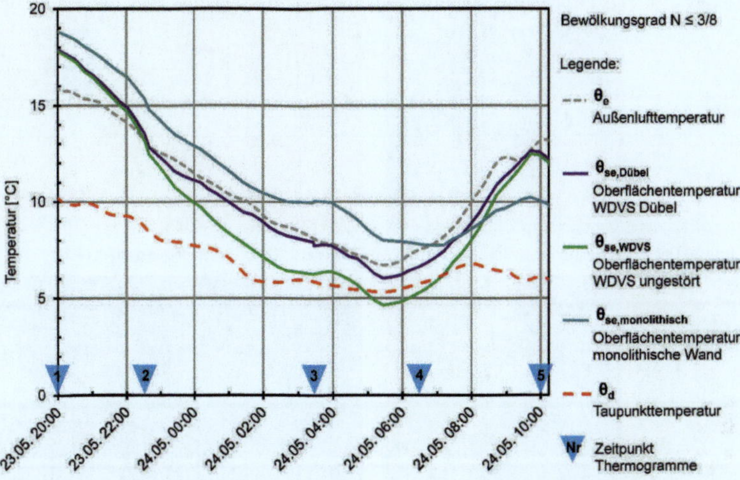

Bild 5-2: *Gemessene Oberflächentemperaturverläufe ausgewählter markanter Punkte im Bereich des WDVS (Dübelbereich und ungestörtes WDVS) und monolithischer ungedämmter Wand*

Anhand der Verläufe wird deutlich, dass die Oberflächentemperatur der mit WDVS gedämmten Wandoberfläche ($\theta_{se,WDVS}$) im Gegensatz zur ungedämmten Konstruktion ($\theta_{se,monolithisch}$) und zu dem Oberfläche im Bereich der Dübel ($\theta_{se,Dübel}$) im Verlauf der Nacht unterhalb der Außenluft- und auch unterhalb der Taupunkttemperatur fällt. Die ungestörten Bereiche des WDVS liegen im Untersuchungszeitraum (14 Stunden) für ca. 2 Stunden unterhalb der Taupunkttemperatur. Für diesen Zeitraum ist von Tauwasserbildung an den betroffenen Wandoberflächenbereichen des WDVS auszugehen. Am Morgen (ca. ab 05:30 Uhr) ist erkennbar, dass die Oberflächentemperaturen der WDVS-Oberfläche im Vergleich zur monolithischen Wand deutlich schneller auf ein höheres Temperaturniveau ansteigen.

Nachstehend sind die Thermogramme zu den unterschiedlichen Zeitpunkten (1 bis 5) dargestellt (siehe Bild 5-3)

Zeitpunkt 1: 19:30 Uhr, Bedeckungsgrad: N=3/8

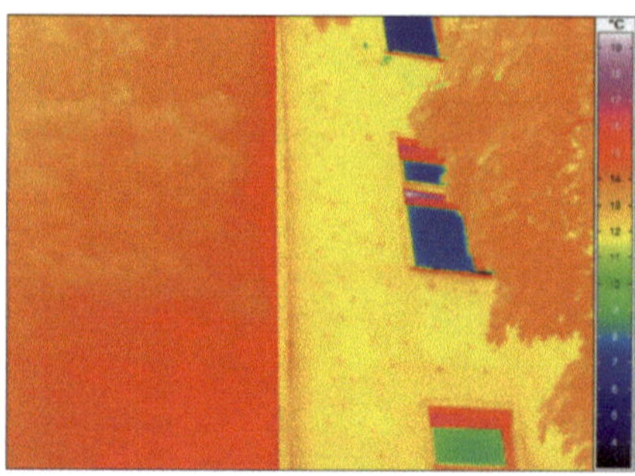

Zeitpunkt 2: 22:30 Uhr, Bedeckungsgrad: N=2/8

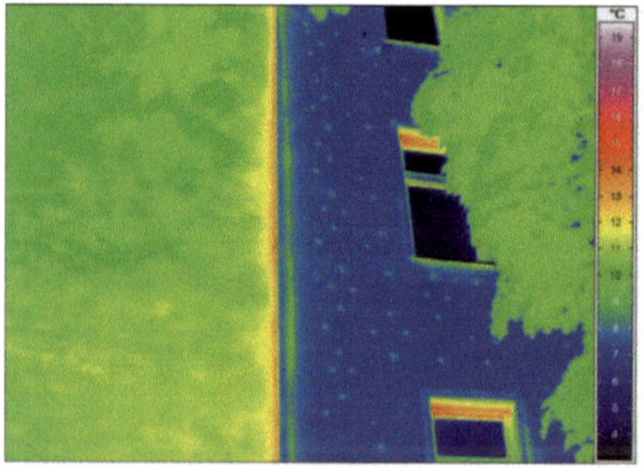

Zeitpunkt 3: 03:30 Uhr, Bedeckungsgrad: N=1/8

Zeitpunkt 4: 06:30 Uhr, Bedeckungsgrad: N=1/8

Zeitpunkt 5: 10:00 Uhr, Bedeckungsgrad: N=1/8

Klarbild der Situation

Bild 5-3: Thermogramme zu den Zeitpunkten 1 bis 5, Darstellung zur Vergleichbarkeit mit einheitlicher Temperaturskala

Anhand des exemplarisch dokumentierten Temperaturverhaltens erkennt man, dass

- Das Niveau der Oberflächentemperaturen im Bereich der Dübel ist in der Nacht höher als im Bereich der übrigen WDVS-Oberfläche, am Tag etwa gleich der WDVS-Oberfläche. Die Oberflächentemperatur im Dübelbereich bleibt oberhalb der Taupunkttemperatur, damit fällt im Bereich der Dübel kein Tauwasser an und es bleibt trocken,

- die ungestörte WDVS-Konstruktion unterschreitet zeitweise die Taupunkttemperatur, in diesen Bereichen fällt an der Wandoberfläche Tauwasser aus,
- die monolithisch aufgebaute, ungedämmte Wandkonstruktion bleibt deutlich über der Taupunkttemperatur, es fällt an dieser Wand kein Tauwasser aus.

Das Bewuchsbild vieler Fassaden ähnelt dem im ausgewählten Beispiel. Die vergleichsweise im Dübelbereich des WDVS höheren Oberflächentemperaturen von ca. $\Delta\theta$ = 1 bis 2 K gegenüber einer ungestörten mit WDVS gedämmten Wand scheinen Randbedingungen zu liefern, die im Dübelbereich nicht bewuchsbegünstigend sind. Für die hier zu untersuchende Fragestellung, welches konkrete hygrische Niveau erforderlich ist damit die Wand gerade bewuchsfrei bleibt, bieten sich daher Fassaden mit gedübelten WDVS an. Derartige Konstruktionen zeigen mit der Zeit ein meist gleichartiges typisches Bewuchsbild, das auch Leopardenmuster oder Leopard-Effekt genannt wird. Die vergleichende Analyse der Temperaturrandbedingungen im Dübel- und Wandbereich scheint daher aufgrund des nahe beieinanderliegenden Temperaturniveaus und der ansonsten gleichen Randbedingungen besonders sinnvoll.

5.1.1.2 Untersuchungen zur Bewuchsentwicklung im Jahresverlauf

Im Rahmen einer Langzeitstudie wurden regelmäßig Fotos einer Fassade angefertigt, die zunächst als nahezu unbewachsen zu bewerten war und innerhalb von ca. 3 Jahren eine starke Bewuchsentwicklung zeigte (vgl. Bild 5-4).

Bild 5-4: Bewuchsentwicklung einer mit WDVS wärmegedämmten Westfassade innerhalb von 3 Jahren (2015 bis 2018, von links nach rechts). Orientierung: Westen, Verbauung: freie Sicht auf einen Sportplatz Lage: Berlin Mitte (Seydlitzstraße)

Bei der Beobachtung der Fassade im Jahresverlauf fiel regelmäßig auf, dass saisonal Farbunterschiede im Erscheinungsbild vorhanden waren. Durch die Betrachtung der zum Teil monatlich angefertigten Fassadenansichtsbilder soll über die farbliche Entwicklung auf die Wachstumsaktivität im Jahresverlauf geschlossen werden. Die Ergebnisse der Untersuchung sind in 7.2.1 zusammengestellt.

5.1.2 Messtechnische Langzeituntersuchungen

5.1.2.1 Vorbemerkungen

Für die längerfristige Datenaufnahme an Bestandsbauwerken wurden vorrangig Wandkonstruktionen mit gedübelten WDVS ausgewählt. Der Vorteil dieser Oberflächen ist, dass bewachsene und unbewachsene Bereiche dicht beieinander liegen und für beide Bereiche gleiche Lokal-Klimarandbedingungen herrschen. Der Bewuchs stellt sich hier regelmäßig im Bereich des ungestörten Wandaufbaus des WDVS ein. Auf den Wandoberflächen im Dübelbereich ist der Bewuchs jedoch nicht oder stark reduziert sichtbar. Exemplarisch ist in Bild 5-5 der Messaufbau an einer bewachsenen Fassade dokumentiert.

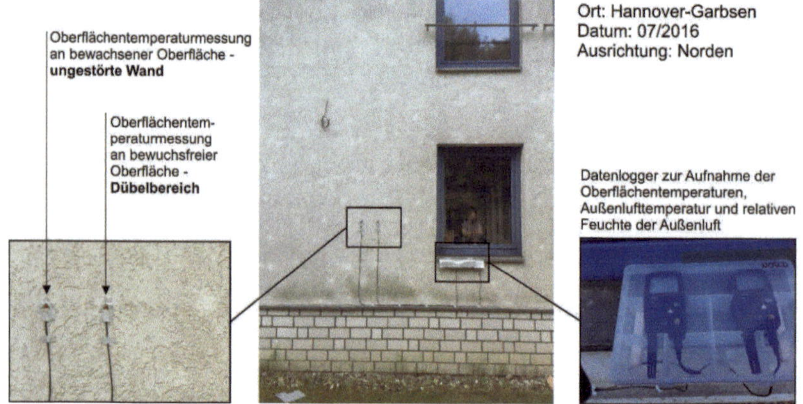

Bild 5-5: Messaufbau an einer bewachsenen Fassade. Die Messfühler sind im bewachsenen und in der Mitte des kreisförmig bewuchsfreien Bereichs installiert

5.1.2.2 Eingesetzte Messtechnik

Zur Erfassung und Speicherung von Temperatur- und Feuchtemesswerten wurden Datenlogger der Firma Testo (Gerät 177-H1) und der Firma Driesen und Kern (Gerät Humilog rugged DK325) verwendet. Angaben zu Messbereichen und Genauigkeiten sind in nachfolgender Tabelle aufgeführt.

Tabelle 5-1: Messbereiche, Genauigkeit und Auflösung der eingesetzten Messfühler. Daten aus Produktdatenblättern Fa. Driesen + Kern [31]und Testo [30]

Messgröße		Lufttemperatur θ_e	Relative Luftfeuchte ϕ	Oberflächentemperatur θ_{se} Externer Fühler
Messbereich	177-H1	-20...+70 °C	0...100 %rF	-40...+120 °C
	DK325	-40...+90 °C		-70...+250 °C
Genauigkeit	177-H1	±0,2 °C	±2 %rF	±0,2 °C
	DK325	±0,1-0,3 °C		±0,1-0,3 °C
Auflösung	177-H1	±0,1 °C	±0,1 %rF	±0,1 °C
	DK325	±0,01 °C		±0,01 °C

Das Aufnahmeintervall der Messungen betrug 5 Minuten. Die Datenaufnahme wurde pro Objekt für mindestens ein Jahr durchgeführt.

5.1.2.3 Auswahl und Beschreibung der Untersuchungsobjekte

Die Auswahl der Messobjekte richtete sich neben dem Aspekt der Zugänglichkeit der Messstellen vor allem nach der Intensität des Bewuchses und der Konstruktion. Für die Ableitung eines Grenzwerts für das Bewuchsrisiko wurden vor allem Fassaden ausgewählt, die augenscheinlich gerade an der Schwelle zwischen „Bewuchs" und „kein Bewuchs" stehen. Der „Bewuchs" ist dann gerade eben sichtbar. Oft ist nur zu erkennen, dass hell abgesetzte Bereiche der Oberflächenfarbe im Dübelbereich bei WDVS vorhanden sind. In der Regel sind das nach aktuellen Neubau-Maßstäben eher gering gedämmte Gebäude. Für die Untersuchung verwendete bewachsene Fassaden (in-situ Messungen) weisen daher Dämmstoffdicken von ca. $d_{Dä}$=4 cm bis 6 cm auf.

In nachstehender Tabelle 5-2 sind die für die Messungen ausgewählten Objekte aufgeführt.

Tabelle 5-2: *Übersicht zu untersuchten Messobjekten*

Messobjekt		Baujahr	Konstruktion		Ausrichtung, Bewuchsform		Mess-zeitraum
Nr.	Standort		Wandaufbau äußere Schichten	Dachrandabschluss			
1.1	Hannover – Garbsen Bachstraße	1995	WDVS gedübelt (8 cm Dämmung)	Dachüberstand (ca. 80 cm)	Osten	Pilze, Algen, Flechten	08.2016 bis 02.2018
1.2					Norden		
2	Hannover – Garbsen Bremer Straße	ca. 1995	WDVS gedübelt (4 cm Dämmung)	Gesims mit Dachrinne (Überstand ca. 20 cm)	Osten	Pilze, Algen, Flechten	06.2016 bis 11.2017
3	Berlin – Mitte	1990	WDVS gedübelt (6 cm Dämmung)	Tropfkante (Überstand ca. 4 cm)	Westen	Pilze, Algen	05.2015 bis 02.2018
4	Hannover - Osterwald	1997	Mineralfaserdämmung (10 cm) Vorgesetztes Mauerwerk (11,5 cm)	Dachüberstand (ca. 30 cm)	Norden	kein sichtbarer Bewuchs	09.2016 bis 07.2018

5.1.2.4 Messobjekt Nr. 1 – Hannover Garbsen

Lage

Das Objekt Nr.1 liegt im Norden von Hannover in der Stadt Garbsen. Das Grundstück grenzt im Norden an die Autobahn A2 und ist von der Fahrbahn durch einen Erdwall mit dicht belaubten Bäumen und Büschen getrennt. Im Osten grenzt das Grundstück ebenfalls an Wald mit 15-20 m hoher Baum- und intensiver Buschvegetation. Im Süden und Westen grenzt Mischbebauung (Lagerhalle, kleinere Häuser). Zur Lage siehe Bild 5-6. An dem Gebäude wurde an zwei Außenwänden an der Ostseite (Messobjekt 1.1) und an der Nordseite (Messobjekt 1.2) gemessen.

Kartenansicht

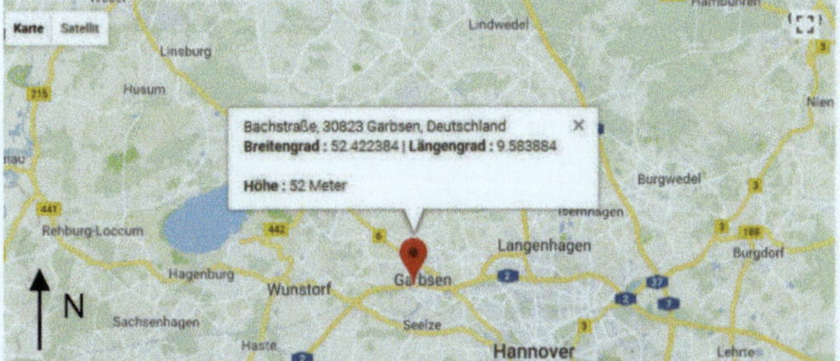

Ansicht Vogelperspektive

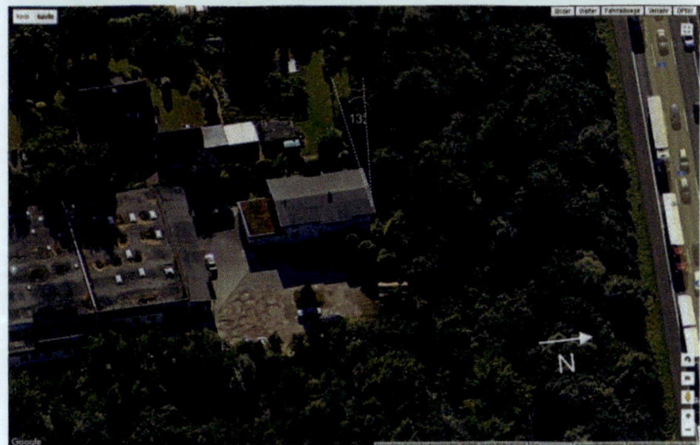

Bild 5-6: *Lage Objekt Nr. 1, Oben: Karte Raum Hannover mit Kennzeichnung der Lage des Objekts und Angabe zu Längen- und Breitengrad. Mitte: Vogelperspektive mit Kennzeichnung des Objekts. Unten: Vogelperspektive Ostansicht.*
Quelle: Bilder: ©2018 DigitalGlobe, GeoBasis-DE/BKG,GeoContent, Kartendaten: ©2018 GeoBasis-DE/BKG (©2009 google)

Das rechteckige Gebäude weist eine fast genaue Nord-Süd-Ausrichtung auf, die Gebäudeausrichtungen sind mit 13° gegen den Uhrzeigersinn gedreht.

Bauliche Ausbildung

Das zweigeschossige, freistehende Einfamilienhaus mit Garage und Bürotrakt wurde 1995 erbaut.

Hof

Osten

Nordwesten (Garten)

Bild 5-7: Hausansichten des Objekts Nr. 1 (Bildmaterial von 2016 bis 2018)

Die Außenwände bestehen aus Mauerwerk mit außenseitig aufgebrachtem Wärmedämmverbundsystem.

Tabelle 5-3: *Außenwandaufbau Objekt Nr. 1 – Angaben gemäß Auskunft/Unterlagen Eigentümer*

Schichten von Innen nach Außen	Material	Dicke d [cm]	Wärmeleitfähigkeit λ [W/(mK)]
Innenputz	Gipsputz	1	0,7
Mauerwerk	Hochlochziegel	36	1,0
Dämmung	Expandierter Polystyrol	8	0,04
Außenputz	Dispersionsputz	0,5	0,7

Das Dach ist mit einem Dachüberstand von umlaufend ca. 80 cm ausgebildet.

Bewuchsbild

Die Fassade des Gebäudes weist auf jeder Seite, auch der Südseite, mikrobiellen Bewuchs auf. Dieser ist erkennbar an den dunkel gefärbten Bereichen, die im Bereich der Befestigungspunkte der Dämmung mit Dübeln hell abgesetzte kreisförmige Stellen aufweisen. Bei einer lediglich verschmutzten Fassade wären die Dübelbereiche ebenfalls dunkel.

Das beschriebene Bewuchsbild stellt sich über die gesamte Wandhöhe, auch im vor Schlagregen geschützten Bereich nahe des Dachüberstands gleichmäßig dar (siehe Markierung Bild 5-8).

Bild 5-8: *Bewuchsbild Nordfassade Objekt Nr. 1.2 – Auch im durch den Dachüberstand vor Schlagregen geschützten Bereich ist mikrobieller Bewuchs erkennbar*

Bild 5-9: *Bewuchsbild Nordfassade mit Messung des Kreisdurchmessers im Dübelbereich (rechts)*

Zur Feststellung der Bewuchsformen wurde die Wandoberfläche mit einem mobilen Auflichtmikroskop (Gerät: DNT DigiMicro Mobile) untersucht.

Im Bereich des ungestörten WDVS (Untersuchungsort ca. 2 m ober halb der Geländeoberkante) zeigen sich in der Fläche bräunlich-grünliche Anlagerungsstrukturen. In den hell abgesetzten Bereichen der Befestigungsmittel sind vergleichsweise wenig bis keine Verfärbungen auf der Oberfläche erkennbar (siehe Bild 5-10).

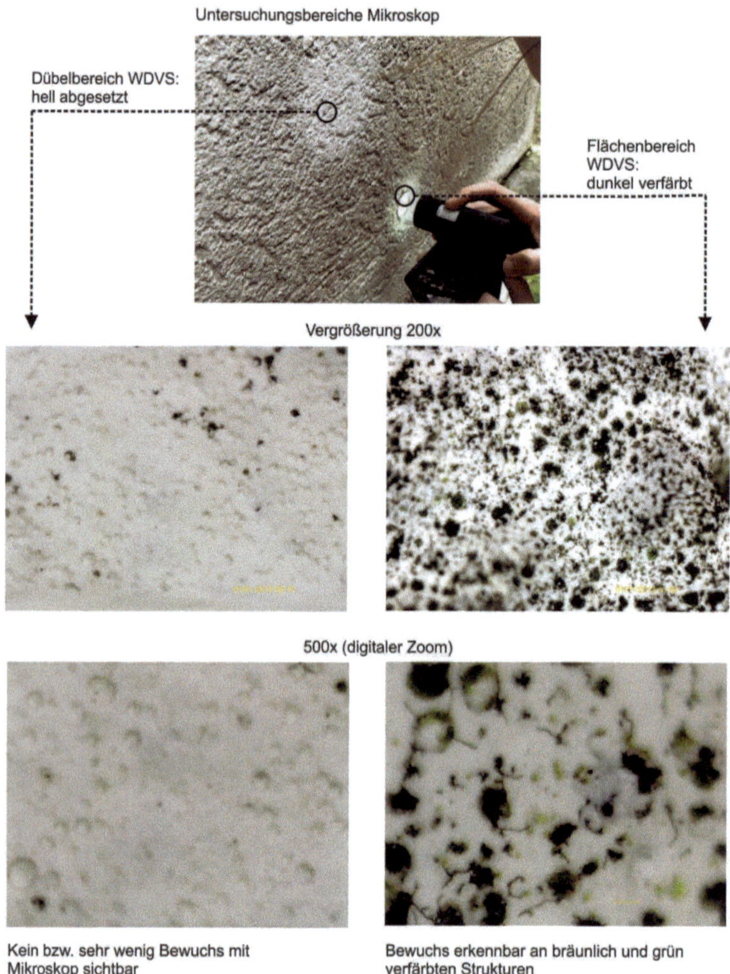

Bild 5-10: Mikroskopische Untersuchung der Wandoberfläche. Mikrobieller Bewuchs stellt sich durch grünlich braune Bewuchsstrukturen vorwiegend im WDVS-Flächenbereich dar (rechts). Im WDVS-Dübelbereich sind kaum bis keine Verfärbungen durch Bewuchs erkennbar (links)

Die grün pigmentierten Bereiche lassen sich auf das Vorhandensein von Algenzellen zurückführen.

Auch im oberen Wandbereich wurden im Wirkbereich des Dachüberstands mikroskopische Untersuchungen durchgeführt (Aufnahmen siehe Bild 5-11).

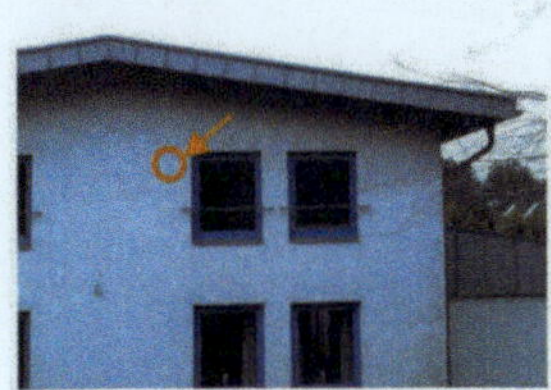

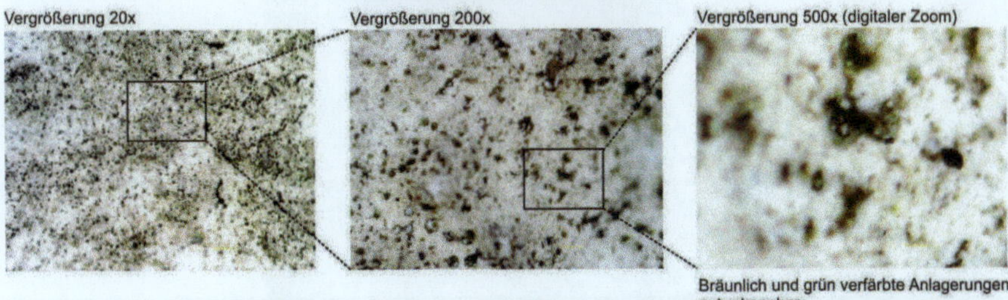

Bild 5-11: Mikroskopische Untersuchung der Wandoberfläche im schlagregengeschützten Bereich. Mikrobieller Bewuchs stellt sich durch grünlich braune Bewuchsstrukturen auch im vor Schlagregen geschützten Bereich dar

Die Intensität der dunkel verfärbten Anlagerungsstrukturen ist im oberen Wandbereich insgesamt weniger stark ausgeprägt (z.B. vgl. Bild 5-11: Mitte unten mit Bild 5-10: Oben rechts, jeweils 200 -fache Vergrößerung). Bräunlich und grünlich verfärbte Strukturen sind hier ebenfalls erkennbar. Das lässt darauf schließen, dass auch im vor Schlagregen geschützten Bereich sowohl Algen- als auch Pilzbewuchs vorhanden sind.

Messgebiete

Die Messung der Oberflächentemperaturen und des Außenluftklimas wurden auf der Nord- und Ostfassade im unteren zugänglichen Wandteil durchgeführt. Der Messgeräteaufbau für die Ostfassade (Objekt 1.1) ist in Bild 5-12 dargestellt. Der Messgeräteaufbau auf der Nordfassade (Objekt 1.2) wurde analog zur Ostseite ausgeführt und ist Bild 5-8 und Bild 5-5 dokumentiert.

Bild 5-12: Messaufbau Ostfassade (Objekt Nr. 1.1) mit Angabe der mit dem jeweiligen Fühler aufgenommenen Messgrößen

Die Datenlogger sind durch einen Kasten vor direkter Bewitterung und Beregnung geschützt worden. Die eigentlichen Messfühler sind aus dem Kasten herausgeführt worden und standen so in einem direkten Kontakt mit der Außenluft und waren vollständig luftumspült.

5.1.2.5 Messobjekt Nr. 2 – Hannover Berenbostel

Lage

Das Objekt Nr. 2 liegt im Norden von Hannover im Stadtteil Garbsen-Berenbostel. Das Grundstück grenzt im Süden an eine breite vielbefahrene Straße (Bundesstraße B 6). Das Gebäude befindet sich in einem dicht besiedelten Gebiet mit freistehenden Ein- und Zweifamilienhäusern. Zur Lage und Umgebung siehe Bild 5-13.

Kartenansicht

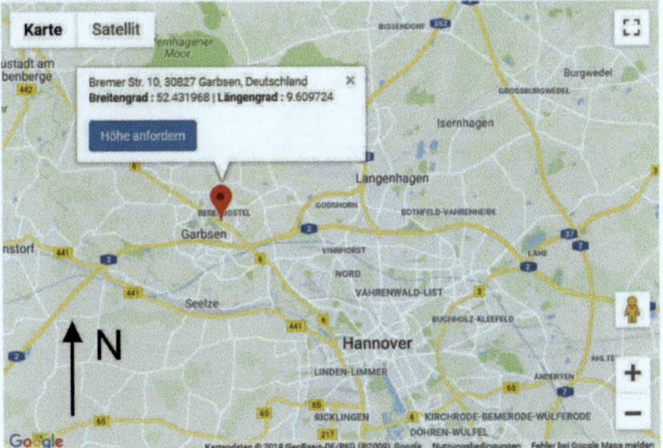

Ansicht Vogelperspektive

Bild 5-13: *Lage Objekt Nr. 2, Oben: Karte Raum Hannover mit Kennzeichnung der Lage des Objekts und Angabe zu Längen- und Breitengrad. Mitte: Vogelperspektive mit Kennzeichnung des Objekts.*
Quelle: Bilder: ©2018 DigitalGlobe, GeoBasis-DE/BKG,GeoContent, Kartendaten: ©2018 GeoBasis-DE/BKG (©2009 google)

Das rechteckige Gebäude weist gegenüber der Nord-Süd-Ausrichtung eine Verdrehung von 28° mit dem Uhrzeigersinn auf.

Bauliche Ausbildung

Das Einfamilienhaus mit gartenseitigem Anbau wurde vor etwa 20 Jahren energetisch mit einem nachträglich aufgebrachten WDV-System ertüchtigt. Das Steildach läuft ohne Dachüberstand auf einem Gesims aus. Der Überstand des Dachabschlusses und der Regenrinne zur Außenwandoberfläche beträgt ca. 20 cm.

Süden (Straßenseite)

Norden (Gartenseite)

Bild 5-14: *Hausansichten des Objekts Nr. 2 (Bildmaterial von 2016-2018)*

Der Aufbau der Außenwand ist nachfolgender Tabelle zu entnehmen.

Tabelle 5-4: *Außenwandaufbau Objekt Nr. 2 – Angaben gemäß Auskunft/Unterlagen Eigentümer, Angaben zur Wärmeleitfähigkeit aus DIN 4108-4 [19]*

Schichten von Innen nach Außen	Material	Dicke d [cm]	Wärmeleitfähigkeit λ [W/(mK)]
Innenputz	Gipsputz	1	0,7
Mauerwerk	Ziegel	24	1,4
Dämmung	Expandierter Polystyrolschaum (EPS)	4	0,04
Außenputz	Dispersionsputz	0,5	0,7

Bewuchsbild

Die Fassade des Gebäudes weist auf jeder Seite, auch der Südseite, mikrobiellen Bewuchs auf. Die hell abgesetzten Dübelbereiche sind auf jeder Seite gut erkennbar (siehe Bild 5-15).

Norden

Osten

Süden

Westen

Bild 5-15: Bewuchsbild Objekt Nr. 2 – Ansichten der unterschiedlich orientierten Fassadenflächen

Das beschriebene Bewuchsbild stellt sich über die gesamte Wandhöhe bis zum Ortgang, gleichmäßig dar. Der Dübelbereich ist gekennzeichnet durch den helleren Farbton und einem deutlich geringeren Bewuchs.

Bild 5-16: Bewuchsbild Westfassade mit Messung des Kreisdurchmessers (ca. 5 bis 6 cm) im Dübelbereich (rechts)

Der Durchmesser der hellen bewuchsarmen Dübelbereiche beträgt etwa 3 cm im Kern, auslaufend auf bis zu 10 cm (siehe Bild 5-16).

Zur Feststellung der Bewuchsformen wurde auch hier die Wandoberfläche mit einem Auflichtmiskroskop untersucht.

Bild 5-17: *Mikroskopische Untersuchung der Wandoberfläche. Mikrobieller Bewuchs stellt sich durch grüne Plättchen und schwarze Bereiche dar*

Neben den für Pilzbewuchs typisch schwarz gefärbten Bereichen sind auch grüne Wuchskörper algen- und flechtenartiger Struktur erkennbar.

Messgebiete

Die Messung der Oberflächentemperaturen und des Außenluftklimas wurden auf der Nordfassade im oberen Wandbereich durchgeführt. Zusätzlich wurde das Innenraumklima aufgezeichnet. Der Messaufbau ist in Bild 5-18 dargestellt.

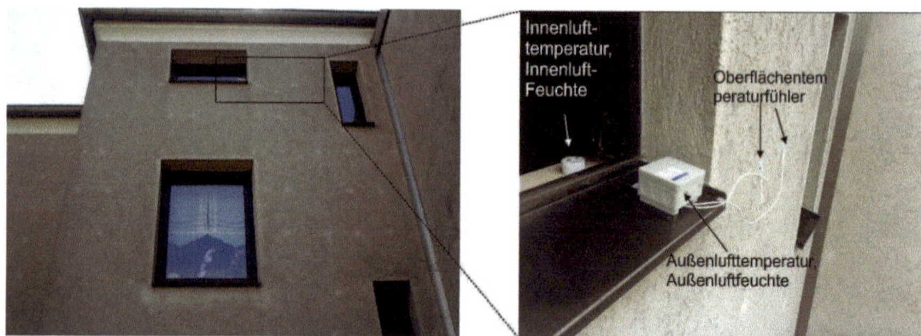

Bild 5-18: *Messaufbau Nordfassade Objekt Nr. 2 mit Angabe der aufgenommenen Messgrößen*

Der äußere Datenlogger wurde durch einen unten offenen, aufgeständerten Schutzkasten vor direkter Bewitterung geschützt.

5.1.2.6 Messobjekt Nr. 3 – Berlin Mitte

Lage

Das Objekt Nr.3 liegt in Berlin im Stadtteil Mitte/Moabit. Das Gebäude befindet sich in einem Gebiet mit Blockrandbebauung. Auf der Westseite des Gebäudes grenzt eine Parkfläche direkt an die Fassade. Zur Lage und Umgebung siehe Bild 5-19.

Kartenansicht

Vogelperspektive

Bild 5-19: Lage Objekt Nr. 3, Oben: Karte Berlin mit Kennzeichnung der Lage des Objekts und Angabe zu Längen- und Breitengrad. Mitte: Vogelperspektive von Süden mit Kennzeichnung des Objekts. Unten: Vogelperspektive von Westen mit Kennzeichnung der untersuchten Westfassade

Quelle: Bilder: ©2018 DigitalGlobe, GeoBasis-DE/BKG,GeoContent, Kartendaten: ©2018 GeoBasis-DE/BKG (©2009 google)

Die Fassade weist gegenüber der idealen Westausrichtung eine Verdrehung von 2° mit dem Uhrzeigersinn auf.

Bauliche Ausbildung

Das 5-stöckige Mehrfamilienhaus besteht aus einem straßenseitigen Vorderhaus, Seitenflügel und einem Quergebäude/Gartenhaus. Die Westfassade des Quergebäudes grenzt an die Parkfläche und wurde im Jahr 1990 mit einem Wärmedämmverbundsystem energetisch ertüchtigt. Der obere Wandabschluss der Westfassade ist durch eine nahezu bündig abschließende Tropfkante des Attikablechs geschützt. Ein Dachüberstand existiert nicht.

Messgebiet für Oberflächentemperaturen

Bild 5-20: Ansichten der Westfassade des Objekts Nr. 3 (Bildmaterial von 2016 bis 2018). Der Bereich für die Oberflächentemperaturmessung befand sich zwischen dem 2. und 3. Obergeschoss

Der Aufbau der Außenwand ist nachfolgender *Tabelle 5-5* zu entnehmen.

Tabelle 5-5: *Außenwandaufbau Objekt Nr. 3 – Angaben gemäß eigener Bauteiluntersuchungen, Angaben zur Wärmeleitfähigkeit aus DIN 4108-4 [19]*

Schichten von Innen nach Außen	Material	Dicke d [cm]	Wärmeleitfähigkeit λ [W/(mK)]
Innenputz	Gipsputz	1	0,7
Mauerwerk	Ziegel	24	1,4
Dämmung	Expandierter Polystyrol	6	0,04
Außenputz	Dispersionsputz	0,2	0,7

Bewuchsbild

Auf der Fassade ist ein gleichartiges Bewuchsbild wie bei den Objekten 1 und 2 zu erkennen. Hell abgesetzte kreisförmige Bereiche sind regelmäßig auf der gesamten grau bis grünlich verfärbten Fassade sichtbar (vgl. Bild 5-20 rechts).

Vergleichsweise sind mit einem Auflichtmikroskop Detailaufnahmen des Oberputzes angefertigt worden. Im Flächenbereich zeigen sich dunkle, grüne und schwärzliche Anlagerungsstrukturen (siehe Bild 5-21, links), im Putzbereich des helleren Dübelbereiches sind derartige Anlagerungen nicht zu erkennen (siehe Bild 5-21, rechts).

Bild 5-21: Mikroskopische Aufnahmen des untersuchten WDVS im Flächen (links)- und im Dübelbereich (rechts), Vergrößerung 200-fach

Der Durchmesser der hellen bewuchsfreien Dübelbereich beträgt ca. 5 cm (siehe Bild 5-22)

Bild 5-22: Messung des nahezu kreisrunden Durchmessers im Dübelbereich (rechts)

Messgebiete

Die Messung der Oberflächentemperaturen und des Außenluftklimas wurden zwischen dem 2. und 3. Obergeschoss durchgeführt. Zusätzlich wurde das Innenraumklima in der dahinter liegenden Wohnung aufgezeichnet. Der Messaufbau ist in Bild 5-23 dargestellt.

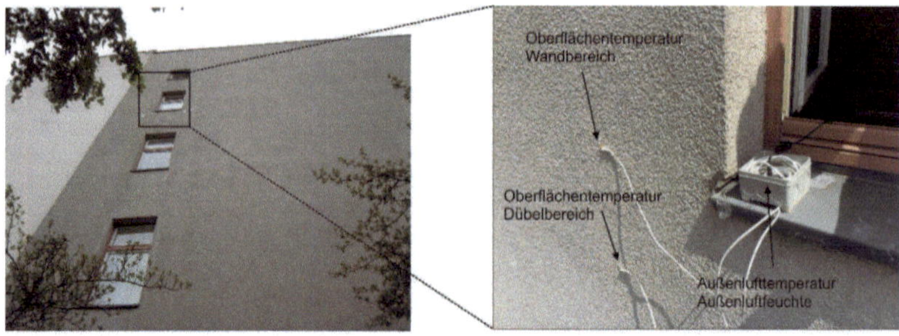

Bild 5-23: Messaufbau Westfassade Objekt Nr. 3 mit Angabe der aufgenommenen Messgrößen

5.1.2.7 Messobjekt Nr. 4 – Garbsen Osterwald

Lage

Das Objekt Nr.4 befindet sich in Garbsen-Osterwald bei Hannover. Das Gebäude befindet sich in einem locker besiedelten Gebiet umgeben von Wiesen und mäßiger Vegetation. Zur Lage und Umgebung siehe Bild 5-24.

Kartenansicht

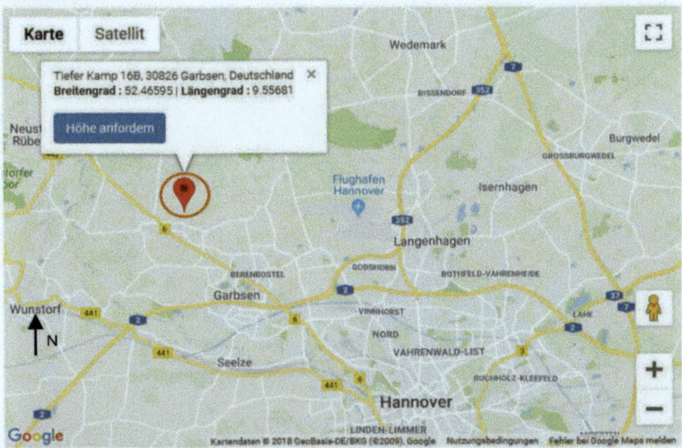

Satellitenansicht

Bild 5-24: *Lage Objekt Nr. 4. Oben: Karte Raum Hannover mit Kennzeichnung der Lage des Objekts und Angabe zu Längen- und Breitengrad*
Unten: Satellitenansicht
Quelle: Bilder: ©2018 DigitalGlobe, GeoBasis-DE/BKG,GeoContent, Kartendaten: ©2018 GeoBasis-DE/BKG (©2009 google)

Das rechteckige Gebäude weist gegenüber der Nord-Süd-Ausrichtung eine Verdrehung von 6° gegen den Uhrzeigersinn auf.

Bauliche Ausbildung

Das Einfamilienhaus wurde im Jahr 1997 errichtet. Es besteht aus einem Erd- und einem Dachgeschoss (Übersichtsfoto siehe Bild 5-25).

Bild 5-25: *Übersichtsfoto Objekt Nr.4. Ansicht von Nord-Osten. Markierung der für die Untersuchungen gewählten Nordwand*

Der Dachüberstand der Giebelwand beträgt 33 cm (siehe Bild 5-26)

Bild 5-26: *Messung des Dachüberstands zu ca. 30 cm*

Der Aufbau der Außenwand ist nachfolgender Tabelle zu entnehmen.

Tabelle 5-6: *Außenwandaufbau Objekt Nr. 4 – Angaben gemäß eigener Bauteiluntersuchungen und Informationen Eigentümer, Angaben zur Wärmeleitfähigkeit aus DIN 4108-4 [19]*

Schichten von Innen nach Außen	Material	Dicke d [cm]	Wärmeleitfähigkeit λ [W/(mK)]
Innenputz	Gipsputz	1	0,7
Mauerwerk	Porenbeton	24	0,2
Dämmung	Mineralwolle	10	0,04
Luftschicht	ruhend	1-2	-
Vormauerschale	Vollziegel	11,5	1,0

Bewuchsbild

Auf der untersuchten Giebelwand ist im Wandbereich Bewuchs weder auf den Mauersteinen noch im Fugenbereich sichtbar. Auf dem äußeren Vorsprung der Fensterbank sind Flechten mit bloßem Auge zu erkennen (vgl. Bild 5-27 rechts).

Bild 5-27: Flechtenbewuchs auf abgeschrägter, leicht vorstehender (5 cm) Fensterbank

Messgebiete

Die Messung der Oberflächentemperaturen und des Außenluftklimas wurde an der Giebelwand auf der Nordseite des Gebäudes durchgeführt. Der Messaufbau ist in Bild 5-28 dargestellt.

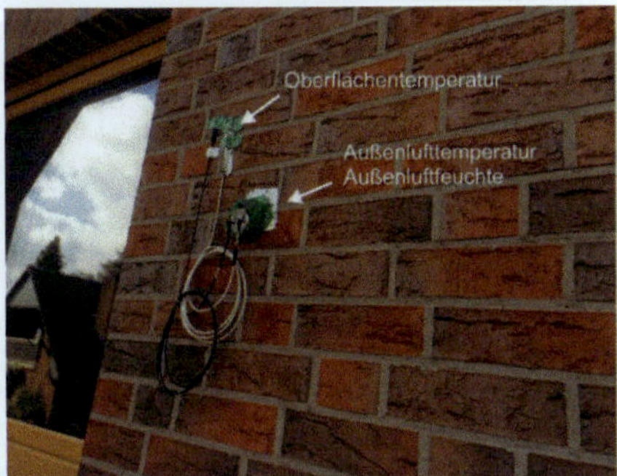

Bild 5-28: Messaufbau Giebelwand Nordseite Objekt Nr. 4 mit Angabe der aufgenommenen Messgrößen

5.1.3 Material- und Bauteiluntersuchungen

5.1.3.1 Vorbemerkungen

Zu den messtechnisch untersuchten Außenwandkonstruktionen wurden neben allgemeinen Untersuchungen zum Wandaufbau (Schichtdickenbestimmung, Materialuntersuchungen) auch das Wassereindringvermögen (W_w-Wert), der pH-Wert der äußersten Schicht und die Konstruktion des WDVS im Dübelbereich untersucht.

5.1.3.2 Feststellung Konstruktion im WDVS-Dübelbereich

Zur Bestimmung der konstruktiven Ausführung des Wandaufbaus im Dübelbereich wurde als Referenz für Aufbauten mit Wärmedämmverbundsystem an der Westfassade des Objekts Nr. 3 in Berlin (vgl. Bild 5-20 bis Bild 5-23) eine Öffnungsstelle angelegt. Dabei wurde eine Materialprobe herausgelöst und der äußere Dübelteil herausgesägt (siehe Bild 5-29).

Bild 5-29: *Untersuchungsstelle der WDVS Außenwand mit entnommener Probe im Dübelbereich.*

Durch schichtenweisen Abtrag der einzelnen Materialschichten und Ausschneiden des Dübelkopfes konnte die Konstruktion festgestellt werden (siehe Bild 5-30).

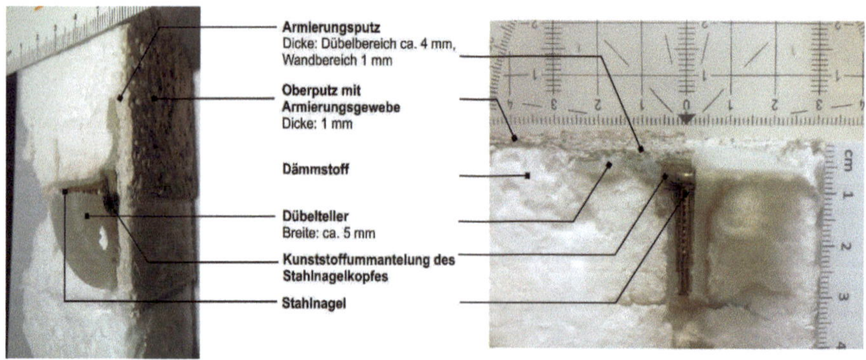

Bild 5-30: *Entnommene WDVS-Probe mit aufgeschnittenem Dübelkopf und schichtenweise Abtrag der Putzschichten*

Es handelt sich im vorliegenden Fall um einen Einschlagdübel. Der Nagelkopf ist kunststoffummantelt. Die Schichtdicke des Putzes im Wandbereich (Ober und Unterputz) beträgt ca. 2 mm. Oberhalb des Dübelkopfes samt Dübelteller weist der Unterputz eine größere Dicke von ca. 4 mm auf. Der Grund für die größere Putzdicke im Dübelbereich ist durch den Einbauprozess begründet: Bedingt durch den Einschlagprozess mit einem Hammer wurde der Dübelteller bei der Montage in die Dämmung gedrückt. Die so entstandende Vertiefung wird im Regelfall über die vergrößerte Putzdicke des Unterputzes ausgeglichen.

5.1.3.3 Untersuchung der Wasseraufnahme der Fassadenoberflächen

Für die spätere Simulation des Feuchteverhaltens von Oberflächen ist die Kenntnis der Wasseraufnahme der Fassadenoberflächen notwendig. Maßgebliche Größe für die Beurteilung ist der Wasseraufnahmekoeffizient (W_w-Wert). Durch den Wasseraufnahmekoeffizient wird definiert, wie viel Wasser pro Zeiteinheit von der Oberfläche bei Benetzung mit flüssigem Wasser kapillar aufgenommen werden kann. Zur Ableitung der für die Simulation notwendigen Flüssigtransportkoeffizienten für Saugen und Weiterverteilen aus dem W_w-Wert wird auf den Abschnitt 3 verwiesen.

Laborversuch

Im Regelfall erfolgt die Bestimmung des Wasseraufnahmekoeffizienten im Labor gemäß *DIN EN ISO 15148 [26]*. Dabei wird ein Probekörper mit der Prüffläche nach unten in ein Wasserbad getaucht und die Wasseraufnahme über einen Zeitraum t von 24 Stunden in regelmäßigen Abständen (5 min, 20 min, 1h, 2h, 4h, 8 h, 24 h und mindestens zweimal zusätzlich) bestimmt (Prüfaufbau siehe Bild 5-31).

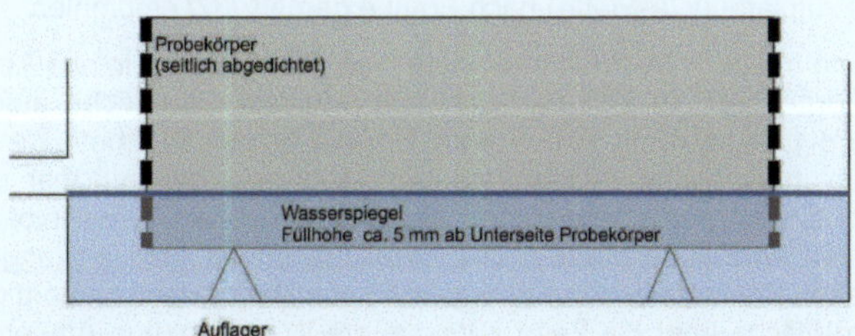

Bild 5-31: Prinzipskizze der Prüfanordnung zur Bestimmung des Wasseraufnahmekoeffizienten gemäß [26]

Die Wasseraufnahme Δm_t bezogen auf die wasseraufnehmende Fläche A zum Zeitpunkt t bestimmt sich zu:

$$\Delta m_t = \frac{m_t - m_i}{A} \left[\frac{kg}{m^2}\right] \tag{15}$$

Mit:

m_i Ausgangsmasse zum Zeitpunkt t = 0

m_t Masse zum Zeitpunkt t

A Wasseraufnehmende Fläche

t Zeit seit Versuchsbeginn

Alle Werte von Δm_t werden über die Zeit aufgetragen. Über die Darstellung mit der Wurzel der Zeit t ergibt sich durch alle Punkte eine lineare Regressionsgerade, die auf den Zeitpunkt t = 0 extrapoliert die vertikale Achse bei $\Delta m'_0$ schneidet.

Der Wasseraufnahmekoeffizient W_w stellt die Steigung der Geraden dar und wird gemäß [26] wie folgt bestimmt:

$$W_w = \frac{\Delta m'_{tf} - \Delta m'_0}{\sqrt{t_f}} \left[\frac{kg}{m^2 \cdot \sqrt{h}}\right] \quad (16)$$

Mit:

$\Delta m'_{tf}$ Wert von Δm auf der Geraden zur Zeit t_f [kg/m²]

$\Delta m'_0$ Schnittpunkt der Regressionsgeraden mit der y-Achse [kg/m²]

t_f gesamte Prüfdauer, Angabe als Wurzelzeit [h]

Vor-Ort-Messung

Die Bestimmung des Wasseraufnahmekoeffizienten im Labor setzt eine Probenentnahme und damit die Zerstörung der Prüffläche an der Fassade voraus. Da diese Vorgehensweise nicht bei allen Objekten möglich war, wurde der W_w-Wert durch in-situ Messungen abgeschätzt.

Als ein geeignetes Verfahren zur Abschätzung des W_w-Werts mittels zerstörungsfreier Messmethoden wurde im Rahmen vergleichender Untersuchungen mit mehreren in-situ Messmethoden von *Haindl, Schöner, Zirkelbach, Fitz* in *[51]* die Prüfung mit der Wasseraufnahme-Prüfplatte (WA-Platte) nach Franke gemäß *[37]* empfohlen.

Bei der Messung mit der WA-Prüfplatte nach Prof. Franke wird ein aus Acrylglas bestehender Flachkörper auf die zu untersuchende vertikale Oberfläche aufgebracht. Die Anbringung erfolgt hierbei mit einem vom Entwickler der Prüfmethode empfohlenen Klebmasse mit überwiegend plastischem Verformungsverhalten. Über den zwischen Prüffläche und Glaskörper entstandenen Hohlraum wird ein Wasservolumen für den Saugvorgang zur Verfügung gestellt. Die Befüllung erfolgt über ein angeschlossenes Standrohr, dessen Wasserstand durch regelmäßiges Nachfüllen konstant gehalten wird. Die von der Prüffläche über die Zeit t aufgesaugte Wassermenge Δm_t ergibt sich über die nachgefüllte Wassermenge. Der Wasseraufnahmekoeffizient W_w wird analog zum beschriebenen Laborverfahren ermittelt. Die Prüffläche der umgangssprachlich auch als „Franke Platte" bezeichneten Flachkörper beträgt etwa A = 207 cm².

Zur Überprüfung, ob die Vor-Ort-Messungen mit der WA-Prüfplatte für die Bestimmung der Wasseraufnahmekoeffizienten der untersuchten Fassaden geeignet ist, wurden zusätzlich Vergleichsmessungen an ausgebauten Materialproben durchgeführt. Konkret erfolgte der Ausbau einer Materialprobe am Objekt Nr. 3. Zusätzlich wurde am Entnahmeort zuvor eine in-situ Messung mit der WA-Prüfplatte durchgeführt.

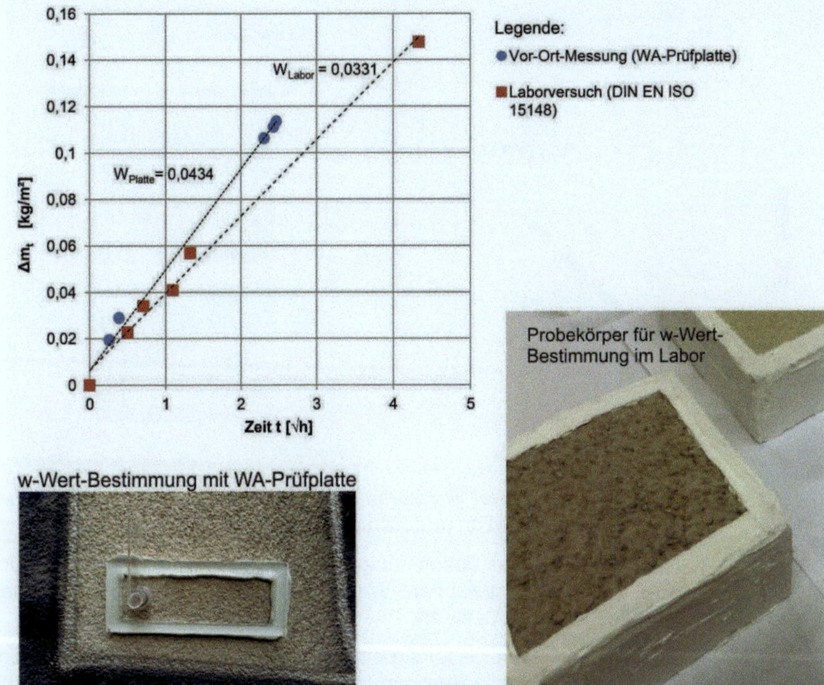

Bild 5-32: Vergleich der Prüfungen der Wasseraufnahme mit WA-Prüfplatte nach Franke und im Laborversuch gemäß DIN EN ISO 15148 [26]

Im untersuchten Fall lieferten beide Messungen W_w-Werte vergleichbarer Größe. Der Unterschied eines leicht erhöhten W_w-Werts bei der Vor-Ort Messung ist z.B. auf die Aufbringung eines hydrostatischen Drucks durch die Füllhöhe im Standrohr zurückzuführen. Außerdem ist eine Querverteilung über die Grenzflächen der Platte nicht auszuschließen.

Zur Untersuchung der Anwendbarkeit der WA-Prüfplatte an saugfähigeren Systemen wurde Im Rahmen einer zweiten Prüfung ein Putz mit einem aus dem Produktdatenblatt bekannten W_w-Wert untersucht. Der W_w-Wert des untersuchten Putzes liegt laut Herstellerangaben bei W_w =0,8 kg/(m²$h^{0,5}$) und ist gemäß *DIN EN 1062 [20]* als hoch wasserdurchlässig (Klasse W_1; W_w >0,5) einzustufen. Der W_w-Wert mit der WA-Prüfplatte wurde zu W_w =0,976 kg/(m²$h^{0,5}$) bestimmt und liegt damit leicht über den Herstellerangaben.

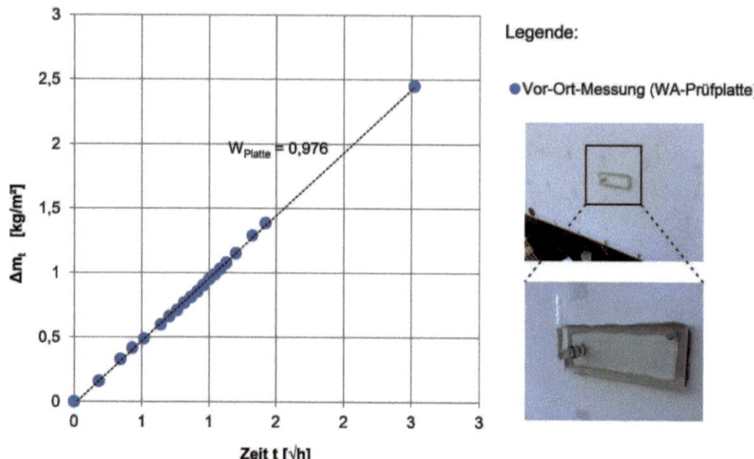

Bild 5-33: *Ergebnis der Prüfung der Wasseraufnahme mit WA-Prüfplatte nach Franke eines Putzes (W_w -Wert laut Herstellerangaben W_w =0,8 kg/(m²h^{0,5})*

Auch für saugfähigere Putze kann davon ausgegangen werden, dass die Vor-Ort-Messung mit der Franke-Platte vergleichbare Werte zu dem im Laborversuch ermittelten Wasseraufnahmekoeffizienten W_w liefert.

Es zeigt sich somit, dass für alle in dieser Arbeit untersuchten Oberflächen (W_w-Wert-Bereichen bis W_W=0,1 kg/(m²h^{0,5})) die Bestimmung dieses Materialwertes mit der Prüfplatte nach Franke geeignet ist.

Die Messungen wurden in einem Umfang von mindestens 3 Prüfungen pro Oberfläche durchgeführt.

Die für die Messobjekte ermittelten W_w -Werte sind in Abschnitt 7.1 zusammengestellt.

5.1.3.4 Untersuchung der pH-Werte der Fassadenoberflächen

Die pH-Werte der untersuchten Oberflächen wurden jeweils entnommene Proben an der Materialprüfanstalt für das Bauwesen und Produktionstechnik (MPA Hannover) bestimmt. Die Messergebnisse sind in Tabelle 5-7 zusammengestellt.

Tabelle 5-7: *Ergebnisse der pH-Wert Messung*

Messobjekt	pH-Wert
1 - Garbsen	8,5
2 - Berenbostel	9,5
3 - Berlin	10,5

Die Messung des pH-Wertes erfolgte, um den pH-Wert der Bestandsobjekte als Zielbereich für den pH-Wert des Teststand einstellen zu können. Hierzu wurde der im Abschnitt 5.2.1 beschriebene Teststand durch eine künstliche Vorbewitterung mit Kohlendioxid beaufschlagt, um eine künstliche Alterung (Karbonatisierung) des im Neubauzustand für Bewuchsentwicklung zu alkalischen Anfangsmilieus auf ein bewuchsförderndes Niveau zu erreichen.

5.2 Messdatenerfassung an einem frei bewitterten Teststand

5.2.1 Versuchsbeschreibung

Zur Untersuchung des Oberflächenfeuchteverhaltens unterschiedlicher Außenwandkonstruktionen bei freier natürlicher Bewitterung wurde ein Teststand entwickelt. Nachstehendes Bild 5-34 zeigt den Teststand am Untersuchungsstandort.

Bild 5-34: Freifeldversuch zur Untersuchung des Oberflächenfeuchteanfalls in Zusammenhang mit der Bewuchsentwicklung

Ziel dieses Versuchs ist es einerseits, das hygrothermische Rechenmodell für Oberflächenfeuchte an dem Feuchteverhalten der erstellten Testoberflächen zu validieren. Andererseits wird über den Versuchsaufbau lokal abhängig ein Bewuchs provoziert. Dies erfolgt durch den Einsatz extremer Wandaufbauten mit Dämmstoffdicken $d_{Dä}$ von 0 bis 20 cm und Putzdicken d_{Pu} von 0 bis 7 cm. Durch eine geometrische Anordnung beider Materialschichten in Keilform wird sichergestellt, dass alle Schichtenkombinationen innerhalb einer Wandausrichtung vorhanden sind. Durch diesen Aufbau wird erreicht, dass Konstruktionsaufbauten mit hohem und niedrigem Bewuchsrisiko bei gleichen Umgebungsrandbedingungen geprüft werden. Innerhalb der Prüfwand wird sich dadurch im Versuchsverlauf eine Bewuchsgrenze ausbilden. Auf der Wandoberfläche wird durch eine neu entwickelte Mess- und Auswertemethode ortsaufgelöst die jeweilige Feuchtedauer bestimmt. Darauf aufbauend wird eine Korrelation der Feuchteereignisse mit dem Bewuchsbild untersucht. Ziel dieser Untersuchung ist die Ableitung eines Grenzwertes der Feuchtebeanspruchung, bei dessen Überschreitung mit mikrobiellem Bewuchs gerechnet werden kann.

Kurzvorstellung Versuch

Tabelle 5-8: Zusammenfassung der durchgeführten Untersuchung

Durchgeführte Arbeiten	Zweck und Ziel	Ergebnisse
- In situ Messungen zum Oberflächenfeuchteanfall und Oberflächentemperaturen unter Außenklimabedingungen - Messung des Oberflächenfeuchteanfalls durch den Einsatz eines entwickeltes Messsystem zur Feuchtedetektion (siehe Abs. 6)	- Validierung des hygrothermischen Berechnungsmodells für Oberflächenfeuchteanfall	- Ergebnisse Validierung Rechenmodell Abschnitt 8.3.2
- Konstruktion einer Wand, die aus jeweils einem 90° zueinander verdreht angeordneten Putz und Dämmstoffkeil besteht	Provozierung von Bewuchs zur Feststellung eines Grenzwerts für Feuchtebeanspruchung an einer sich einstellenden Bewuchsgrenze	- Ergebnisse Bewuchsverlauf siehe Abschnitt 7.2.3

Untersuchungskonzept

Wärmedurchgang und die oberflächennahe Speichermasse beeinflussen maßgeblich die Häufigkeit der Taupunktunterschreitungen und damit auch das Feuchteniveau der Wandaußenoberfläche. Wandaufbauten mit einem hohen Wärmedurchgang liefern gegenüber einem Wandaufbau mit niedrigem Wärmedurchgang höhere Oberflächentemperaturen. Die Anzahl der Tauwasserereignisse ist bei den Wandaufbauten mit hohem Wärmedurchgang geringer und die Verweildauer auf der Oberfläche entstandenen Wassers ist kürzer.

Innerhalb einer Prüfwand werden verschiedene Dämmstoff-Putz-Kombinationen über keilförmige, 90° gedreht zueinander angeordnete Schichten abgebildet. So wird der Wärmedurchgang durch die Wand und die speicherfähige Masse an der Oberfläche an jeder Stelle variiert. Die äußeren Klimarandbedingungen für eine Wandfläche bleiben jedoch gleich (Wandaufbau siehe Bild 5-35).

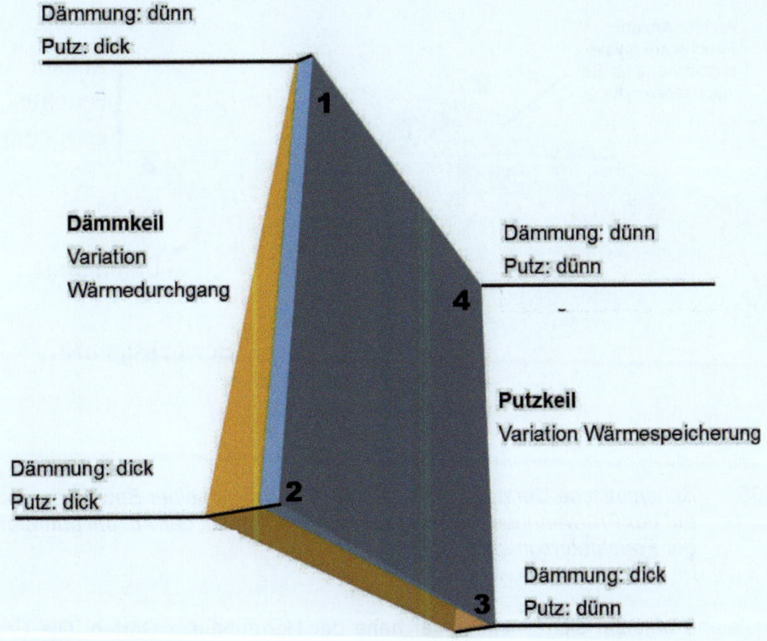

Bild 5-35: Prinzipskizze des Prüfwandaufbaus

Durch die unterschiedlichen Wandaufbauten entstehen auf der Wandaußenoberfläche variable Temperatur– und Feuchteniveaus. Dadurch wurde eine ortsabhängige Bewuchsentwicklung provoziert. Ein derartig stufenloser Wandaufbau war deshalb nötig, da beabsichtigt wurde ein konkretes hygrothermisches Grenzniveau anhand einer sichtbaren Bewuchsgrenze auf einer Wand zu identifizieren.

Bild 5-36 stellt schematisch das Untersuchungsziel dar. Anhand des Bewuchsverlaufs und der sich einstellenden Bewuchsgrenze auf der Prüfwandoberfläche kann der Zusammenhang mit der für Bewuchs notwendigen anfallenden Feuchtigkeit auf Korrelation untersucht werden.

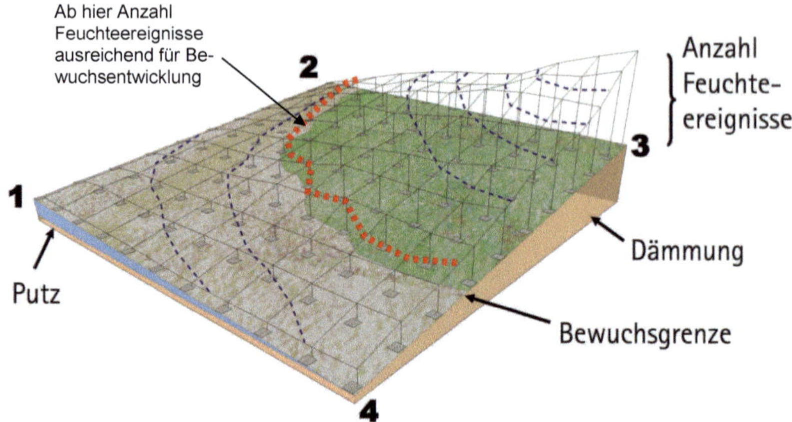

Bild 5-36: Schematische Darstellung des möglichen Verlaufs einer Bewuchsgrenze auf der Prüfwandoberfläche in Zusammenhang mit der Anzahl auftretender Feuchteereignisse

Lage

Der Teststand befindet sich in Hannover nahe der Herrenhäuser Gärten. Die Umgebung ist durch innerstädtische Mischbebauung und Parkflächen geprägt.

Bild 5-37: *Lage des Teststands.*
Quelle: Bilder: ©2018 DigitalGlobe, GeoBasis-DE/BKG,GeoContent, Kartendaten: ©2018 GeoBasis-DE/BKG (©2009 google)

Der Versuch wurde auf einer Freifeldversuchsfläche auf dem Dach der Fakultät für Architektur und Landschaft der Leibniz Universität Hannover aufgebaut (Ansichten siehe Bild 5-38).

Ansicht von Norden

Ansicht von Süden (Straßenseite)

Ansicht von Oben

Ansicht von Süd-Westen

Bild 5-38: *Standort des Versuchs auf dem Dach der Fakultät für Architektur und Landschaft.*
Quelle: Bilder: ©2018 DigitalGlobe, GeoBasis-DE/BKG,GeoContent, Kartendaten: ©2018 GeoBasis-DE/BKG (©2009 google)

Der Standort auf dem Dach wurde aus folgenden Gründen gewählt:

- Keine Verschattung durch andere Gebäude oder Vegetation,
- Schutz vor Vandalismus,
- Zugänglichkeit des Versuchskörpers von unten durch Aufständerung der Freifeldversuchsfläche,
- gleiche Randbedingungen für alle Prüfwände (nur Ausrichtung variiert).

Die Prüfwände des Teststandes wurden genau in die Haupt-Himmelsrichtungen ausgerichtet.

Konstruktion und Material

Der Teststand ist in Form eines würfelförmigen Hohlkörpers ausgebildet. Die Prüfwände sind jeweils an den Seiten und auch an der Oberseite als Kopfplatte angeordnet. Der Innenraum ist von unten durch eine Luke zugänglich, die Prüfwände werden so nicht durch eine Tür etc. beeinflusst. Im Innenraum befindet sich die Steuerungstechnik für die Messtechnik und ein Heizkörper zur Sicherstellung einer konstanten Innenraumlufttemperatur.

Die Prüfwände sind so angeordnet, dass von den benachbarten Wandbereichen kein zusätzliches Regen- und Schmutzwasser auf deren Oberfläche laufen kann. Dazu sind oberhalb der Prüfwände Rinnen eingearbeitet, über die ablaufendes Regenwasser abgeleitet wird. Tropfkanten oder Überstände existieren nicht.

Eine Konstruktionszeichnung mit Darstellung aller relevanten Teile ist in Bild 5-39 dargestellt.

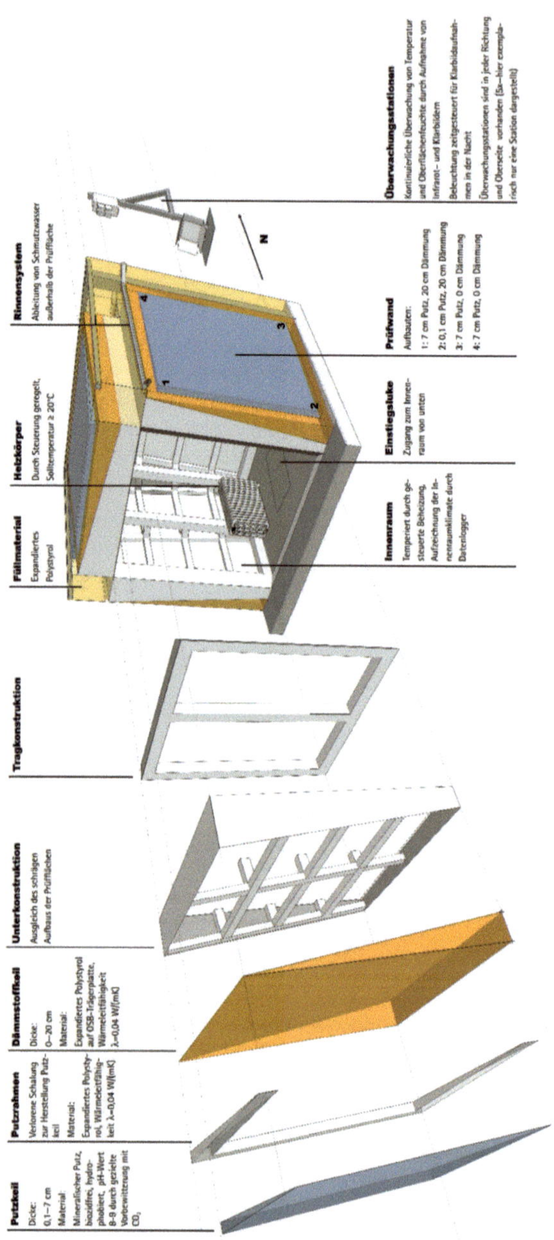

Bild 5-39: Konstruktionszeichnung des Teststands, der Einzelbestandteile und Explosivdarstellung der Südwand

Die Prüfwände bestehen aus einem Ausgleichskörper aus Holz (OSB-Platten) als Unterkonstruktion den darauf montierten Keilen aus Dämmstoff (Expandierter Polystyrolschaum-EPS) und Putz. Der Putzkeil besteht aus einem Armierungsputz mit Gewebeeinlage und einem mineralischen Oberputz. Die variable Putzschichtdicke wurde über den Armierungsputz hergestellt. Zur Vorbeugung von Rissbildung wurde das Armierungsgewebe zweilagig (bei Schichtdicken d_{Pu} = 2 cm und d_{Pu} = 5 cm) eingearbeitet.

Für das Putzsystem der Außenoberfläche wurde ein mineralischer Putz ausgewählt um sicherzugehen, dass sich keine Biozide/Algizide oder Topfkonservierer im Obermaterial befinden, die sich hemmend auf die Bewuchsentwicklung auswirken würden.

Um möglichst lange entstandenes Wasser an der Oberfläche zu halten und nicht von der Oberfläche aufsaugen zu lassen, wurde der Oberputz hydrophobiert (Beschreibung siehe Abschnitt 5.2.3). Diese Eigenschaft stellt einen geringen W_W-Wert der Außenputzschicht sicher, der auch bei üblichen WDV-Systemen vorhanden ist.

Die Schichten des Wandaufbaus, eingesetzte Materialien sowie deren Stoffparameter sind in nachstehender Tabelle 5-9 aufgeführt.

Tabelle 5-9: Zusammenstellung der Materialien, Schichtdicken und angesetzten Stoffparameter des Prüfwandaufbaus

Schichten (von innen nach außen)	Material	Schichtdicke	Rohdichte	Wärmeleitfähigkeit [b]	Wasserdampfdiffusionswiderstand	Porosität	Wasseraufnahmekoeffizient
Formelzeichen		d	ρ	λ	μ	Φ	W_W
Einheiten		[mm]	[kg/m³]	[W/(mK)]	[-]	m³/m³	[kg/(m²h^0,5)]
Holzwerkstoff	OSB-Platte	18	650	0,13		0,6	
Dämmstoff	EPS	0 bis 200	15	0,04	20 [b]	0,95	-
Armierungsputz mit Gewebeeinlage	Mineralischer Normalputzmörtel Armatop A	1 bis 70	1400 [a]	0,7 [b]	25 [a]	0,3	0,15
Oberputz	Silikatischer Mineral-Leichtputz Alsilite F Aero	3	800 [a]	0,4 [b]	20 [a]	0,4	(0,8) [a] 0,05 [c]
Hydrophobierung	Imprägnierung MI (für mineralische Putze)	Wirkstoff	Silan/ Siloxan [a]	-	-	-	
	a: Angaben zu Stoffparametern gemäß Herstellerangaben (siehe Produktdatenblätter im Anhang: Anlagen A) b: Angaben zu Stoffparametern gemäß DIN 4108-4 [19] c: w-Wert des Oberputzes nach Hydrophobierung. Zur Bestimmung siehe Abs. 5.2.3						

Für die Detektion von flüssigem Wasser an der Prüfwandoberfläche wurden außerdem die im Rahmen der Entwicklung eines neuen Messsystems entworfenen Feuchtedetektoren in die Putzoberfläche eingearbeitet. Zur Entwicklung des Messsystems für die Detektion von Oberflächenwasser siehe Abschnitt 6.

5.2.2 Dokumentation des Versuchsaufbaus

Herstellung der Prüfwände

Die Prüfwände wurden liegend gefertigt. Der Aufbau ist in Bild 5-40 dokumentiert.

1. Unterkonstruktion zum Ausgleich der schrägen Geometrie der Prüfwand
2. Montage einzelner Segmente zur Herstellung des Dämmkeils
3. Montage der Randeinfassung für den Putzkeil
4. Prüfwand mit montiertem Dämmkeil

5-6. Schichtenweiser Auftrag des Armierungsputzes mit Einarbeitung des Armierungsgewebes (mehrere Arbeitsgänge zur Reduzierung von Trocknungsschwindrissen)

7-8. Auftrag des Oberputzes mit Einarbeitung des Armierungsgewebes

Bild 5-40: Dokumentation des Prüfwandaufbaus

Die Abmessung der Prüfwandfläche beträgt 175 x 175 cm. Die Gesamtabmessungen des Volumenkörpers inklusive der Randeinfassung betragen 200 x 200 x 40 cm (LxBxT).

In die frische Putzoberfläche wurden im Raster von 35 x 35 cm Feuchtedetektoren (Beschreibung in Abschnitt 6) eingearbeitet. Insgesamt wurden 6 x 6 = 36 Feuchtedetektoren auf der Wandfläche installiert (siehe Bild 5-41).

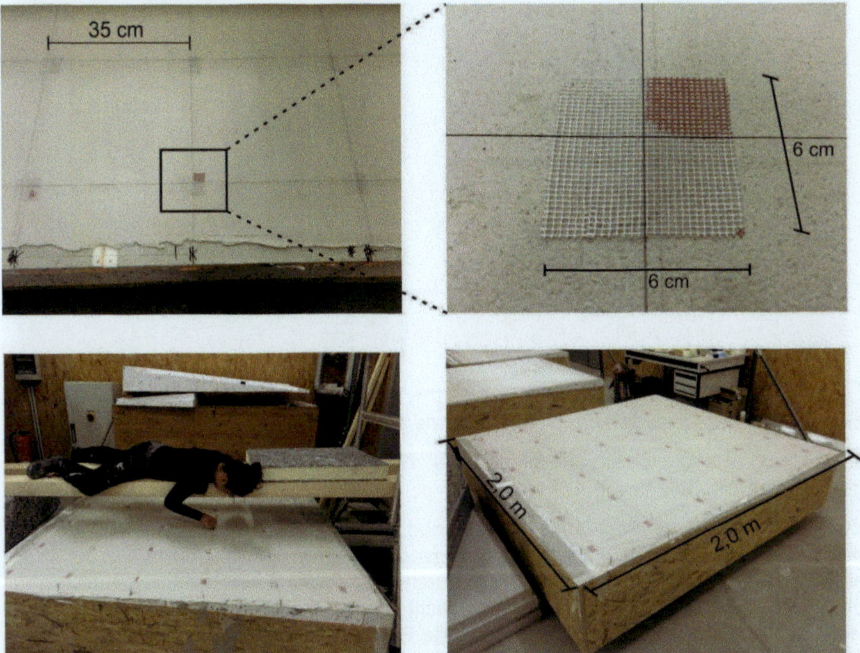

Bild 5-41: Einarbeitung der Messfelder für die Oberflächenfeuchtedetektion

Nach 4-wöchiger Lagerung wurden die Prüfwände an dem Traggerüst des Teststands installiert.

Bild 5-42: Montage der Prüfwände am inneren Traggerüst

Die Randbereiche wurden zur Sicherstellung näherungsweise adiabaten Randbedingungen großzügig mit Wärmedämmstoff aufgefüllt und verhindern so wirksam ein Abfließen von Wärme über die Ränder.

Bild 5-43: Montage der Prüfwände am inneren Traggerüst

Die horizontal angeordnete Kopfplatte weist zur Vermeidung dauerhaft stehenden Regenwassers ein Gefälle von 4 % auf.

Zur Ableitung auf die Prüfwände ablaufenden Wassers wurde ein Rinnensystem ausgebildet (siehe Bild 5-44). So konnte einerseits sichergestellt werden, dass die Wassermenge der Prüfwand ausschließlich durch Tauwasser und Schlagregenbeanspruchung auf die Prüffläche bestimmt und nicht durch Überschusswasser benachbarter Bereiche erhöht wird. Andererseits wird das Bewuchsbild verfälschender Schmutzeintrag durch ablaufendes Wasser auf die Prüfwandfläche vermieden.

Rinne oben umlaufend eingelassen am äußeren Rand

Tropfrinne oberhalb der Prüfwände

oberflächenbündig eingelassen

Bild 5-44: Rinnensystem zur Wegführung ablaufenden Regen- und Schmutzwassers benachbarter Teile

5.2.3 Oberflächenbehandlung vor Versuchsbeginn

pH-Wert-Reduktion durch Vorbewitterung

Da mineralische Putze zu Beginn einen hohen pH-Wert im alkalischen Milieu aufweisen, besitzen sie einen natürlichen Schutz vor besiedelnden Mikroorganismen.

In den ersten Jahren der Exposition dringt CO_2 aus der Umwelt in die Porenstruktur der Putze ein und löst sich im alkalischen Kapillarwasser auf. Es reagiert dort mit dem Calciumhydroxid des Feststoffs unter Bildung von Calciumcarbonat und Wasser. Dieser Prozess der Karbonatisierung bewirkt einen Abfall des pH-Werts auf Werte unter 9-10.

Nach Untersuchungen des *Fraunhofer IBP [38]* an mineralischen Außenputzen sank der pH-Wert von anfänglich pH = 11,5 auf Werte von etwa pH = 8,5 nach einem halben bis zu einem Jahr Expositionsdauer ab. Dieser pH-Wert wurde in den Folgejahren weitgehend gehalten. Die Wachstumsvoraussetzungen für Mikroorganismen hinsichtlich des pH-Werts sind bei mineralischen Putzen folglich bereits nach etwa 6 Monaten erreicht.

Um den Karbonatisierungsstand eines Freibewitterungsniveaus von 6 Monaten zu erreichen, wurde der Teststand im Labor mit konzentrierter CO_2-Gabe vorbewittert. Dazu wurde in einem abgeschlossenen Luftvolumen über einen Zeitraum von 2 Wochen ein CO_2-Gehalt bis zu 15 % eingestellt (Gehalt im Mittel 6 %).

Bild 5-45: Vorbewitterung des Versuchswürfels durch intensive CO_2-Beaufschlagung über einen Zeitraum von ca. 2 Wochen (Konzentration CO_2 im Mittel ca. 10%)

Der pH-Wert der Putzoberfläche wurde vor und nach der Bewitterung anhand einer Messung des pH-Werts am Chemielabor der Materialprüfanstalt Hannover (elektrochemische Messung mit pH-Einstabmesskette, siehe Bild 5-46) bestimmt. Die Messwerte sind in der Tabelle 5-10 aufgeführt. Zusätzlich sind die pH-Werte vor der Erhärtung des Putzes sowie nach 6 Monaten Freilandbewitterung des Teststands angegeben.

Tabelle 5-10: Ergebnisse der pH-Wert Messung

Messobjekt	pH-Wert
Frisch angemachter Putz (unerhärtet)	12,6
Putz unbewittert (14 Tage nach Herstellung)	12,4
Putz nach 14 Tagen Bewitterung	8,9
Vorbewitterter Putz nach 6 Monaten Exposition des Teststands	9,5

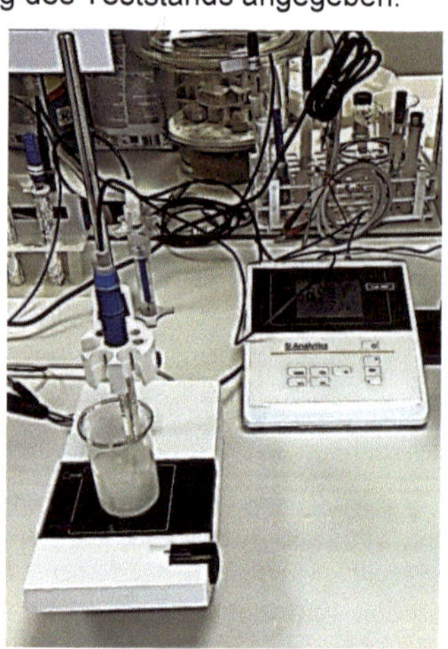

Bild 5-46: Labormessung des pH-Werts an der MPA Hannover

Durch die Vorbewitterung mit CO_2 konnte für den verwendeten Oberputz ein pH-Wert-Niveau eingestellt werden, das etwa 6 Monaten Expositionsdauer entspricht. Auch nach 6 Monaten freier Bewitterung des Teststands ist dieses pH-Wert-Niveau vorhanden. Darüber hinaus konnten über die Vorbewitterung pH-Werte erreicht werden, die auch an den in dieser Arbeit untersuchten bewachsenen Messobjekten gemessen wurden (vgl. Tabelle 5-7). Von einer bewuchshemmenden Wirkung des Oberputzes hinsichtlich des pH-Werts kann daher nicht mehr ausgegangen werden.

Hydrophobierung der Putzoberfläche

Zur Erreichung größer Schichtdicken an der Prüfwandoberfläche wurde ein mineralischer Leichtputz als Oberputz ausgewählt. Der verwendete Putz zeichnet sich durch eine sehr gute Wasseraufnahme (Klasse für die Durchlässigkeit von Wasser: W1 nach *DIN EN 1062-1 [20]*) aus. Der Wasseraufnahmekoeffizient beträgt $W_W = 0{,}8$ kg/(m²h^{0,5}) (Angaben gemäß Datenblatt siehe Anlage A, ab Bild 14-1).

Um auftretendes Tau- und Regenwasser möglichst nicht vom Putzgrund aufsaugen und in tiefere Bauteilschichten kapillar abgeleitet zu bekommen, wurde die Wasseraufnahme des Oberputzes nachträglich reduziert. Die Reduktion des W_W-Werts erfolgte über die Hydrophobierung der Prüfwandflächen. Für die Hydrophobierung wurde das Produkt Imprägnierung MI (Firma alsecco, Datenblatt siehe Anlage A, ab Bild 14-8) verwendet. Es handelt sich bei dem verwendeten Produkt um ein Silan-/Siloxanbasiertes Hydrophobierungsmittel.

Das Wirkprinzip der Hydrophobierung beruht auf dem Herabsetzen der Oberflächenenergie der Baustoffoberfläche. Wasser als Flüssigkeit mit hoher Oberflächenspannung wird von Oberflächen mit hoher Energie (hydrophil) angezogen und umgekehrt von Oberflächen mit niedriger Energie (hydrophob) abgestoßen. Die Silan/Siloxanmoleküle besitzen einen Teil, der hydrophob und einen, der hydrophil ist. Der hydrophile Teil verbindet sich mit der hydrophilen Oberfläche des Baustoffs. Dabei wird der hydrophobe Teil in der anderen Richtung ausgerichtet. Außerdem verbinden sich die Moleküle untereinander und bilden so einen geschlossenen Film an den Porenwandungen (Informationen aus *[68, 106]*). Das Diffusionsverhalten der Baustoffe wird dabei nicht beeinflusst.

Die Hydrophobierung wurde im Sprühverfahren auf die Prüfwände aufgetragen.

Bild 5-47: Auftrag des Hydrophobierungsmittels auf die Prüfwände

Zur abschätzenden Bestimmung des veränderten Wasseraufnahmekoeffizienten wurde das in Abschnitt 5.1.3.3 vorgestellte Vor-Ort-Messverfahren mit der WA-Prüfplatte nach *Franke [37]* verwendet (siehe Bild 5-48).

Bild 5-48: Messung der Wasseraufnahme zur Abschätzung des W_W-Werts nach der Hydrophobierungsmaßnahme

Die Ergebnisse und aus der Regressionsanalyse der Messwerte ermittelten W_W-Werte sind in Bild 5-49 dargestellt.

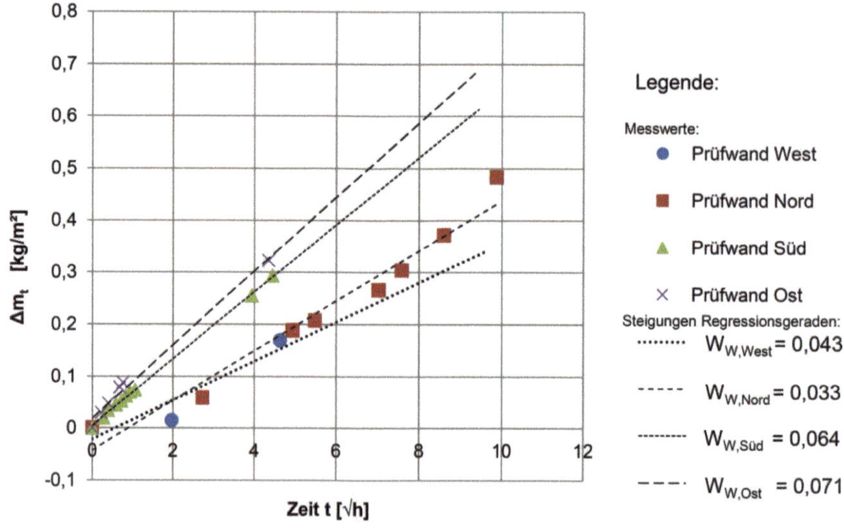

Bild 5-49: Ergebnisse der W_w-Wert Bestimmung

Aus den Messungen ergibt sich ein Mittelwert von $W_{W,Mittel}$ = 0,052 kg/(m²h^{0,5}). Als resultierender Stoffparameter für die Wasseraufnahme des hydrophobierten Oberputzes wird für die rechnerische Simulation daher ein Wert von W_W = 0,05 kg/(m²h^{0,5}) angesetzt.

Dabei wurde von einer Eindringtiefe entsprechend der Schichtdicke d_{Pu} = 0,5 cm des Putzmaterials ausgegangen.

5.2.4 Mess-, Steuerungs- und Überwachungstechnik am Teststand

5.2.4.1 Aufnahme des Temperatur- und Feuchtezustands der Prüfwände

Das im Rahmen dieser Arbeit entwickelte Messsystem zur Detektion von Oberflächenfeuchte durch Farbumschlag (siehe Abschnitt 6) macht es möglich, flüssiges Wasser auf der Prüfwandoberfläche zu detektieren und optisch sichtbar zu machen. Um die entstehenden Feuchteereignisse örtlich und zeitlich aufgelöst zu bestimmen, wurde eine engmaschige Dokumentation notwendig.

Zur kontinuierlichen Überwachung des Feuchtezustands der Prüfwände werden in regelmäßigen Intervallen von 15 Minuten Klarbilder von allen Prüfwandoberflächen aufgenommen. Da insbesondere die Abkühlung der Wandoberflächen bei Nacht und eine damit verbundene Tauwasserbildung für die Untersuchung von Bedeutung ist, ist der Versuchsstand bei Dunkelheit beleuchtet. Die Oberflächentemperatur wird durch den Einsatz der LED-Strahler nicht beeinflusst.

Zu jedem Bild im optisch sichtbaren Wellenlängenbereich (Klarbild) wird auch immer eine Infrarotaufnahme angefertigt, um die temperaturinduzierte Feuchteentwicklung und das Temperaturfeld der Prüfwände zu erfassen.

Die Bilder werden durch fest installierte Überwachungsstationen aufgenommen und an einen zentralen Server geschickt. Jeder Versuchsfläche ist eine Überwachungsstation zugeordnet (siehe Bild 5-50).

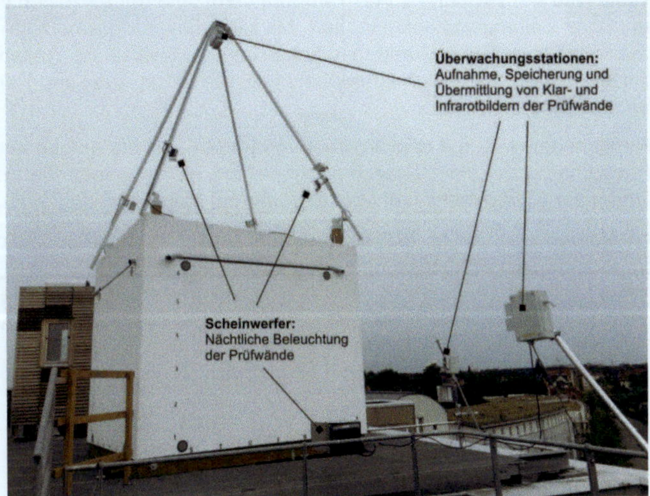

Bild 5-50: Teststand am Versuchsstandort mit installierter Messtechnik

Eine Überwachungsstation besteht aus einer bedarfsweise beheizbaren/zwangsbelüfteten wettergeschützten Box, in die die Aufnahmeeinheit, ein Smartphone (Gerät: Samsung S5) mit angeschlossener Infrarotkamera der Firma Flir Systems (Gerät: Flir One, Datenblatt siehe Anlage 5), integriert ist (siehe nachfolgendes Bild 5-51)

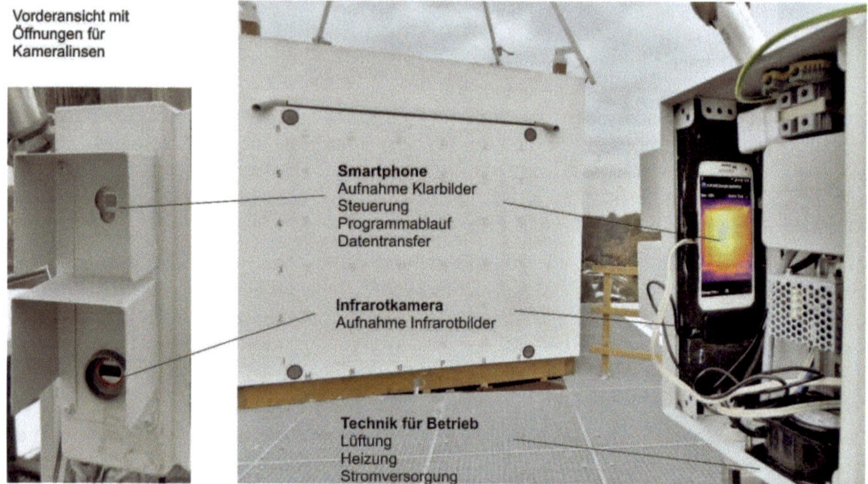

Bild 5-51: *Geöffnete Überwachungsstation im Betrieb mit Aufnahmeeinheit bestehend aus Smartphone und angeschlossener Infrarotkamera (rechts) und Ansicht von vorn mit Wetterschutz (links)*

Auf diese Weise wird der Feuchte- sowie Temperaturzustand der einzelnen Wandbereiche in einem engen Zeitintervall dokumentiert. Mit Hilfe dieser Messmethode ist an den definierten Stützstellen auf den Wandoberflächen beispielsweise die Anzahl der Tauwasserereignisse zählbar und auch zu beobachten, wie lange Tau- und Regenwasser an der Wandoberfläche verbleibt.

Die Aufnahmeeinheiten sind mit dem Internet verbunden und die aufgenommenen Bilder werden regelmäßig auf einer Datenbank gesichert. Außerdem ist die Fernwartung und -steuerung jeder Aufnahmeeinheit über das Internet möglich.

Auf der nach Norden orientierten Prüfwand wurde zusätzlich ein Pt1000-Anlegefühler zur Messung der Oberflächentemperatur angebracht (siehe Bild 5-52).

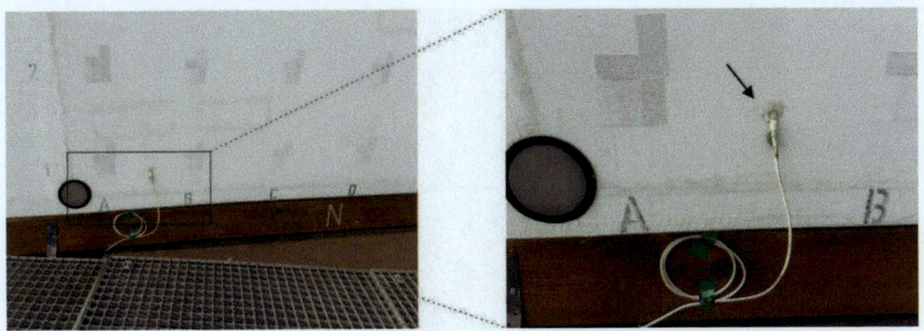

Bild 5-52: Oberflächentemperaturfühler auf der nach Norden orientierten Prüfwand (Ort zwischen Feldern A-B;1). Datenlogger mit Aufzeichnung von Außenlufttemperatur und –Feuchte (nicht im Bild) liegt unterhalb des Teststands im regengeschützten Bereich

Außerdem wurden Datenlogger im Inneren des Teststands und im Außenbereich positioniert, um die Vor-Ort-Klimate zu erfassen.

5.2.4.2 Steuerungstechnik für den Teststand

Zur Herstellung eines konstanten Innenraumklimas, das dem üblicher Wohngebäude entspricht, wurde der Teststand bedarfsweise im Inneren mit einem Elektroradiator auf $\theta_i \geq 20°C$ beheizt. Die Innenlufttemperatur im Teststand wurde über einen Temperaturfühler (Thermoelement) erfasst und an eine Steuerungseinheit übergeben, die dann bei Unterschreitung die Heizung einschaltet.

Die Beleuchtung des Teststands erfolgt tageszeitenabhängig. Je nach Jahreszeit wurden unterschiedliche An-/Ausschaltzeiten festgelegt.

Bild 5-53: Beleuchteter Teststand bei Dunkelheit

Die Ein-/Ausschaltzeiten der Beheizung und Belüftung der Überwachungsstationen wird temperaturgesteuert geregelt. Dies ist notwendig, um unabhängig von den äußeren Witterungsbedingungen die Arbeitstemperatur der Aufzeichnungsgeräte zu erhalten.

Als Steuerungseinheit wurde das Steuerungsgerät Siemens LOGO in Verbindung mit der Pogrammierungssoftware *LOGO! Soft Comfort [69]* verwendet. Die Steuerungseinheit befindet sich im Teststandinneren.

5.2.4.3 Bezug meteorologischer Daten am Teststand

Für die Analyse der Messwerte und als Eingangswerte für die hygrothermischen Berechnungen wurden meteorologische Daten zum Außenklima möglichst nah am Versuchsstandort benötigt, um lokalklimatische Einflussfaktoren (z.B. Erhöhung der Temperatur durch städtische Wärmeinsel, Veränderung des Windprofils) zu berücksichtigen.

Für einen Großteil der Versuchslaufzeit wurden die Wetterdaten der Wetterstation Herrenhausen vom Messfeld des Instituts für Meteorologie und Klimatologie (IMUK), Leibniz Universität Hannover zur Verfügung gestellt.

Die meteorologischen Elemente im Einzelnen sind in nachfolgender Tabelle 5-11 aufgeführt.

Tabelle 5-11: Wetterdaten der Wetterstation Herrenhausen des Instituts für Meteorologie und Klimatologie (IMUK) der Leibniz Universität Hannover – Zusammenstellung der verwendeten meteorologischen Elemente

Meteorologisches Element	Einheit	Höhe der Messeinrichtung über dem Boden
Lufttemperatur	°C	2 m
Luftfeuchtigkeit	% rel. Feuchte	2 m
Niederschlagshöhe	mm (Stundensumme)	
Luftdruck	hPa	2 m
Globalstrahlung	W/m²	
Diffuse Strahlung	W/m²	
Windgeschwindigkeit	m/s	10 m
Windrichtung	°	10 m

Die Atmosphärische Gegenstrahlung (langwellig) wird von der Wetterstation des IMUK nicht gemessen. Die Daten zur langwelligen Strahlung wurden daher von der offiziellen Wetterstation des Deutschen Wetterdienstes (DWD) auf dem Flughafengelände Hannover-Langenhagen bezogen.

Der Standort des Messfelds des IMUK befindet sich auf dem Freifeldgelände des Instituts und ist vom Standort des Teststands ca. 600 m entfernt (Messung siehe Bild 5-54). Durch die örtliche Nähe wird sichergestellt, dass die das Stadtklima beeinflussenden Effekte (Wärmeinseleffekt, verändertes Windprofil durch Rauigkeit des bebauten Geländes) bereits in den Wetterdaten enthalten sind.

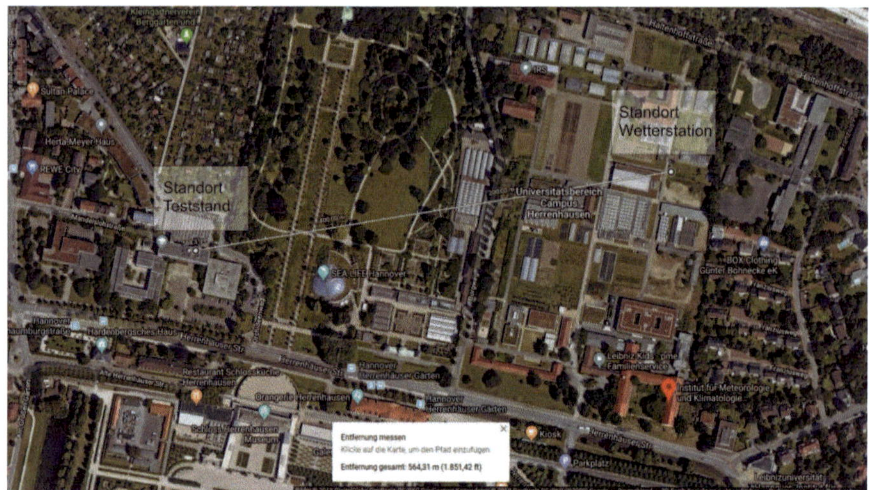

Bild 5-54: Satellitenbild mit Entfernungsmessung vom Aufstellort des Teststands zur Wetterstation auf dem Gelände des Instituts für Meteorologie und Klimatologie.

Quelle: Bilder: ©2018 DigitalGlobe, GeoBasis-DE/BKG,GeoContent, Kartendaten: ©2018 GeoBasis-DE/BKG (©2009 google)

Für Zeiträume, in denen keine Wetterdaten der IMUK-Wetterstation vorhanden waren, wurden die Daten der DWD-Wetterstation Langenhagen (Bezug über *climate data center [54]*) verwendet. Zur Anpassung der DWD-Wetterdaten auf den innerstädtisch liegenden Versuchsstandort, wurden die Daten für die Außenlufttemperatur, -Feuchte, Windgeschwindigkeit und Niederschlagshöhe mit der IMUK-Wetterstation verglichen. Aus der vergleichenden Untersuchung im Zeitraum von Mai 2016 bis April 2017 ergaben sich in Tabelle 5-12 aufgeführte Anpassungswerte. Die Anpassungswerte wurden auf Grundlage des Vergleichs der Werte in der für Wachstum wichtigsten Phase im Herbst und Winter (09.2016 bis 01.2017) ermittelt.

Tabelle 5-12: Klimatische Eingangsgrößen für die Berechnung

Quellgröße von Wetterstation	Einheit	Mittelwert Wetterstation IMUK Bei Niederschlag Jahressumme	Mittelwert DWD-Wetterstation Langenhagen	Anpassungswert für DWD-Wetterstation
Außenlufttemperatur				
05.2016 – 04.2017	°C	11,0	10,4	
09.2016 – 01.2017		7,4	7,0	+0,4 K
Außenluftfeuchte				
05.2016 – 04.2017	g/m³	7,82	7,83	
09.2016 – 01.2017		6,85	6,89	Keine Anpassung
Windgeschwindigkeit (10 m)				
05.2016 – 04.2017	m/s	2,1	3,6	
09.2016 – 01.2017		1,9	3,4	1,9/3,4= 0,56 (Faktor Windreduktion)
Niederschlagsmenge				
05.2016 – 04.2017	mm/a	564,3	589,1	
09-2016 – 01.2017		232,5	225,4	Keine Anpassung

Der in der Tabelle 5-12 angegebene Anpassungfaktor für Wind berücksichtigt noch nicht den Höhenunterschied zur Messhöhe der Wetterstationen. Der Teststand steht auf einer Höhe von etwa h = 20 m. Die Windgeschwindigkeit wurde gemäß Formel (26) mit einer Annahme zur effektiven Rauigkeitslänge $z_0 = 1$ (Wohngebiet Stadt/Vorstadt) nach *[75]* auf die Teststandhöhe angepasst.

Für das Innenklima des Teststands wurden die im Inneren aufgenommenen Werte zu Lufttemperatur und Luftfeuchtigkeit angesetzt.

5.2.4.4 Beobachtung der Bewuchsentwicklung mit Hilfe forensischer Methoden

Die Bewuchsentwicklung wurde regelmäßig stichpunktartig mit dem bloßen Auge und erforderlichenfalls mit einem Auflichtmikroskop begutachtet.

Zur Früherkennung von auftretendem Bewuchs wurde mit bildgebender optischer Forensik gearbeitet. Dabei wurde entstehender Algenbewuchs über die fluoreszierende Eigenschaft des Chlorophylls sichtbar gemacht.

Fluoreszenz wird nach *Rapp [81]* im Allgemeinen als Eigenschaft eines Stoffes beschrieben, Licht eines Wellenlängenbereichs aufzunehmen und spontan in Licht einer anderen Wellenlänge umzuwandeln. Dabei werden die Elektronen des Stoffs durch das Erregerlicht auf ein höheres Energieniveau gebracht und fallen innerhalb eines Zeitraums von t = 10^{-10} bis 10^{-7} s *[71]* wieder auf das Grundniveau zurück. Bei diesem Prozess wird Energie in Form von Licht frei.

Chlorophyll hat die Fähigkeit, bei Anregung mit einem blauen Erregerlicht (Peakwellenlänge λ = 445 nm) längerwellig ab etwa λ = 600 nm gelblich zu fluoreszieren. Deutlich sichtbar wird das Fluoreszenzlicht, wenn die reflektierten Anteile des Erregerlichts über einen Filter (alle Wellenlängen kleiner λ = 600 nm) ausgeblendet werden.

Exemplarisch ist in Bild 5-55 (rechts) die Fluoreszenzaufnahme einer mit Unkraut bewachsenen Gebäudeecke im Außenbereich gezeigt. Durch Fluoreszenz des Chlorophylls erscheinen die Pflanzen leuchtend gelblich Die reflektierten Anteile des blauen Lichts von den Pflanzen und anderen beleuchteten Gegenständen werden über den Filter nicht dargestellt.

Bild 5-55: *Links: Klarbild einer Gebäudeecke mit einem bewachsenen Blumenkübel und Moos auf den umliegenden Gehwegplatten. Rechts: Forensikaufnahme der Situation. Erläuternde Aufnahme, dass Chlorophyll fluoreszierende Eigenschaften aufweist*

Pilze würden grundsätzlich aufgrund ihrer Gerüstsubstanz Chitin ebenfalls fluoreszieren. Im Außenbereich vorkommende Pilze sind jedoch meist stark durch Melanin pigmentiert. Durch das Pigment wird das Erregerlicht absorbiert und kann nicht zum Chitin vordringen um es anzuregen *[81]*. Schwarz pigmentierte Pilze können somit mit dieser Methode nicht erkannt werden, sie erscheinen auf dem Bild nur als schwarzer Bereich.

Die hier vorgestellte Methode wird daher dazu verwendet, um ortsaufgelöst den flächigen Algenbewuchs auf den Prüfwänden zu beobachten. Dadurch wird die Vergleichbarkeit unterschiedlicher Bereiche auf einer Prüfwandoberfläche ermöglicht und eine Bewuchsgrenze kann deutlicher sichtbar gemacht werden.

Technische Umsetzung

Für die Erregerlichtquelle wurde das Lichtsystem Superlite M05 der Firma Lumatec verwendet. Als Erregerlichtspektrum wurde blaues Licht mit einer Peakwellenlänge von λ = 445 nm gewählt. Zur Vermeidung der Überblendung der reflektierten Lichtanteile mit dem Fluoreszenzlicht wurde ein roter Filter verwendet, der nur Wellenlängenbereiche größer etwa λ = 600 nm durchlässt. Die fotografischen Aufnahmen wurden mit einer für die Forensikaufnahmen geeigneten Kamera durchgeführt.

Die technischen Mittel wurden vom Institut für Berufswissenschaften (ibw) der Leibniz Universität Hannover zur Verfügung gestellt.

Der prinzipielle Aufbau zur Aufnahme der Forensikaufnahmen einer Wand im Ganzen und das entstandene Fluoreszenzbild ist in nachfolgendem Bild 5-56 dargestellt.

Bild 5-56: *Links: Aufbau für Fluoreszenzaufnahmen (normaler Strahler bei Aufnahme Fluoreszenzbild aus). Rechts: Forensikaufnahme der Situation. Gelblich leuchtende Bereiche in den Randbereichen zeigen bewachsene Stellen. Die Detektorgitter leuchten ebenfalls gelblich, da die verwendeten Materialien ebenfalls fluoreszierend sind.*

Für die verwendeten Aufnahmen wurden Teilbilder im Raster von etwa 40 cm x 40 cm angefertigt (Abstand Kamera ca. 50 cm von der Wandoberfläche) und später mit einem Bildbearbeitungsprogramm entzerrt zusammengesetzt (Aufbau siehe Bild 5-57).

Zu Vergleichszwecken wurde als Referenz ein Stück Baumwolle und eine Pflanze im Aufnahmebereich platziert. Baumwolle zeigt Fluoreszenz in einem breiten Spektrum und wird bei richtiger Einstellung aller Aufnahmeparameter hell erscheinen. Die Pflanze dient zum direkten Farbvergleich mit der fluoreszierenden Biomasse auf der Oberfläche.

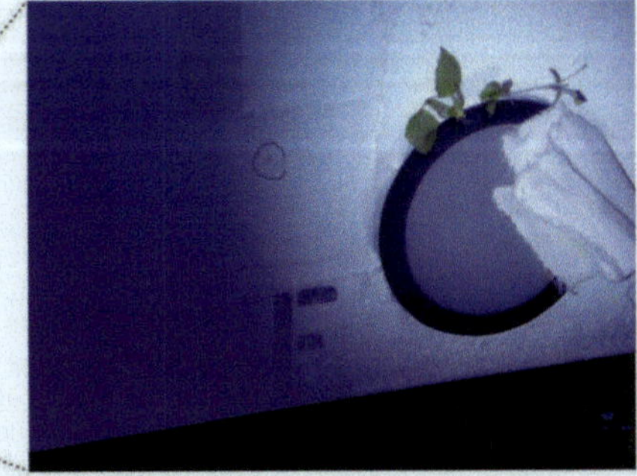

Bild 5-57: *Links: Aufbau für segmentweise Fluoreszenzaufnahmen). Rechts: Referenzmaterialien zur Einordnung der Fluoreszenzantwort der Aufnahme*

6 Entwicklung eines Messsystems zur kontinuierlichen Detektion von freiem Oberflächenwasser

6.1 Vorbemerkungen

Um die Verweildauer des an der Oberfläche stehenden Haftwassers messtechnisch zu bestimmen wurde im Rahmen dieser Arbeit ein neuartiges Messsystem zur Detektion von freiem Oberflächenwasser entwickelt. Ziel war die kontinuierliche Dokumentation von flüssigem Wasser auf den Prüfkörperoberflächen, bei geringstmöglicher Einflussnahme der Messtechnik auf die hygrothermischen Vorgänge. Für das Messsystem wurde ein Gebrauchsmusterschutz im November 2017 angemeldet (siehe Anlage A, Bild 14-13).

Anhand von Laborversuchen und Versuchen unter realklimatischen Bedingungen wurde die Brauchbarkeit des Systems nachgewiesen. Zusätzlich wurden die erfassten Daten des detektierten Feuchteanfalls mit dem entwickelten Rechenmodell validiert (vgl. Abschnitt 8.3.2)

6.2 Anforderungen an das Messsystem

Die folgende Tabelle 6-1 fasst die wesentlichen Aufgaben und Anforderungen des Messsystems und die entsprechenden Lösungen zusammen.

Tabelle 6-1: *Kurzzusammenfassung des Anforderungsprofils und der entsprechenden Lösungen des Messsystems zur Feuchtedetektion*

Technische Aufgabe und Anforderungen	Lösungsprinzip	Umsetzung/ Eingesetzte Mittel/ Ergebnis
Zerstörungsfreie, unmittelbare Detektion von Oberflächenwasser Messgröße: trocken/nass	Auf die Oberfläche aufgebrachte Farbmessfelder verfärben sich bei Kontakt mit flüssigem Wasser Zustand trocken: weiß Zustand nass: rot	Mit hydrochromatischer Farbe beschichtetes, rot eingefärbtes Stoffgewebe Eigenschaften hydrochromatische Farbe: wird transparent bei Kontakt mit Wasser Ansprechzeit der Gitter zu t = 0 bis 15 Minuten ermittelt
Geringstmögliche Einflussnahme auf hygrothermische Parameter der zu untersuchenden Oberfläche	Ausbildung des Messfelds als grobmaschiges Gitter, dadurch keine Versiegelung der Oberfläche	Gewebe mit einer Maschenweite von ca. 1 mm Größtmöglicher Kontakt mit Oberflächenmaterial durch Einarbeitung oder Aufkleben auf die Oberfläche
Langfristige kontinuierliche Messdatenaufzeichnung und Auswertung der Nasszeiten	Erstellung von Bildreihen des Zustands der Messfelder über Regelmäßige Fotoaufnahme der Messfelder (4 Fotos/Std) zur späteren zeitlich aufgelösten Auswertung	Aufnahme und Speicherung von Klarbildern mit Kameras Auswertung der Bildreihen über softwareunterstütze Farbanalyse

6.3 Messprinzip

Das Prinzip der Messung beruht auf der Grundidee, dass sich ein definierter Messbereich innerhalb einer Oberfläche sichtbar verfärben soll, sobald sich auf der Oberfläche flüssiges Wasser bildet. Ist auf der Oberfläche kein flüssiges Wasser mehr verfügbar, soll sich auch der Messbereich zeitnah wieder in die Ausgangsfarbe zurückverfärben.

Für den sich reversibel verfärbenden Messbereich auf einer Oberfläche wurde ein Feuchtedetektor entwickelt, der eine gitterartige Struktur aufweist. Die Feuchtedetektorgitter bestehen aus einem eingefärbten Stoffgewebe (Maschenweite ca. 1 mm), das mit hydrochromatischer Farbe beschichtet ist. Diese hydrochromatische Farbe hat die Eigenschaft, im trockenen Zustand weiß zu sein und bei Kontakt mit Wasser transparent zu werden. In dem Fall wird das beliebig eingefärbte Gitter unter der hydrochromatischen Farbe sichtbar. Steht kein flüssiges Wasser mehr zur Verfügung, verliert die Beschichtung wieder an Transparenz und das Gitter erscheint wieder weiß.

Die gitterartige Struktur garantiert die Detektion flüssigen Wassers auf der Oberfläche, ohne diese zu versiegeln oder hygrothermische Prozesse übermäßig zu beeinflussen.

Die grundsätzliche Messung beruht auf einem Farbvergleich des mit dem Detektorgitter versehenen Messbereichs und einem Kontrollbereich, der unabhängig von den Feuchteverhältnissen seine Farbe beibehält. Der Farbunterschied der beiden Bereiche ist im trockenen Zustand gering und steigt mit zunehmender Feuchtigkeit an. Das Auswertungsprinzip wird in Abs. 6.4.2 erläutert.

In nachstehendem Bild 6-1 ist ein in auf einer Putzoberfläche aufgebrachtes Feuchtedetektorgitter im trockenen (links) und im nassen (rechts) Zustand dargestellt.

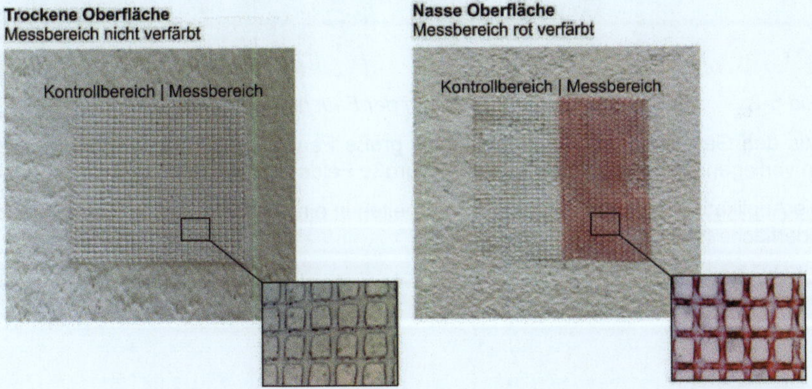

Bild 6-1: Feuchtedetektorgitter im trockenen Zustand (links): Mess- und Kontrollbereich weiß; im nassen Zustand (rechts): Messbereich verfärbt, Kontrollbereich bleibt weiß

6.4 Herstellung, Funktionsweise und technische Umsetzung

6.4.1 Erstellung und Applikation der Feuchtedetektorgitter

Die Feuchtedetektorgitter bestehen aus einem Gewebe mit einer Maschenweite von ca. 1 mm. Das Gewebe wird zunächst in Streifen geschnitten und jeweils zur Hälfte mit hitze- und UV-beständiger Farbe rot und weiß eingefärbt. Anschließend wird das Gewebe mit hydrochromatischer Farbe beidseitig beschichtet.

Die verwendete hydrochromatische Farbe wird von der Firma Matsui Color unter dem Markennamen Hydro Chromic White *[47]* hergestellt. Es handelt sich bei der Farbe um eine acrylbasierte, pastöse und wasserverdünnbare Flüssigkeit. Nach Austrocknung ist sie nach Herstellerangaben hochwasserbeständig, UV-beständig und abriebfest (siehe Produktdatenblatt im Anhang A, ab Bild 14-10).

Die Erstellung der Feuchtedetektorgitter wird in Bild 6-2 schrittweise dokumentiert.

Schritt 1:
Einfärben des Gewebes mit UV-, abrieb- und hitzebeständiger Farbe

Schritt 2:
Beschichten der Oberseite des Gewebestreifens mit hydrochromatischer Farbe

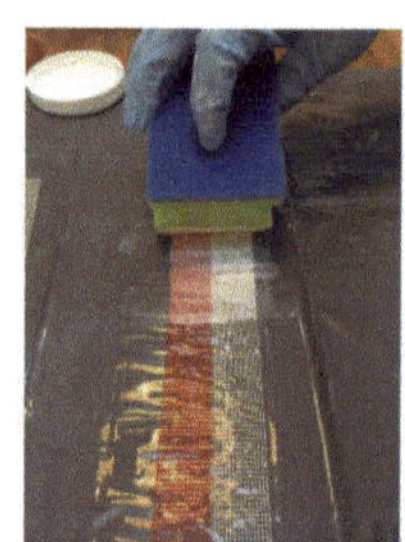

Schritt 3:
Mehrfaches Wenden, Einlegen und Abnehmen überschüssiger Farbe

Schritt 4:
Trocknen des beschichteten Gewebes

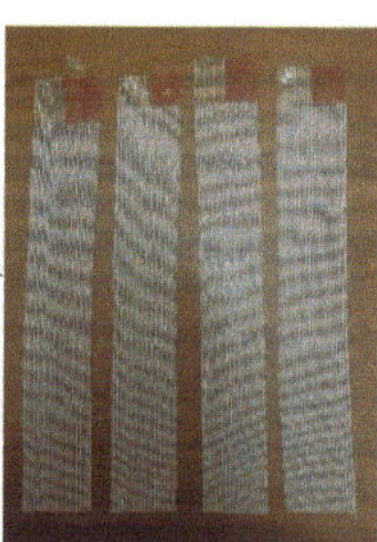

Bild 6-2: Dokumentation der Erstellung der Feuchtedetektorgitter

Aus den Gewebestreifen können beliebig große Feuchtedetektorgitter erstellt werden. Im vorliegenden Fall wurden ca. 6 x 6 cm große Felder verwendet.

Die Applikation erfolgt über direktes Einarbeiten in eine frisch hergestellte, noch feuchte Oberfläche (siehe Bild 6-3).

Variante 1:

Eindrücken des Feuchtedetektorgitters in eine frische Putzoberfläche

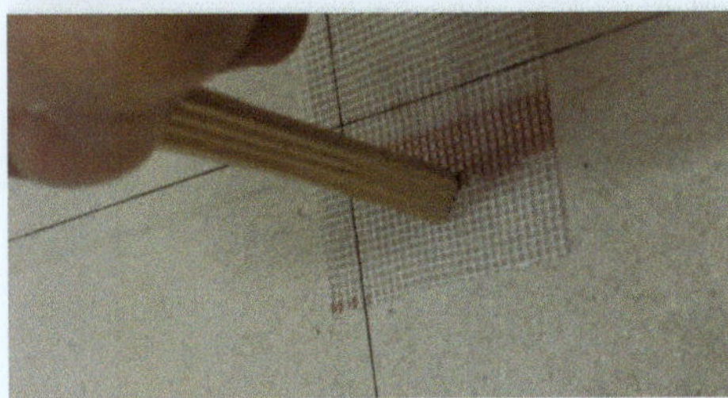

Teilweise eingedrücktes Feuchtedetektorgitter verfärbt sich bei Kontakt mit flüssigem Wasser

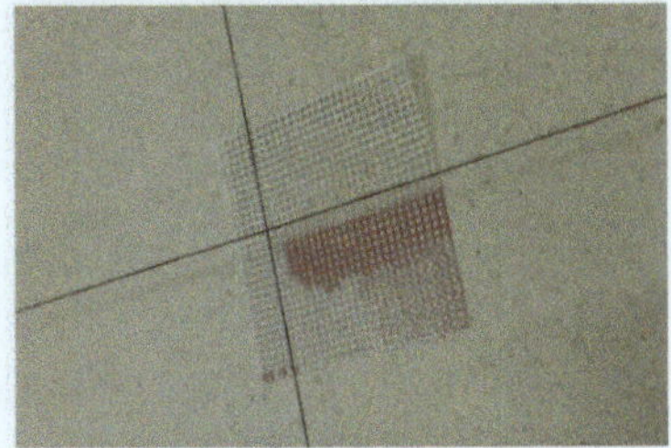

Bild 6-3: *Einarbeitung der Feuchtedetektorgitter in noch nicht ausgehärtete, feuchte Putzoberfläche. Anmerkung: Der Messfeldbereich des Detektorgitters verfärbt sich unmittelbar bei Kontakt mit der feuchten, noch frischen Putzoberfläche*

Eine zweite Variante der Aufbringung ist die Applikation des Gitters mit Hilfe von geeignetem Klebstoff. Diese Variante kommt bei allen übrigen, bereits trockenen Oberflächen zum Einsatz.

Das Feuchtedetektorgitter wird einseitig an den Knotenpunkten der Maschen mit der geringstmöglichen Menge Kleber benetzt und anschließend auf die zu untersuchende Oberfläche gedrückt. Das Vorgehen bei dieser Variante wird in Bild 6-4 dokumentiert.

Variante 2:

1. Auflegen des Detektorgitters auf eine vorher mit Klebstoff beschichtete Lackrolle.

2. Leichtes Einklopfen in den Kleber mit einem Messer. Dadurch wird vermieden, dass Kleber auf die Gitteroberseite gelangt.

3. Abnehmen des einseitig an den Knotenpunkten mit Kleber benetzten Gitters.

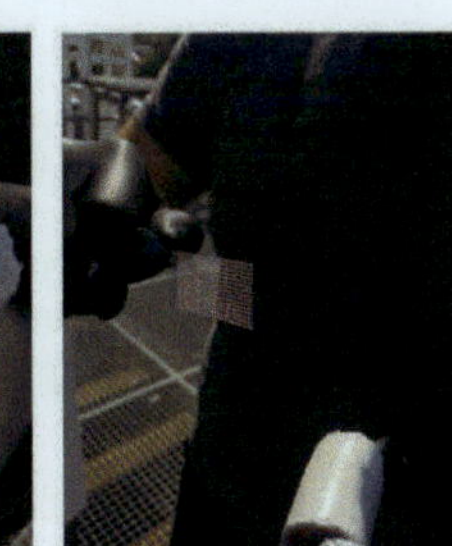

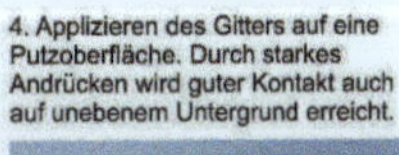

4. Applizieren des Gitters auf eine Putzoberfläche. Durch starkes Andrücken wird guter Kontakt auch auf unebenem Untergrund erreicht.

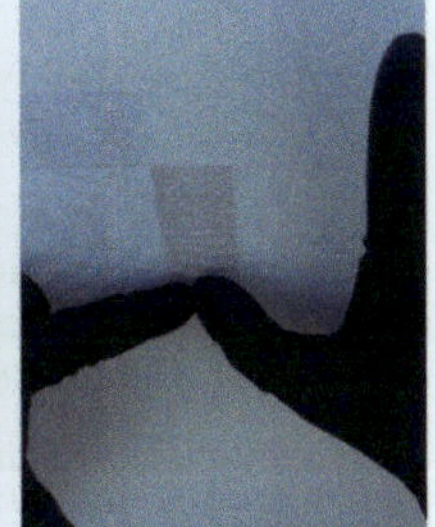

Bild 6-4: *Aufbringen der Feuchtedetektorgitter auf eine Putzoberfläche mit Klebstoff*

Die Auswirkung der beiden Applikationsvarianten auf die Anzeigegenauigkeit der Feuchtedetektorgitter wird in Abs. 6.4.3 untersucht.

6.4.2 Auswertungsprinzip

Zur Datenaufnahme werden in regelmäßigen Zeitabständen fotografische Bilder einer Oberfläche angefertigt. Jedes Bild wird über eine Farbanalyse ausgewertet. Über die zeitliche Darstellung der so gewonnenen Messdaten können entsprechende Nass- und Trockenzeiten einer Oberfläche bestimmt werden.

Für die Farbanalyse wird der sogenannte HSV-Farbraum verwendet. Jede Farbe wird hier in drei Anteile zerlegt. Den Farbwert (H = Hue), die Sättigung (S = Saturation) und die Helligkeit (V = Value). Das nachfolgende Bild 6-5 stellt die Aufteilung einer Farbe im HSV Farbraum dar. In diesem Farbraum entspricht eine Sättigung von S=0 immer der „Farbe" Weiß. Ein im trockenen Zustand weiß erscheinender Feuchtedetektor kann bei feuchteinduzierter Veränderung seiner Farbe (hier rot) daher über die Zunahme der Sättigung des Farbwerts beschrieben werden. Die Größe H (rot=0) und V bleiben konstant, es ändert sich nur die Zielgröße: die Sättigung (Intensität der Farbe).

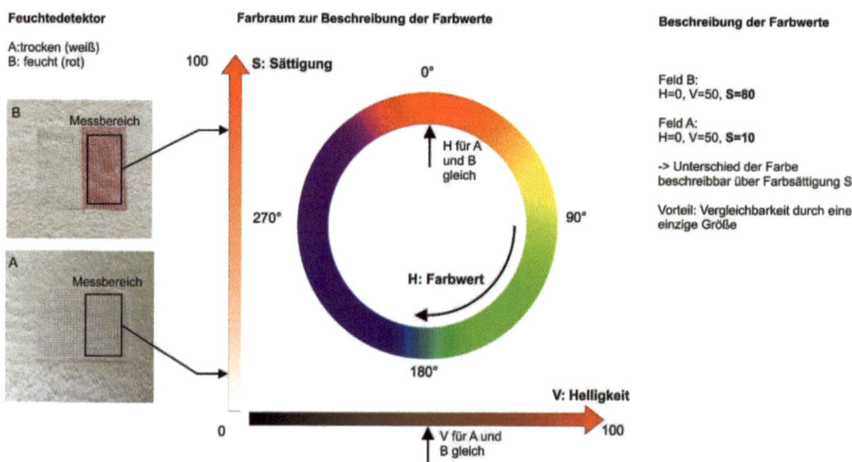

Bild 6-5: Aufteilung einer Farbe im HSV-Farbraum in Farbwert (H), Sättigung (S) und Helligkeit (V)

Das im Bild 6-5 beschriebene Prinzip gilt nur für gleichbleibende Lichtverhältnisse im Messzeitraum und wird z.B. auch für Labormessungen als geeignet beschrieben. Für diese Anwendung bräuchte somit auch kein Vergleichsgitter vorhanden sein, die Auswertefläche allein wäre ausreichend.

Verändert sich allerdings im Außenbereich die Beschattungssituation, wird sich die Farbsättigung S nicht mehr nur allein aufgrund der Änderung der Farbe des Detektors ändern. Daher ist der Bezug auf eine sich mit im Bild befindliche Fläche nötig, die zwar ihre Farbe unter Feuchteeinfluss nicht ändert, jedoch gleichen Veränderungen der Lichtverhältnisse unterworfen ist.

Zur technischen Umsetzung wird die Farbanalyse des Messbereichs über einen Vergleich mit einem im Bild und gleichzeitig aufgenommenen Kontrollbereich durchgeführt. Dabei wir die Farbe des Messbereichs über die Differenzwerte ΔS, ΔH, ΔV zum Kontrollbereich ausgedrückt. Die Größe ΔS wird nachstehend als Farbsättigungsdifferenz bezeichnet.

Es gilt für die Messung:

$$\Delta H_{MK} = H_{Messbereich} - H_{Kontrollbereich} = 0 \quad \text{da gleicher Farbwert (hier rot=0°)} \qquad (17)$$

$$\Delta V_{MK} = V_{Messbereich} - V_{Kontrollbereich} = 0 \quad \text{da gleiche Helligkeit}$$

$$\Delta S_{MK} = S_{Messbereich} - S_{Kontrollbereich}$$

mit:

H_i Farbwert eines ausgewählten Bereichs i in [°]

V_i Helligkeitswert eines ausgewählten Bereichs i in [-]

S_i Farbsättigungswert eines ausgewählten Bereichs i in [-]

ΔH_{MK} Farbwertdifferenz zwischen Mess- und Kontrollbereich in [°]

ΔV_{MK} Helligkeitsdifferenz zwischen Mess- und Kontrollbereich in [-]

ΔS_{MK} Farbsättigungsdifferenz zwischen Mess- und Kontrollbereich in [-]

Die Differenzwerte für Farbwerte ΔH und Helligkeit ΔV ergeben sich näherungsweise zu Null. Die Farbsättigungsdifferenz ΔS nimmt mit zunehmender Verfärbung des Messbereichs zu und dient als Indikator.

Überschreitet die Farbsättigungsdifferenz ΔS einen Schwellwert, bei dem das Messfeld noch als trocken gilt, kann von einer Verfärbung des Messfelds und damit einer nassen Oberfläche ausgegangen werden.

Messfeld feucht wenn gilt:

$$\Delta S_{MK} > \Delta S_{Schwelle}$$

$\Delta S_{Schwelle}$ Schwellwert für Farbsättigungsdifferenz oberhalb dessen ein Messbereich als nass gilt in [-]

Der Vorteil dieser vergleichenden Betrachtung eines Mess- mit einem Kontrollbereich ist die Reduzierbarkeit auf eine einzelne Messgröße ΔS, da die Ergebnisse für ΔH_{MK} und ΔV_{MK} sich für jeden Zeitpunkt näherungsweise zu Null ergeben.

Das Auswertungsprinzip wird in Bild 6-6 an einem Beispiel für zwei Zeitpunkte A und B dargestellt. Die untersuchte Oberfläche ist zum Zeitpunkt A trocken und zum Zeitpunkt B nass. Der Messbereich des Feuchtedetektorgitters ist zum Zeitpunkt A weiß, zum Zeitpunkt B durch Feuchtigkeit rot verfärbt.

Zustand

Zeitpunkt A: Trockene Oberfläche
Messbereich nicht verfärbt

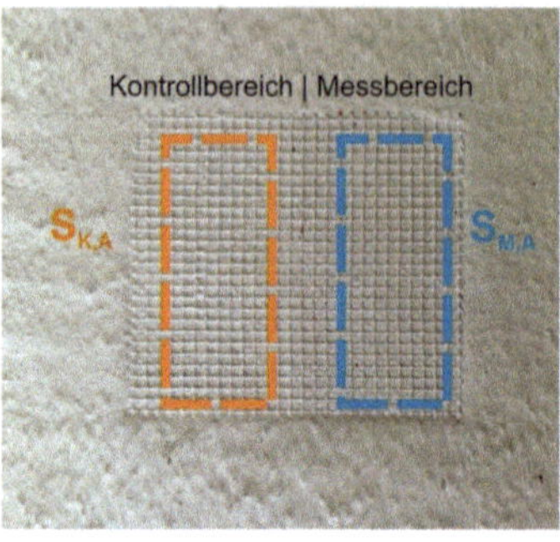

Zeitpunkt B: Nasse Oberfläche
Messbereich rot verfärbt

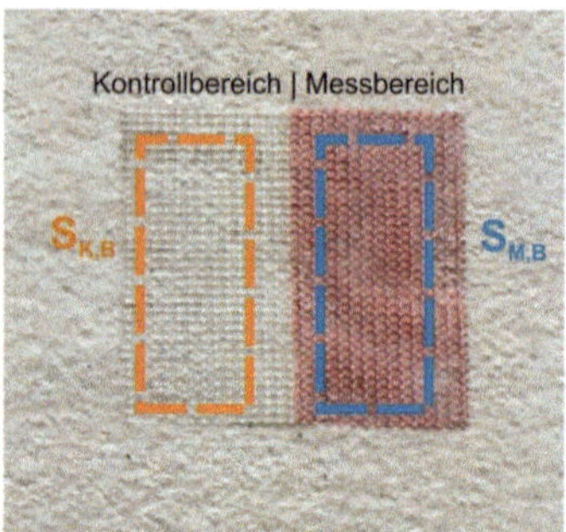

Vorgehen

1. Messung des Farbsättigungswerts des Messbereichs S_M und des Kontrollbereichs S_K
2. Ermittlung der Farbsättigungsdifferenz ΔS_{MK} zwischen Kontroll- und Messbereich zu für beide Zeitpunkte A und B

$$\Delta S_{MK,A} = S_{M,A} - S_{K,A}$$
$$\Delta S_{MK,B} = S_{M,B} - S_{K,B}$$

3. Vergleich der Farbsättigungsdifferenzen zu den Zeitpunkten A und B mit einem definierten Schwellwert $\Delta S_{Schwelle}$. Es gilt:

$$\Delta S_{MK} - \Delta S_{Schwelle} \begin{cases} < 0 & \text{Oberfläche trocken} \\ \geq 0 & \text{Oberfläche feucht} \end{cases}$$

Grafische Auswertung

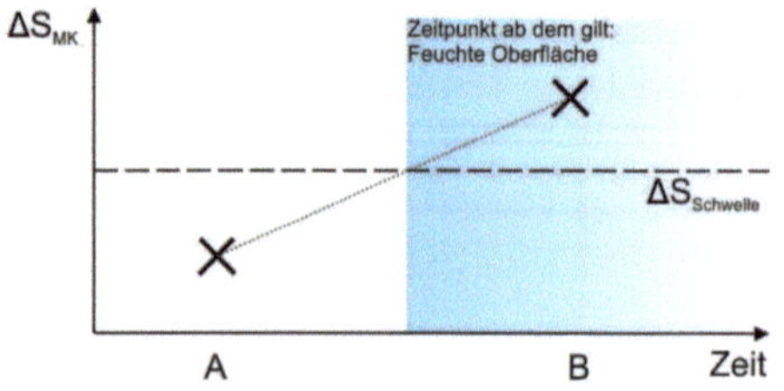

Ermittlung der Zwischenwerte über lineares Verbinden der Stützstellen

Bild 6-6: Prinzipielles Vorgehen bei der Auswertung der Bilddaten einer Oberfläche

Für Auswertung und Festlegung eines Schwellwerts $\Delta S_{Schwelle}$ wird Farbsättigungsdifferenz ΔS_{MK} als bezogener Wert angegeben. Bezugswert ist dabei die Farbsättigungsdifferenz im trockenen Zustand.

Es gilt:

$$\Delta S_{MK} = \frac{\Delta S_{MK,aktuell}}{\Delta S_{MK,trocken}} \tag{18}$$

mit:

$\Delta S_{MK,aktuell}$ aktuell gemessene Farbsättigungsdifferenz [-]

$\Delta S_{MK,trocken}$ gemessene Farbsättigungsdifferenz im trockenen, unverfärbten Zustand [-]

Der Schwellwert der Farbsättigungsdifferenz ergibt sich damit zu $\Delta S_{Schwelle} = 1$.

6.4.3 Softwaretechnische Umsetzung zur automatisierten Bildanalyse

Um die in Abschnitt 6.4.2 exemplarisch beschriebene Auswertung über längere Messzeiträume an Bilddatenreihen und vielen Auswertezonen automatisiert durchzuführen, wurde in Zusammenarbeit mit dem Institut für Risiko und Zuverlässigkeit (IRZ) der Leibniz Universität Hannover eine Analysesoftware entwickelt (Screenshot Programm siehe Bild 6-7).

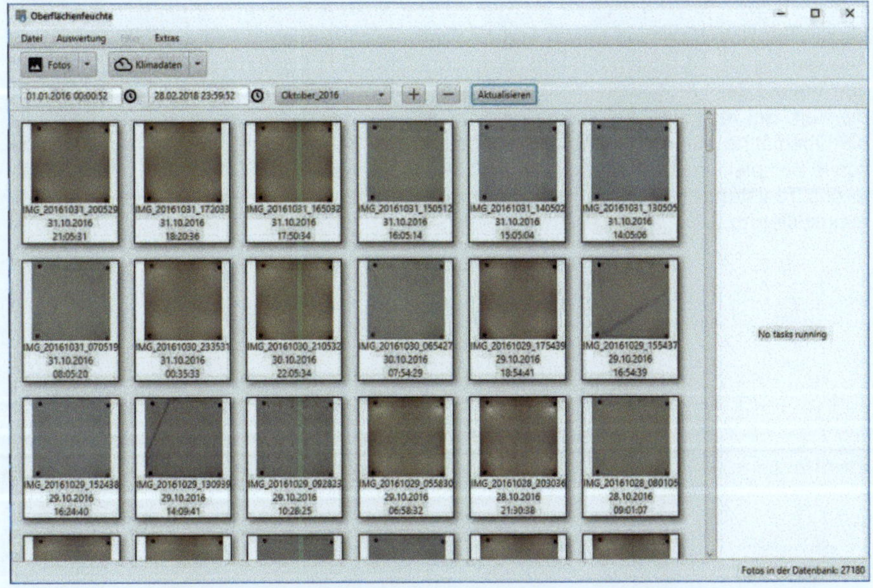

Bild 6-7: Screenshot der Analysesoftware „Oberflächenfeuchte". Benutzeroberfläche mit eingelesener Bilddatenreihe

Mit Hilfe dieser neuen Software wird die Dauer der Feuchteereignisse auf einer Oberfläche in einem Messzeitraum bestimmbar.

Die praktische Auswertung einer komplexen Bildreihe erfolgt in zwei Schritten. Im ersten Schritt werden die durch die Klarbildkamera zu jedem Zeitschritt aufgenommenen

Bilder eingelesen (vgl. Bild 6-7), an entsprechenden Markern ausgerichtet, entzerrt und beschnitten. Eine Entzerrung der Bilder ist notwendig, damit die Auswertungsbildpunkte unterschiedlicher Bilder möglichst gleiche Koordinaten besitzen und miteinander vergleichbar werden. Die Entzerrung und automatische Ausrichtung der Bilder wird durch die auf den Auswerteflächen aufgebrachten Kreisindikatoren sichergestellt.

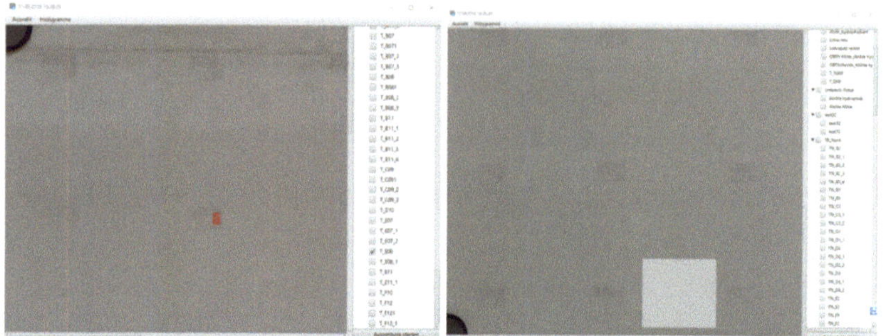

Bild 6-8: Screenshot der Analysesoftware „Oberflächenfeuchte". Auswahl des Messbereichs (Rot) und Kontrollbereichs (Grau) am ausgerichteten und entzerrten Klarbild

Im zweiten Schritt werden Mess- und Kontrollbereich festgelegt (siehe Bild 6-8) und die Auswertung für die gesamte Bildreihe durchgeführt. Das Ergebnis der Auswertung zeigt den Verlauf der Farbsättigungsdifferenz zwischen Mess- und Kontrollbereich ΔS_{MK} über die Zeit. Bei festgelegtem Schwellwert für $\Delta S_{Schwelle}$ wird die Zeitdauer berechnet, die die Oberfläche aufgrund einer Überschreitung des Schwellwerts feucht war. Als praktisches Beispiel einer Auswertung für ein Regenereignis am 17.09.2016 auf die Kopfplatte des Teststandes ist in Bild 6-9 ein Screenshot der Softwareausgabe zum Farbsättigungsdifferenz ΔS_{MK} am Auswertebereich gezeigt.

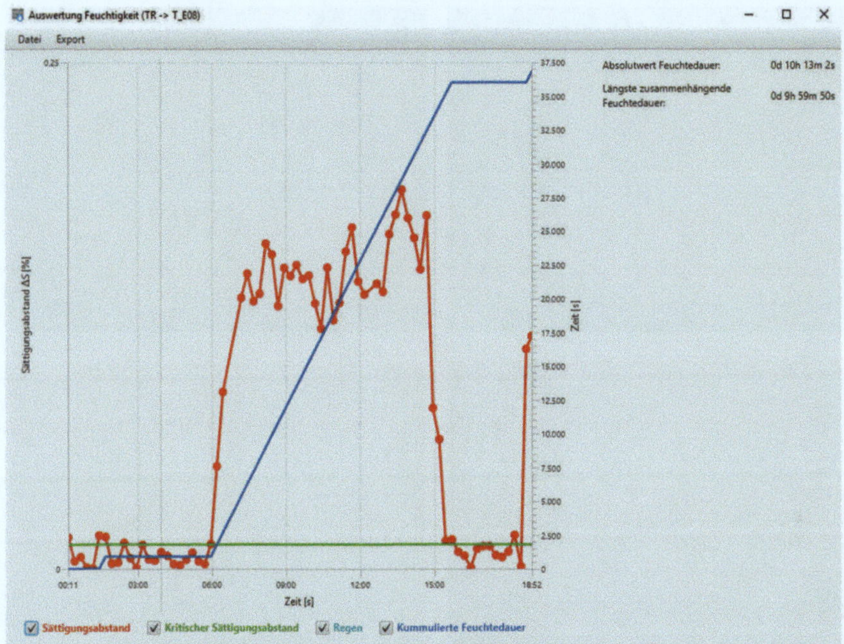

Bild 6-9: Screenshot der Analysesoftware „Oberflächenfeuchte". Anzeige der Sättigungsdifferenz ΔS_{MK} für die Auswertefläche

In der Bildreihe in Bild 6-10 sind zur Anschauung exemplarische Klarbilder mit dem Aufnahmedatum gezeigt. Der visuelle Farbumschlag der Messgitter mit einsetzendem Regen ab etwa 06:00 Uhr ist deutlich zu erkennen, die Software zeigt ebenfalls einen klaren Zuwachs des Farbsättigungsdifferenz ΔS_{MK}. Solange an den Gitteroberflächen noch flüssiges Wasser vorhanden ist, bleibt die Transparenz der hydrochromatischen Farbe vorhanden und die Messgitter werden als rot wahrgenommen. Erst bei Abtrocknung der Gitter erfolgt ein Farbumschlag zu weiß, im Klarbild und in der Software wird dieses Ereignis treffend angezeigt (im Bild 6-9 und Bild 6-10 etwa ab 15:30 Uhr).

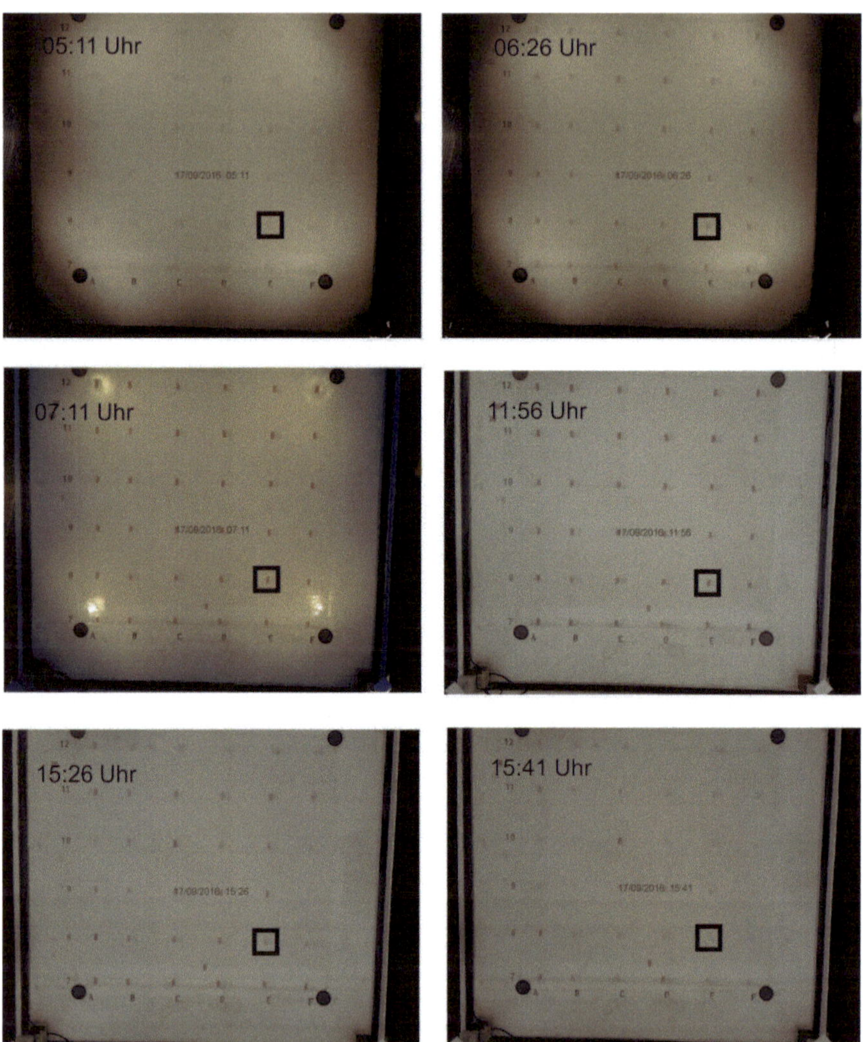

Bild 6-10: *Darstellung von exemplarisch ausgewählten Klarbildern mit aufgedruckten Aufnahmedatum. Die Zeitpunkte der Aufnahme sind mit den Ergebnissen der Analysesoftware „Oberflächenfeuchte" für die Auswertefläche in Bild 6-9 zu vergleichen. Der Auswertebereich E8 ist mit einem Rechteck markiert.*

6.5 Laborversuche zur Prüfung der Einsatzmöglichkeiten des Messsystems

6.5.1 Untersuchungen zur Dauerhaftigkeit

Das Messsystem wurde für den langfristigen Einsatz im Außenbereich entwickelt. Das Feuchtedetektorgitter muss daher bei möglichst gleichbleibender Sensibilität für Feuchtigkeit ausreichend widerstandsfähig gegen äußere klimatische Einflüsse (UV, Schlageregen, stark schwankende Temperaturen) sein. Außerdem darf es sich nicht vom Untergrund lösen. Vor der eigentlichen Applikation auf dem Versuchsstand (siehe Abschnitt 5.2.4.1) war es daher notwendig, Dauerhaftigkeitsuntersuchungen durchzuführen.

Zur Untersuchung vor allem der mechanischen Beanspruchbarkeit und Lagesicherheit wurde eine Testfläche mit installiertem Feuchtedetektorgitter im Klimaversuchsstand des Instituts für Bauphysik künstlich bewittert.

Die Untersuchung erfolgte nach der *EOTA-Leitlinie ETAG 004 [34]*. Die von der EOTA (European Organisation for technical approvals) für WDVS erstellten Randbedingen wurden bei positiven Testausgang als ausreichend zur Dauerhaftigkeit der Gitter definiert. Das Prüfprogramm der *ETAG 004* besteht aus blockweise aufeinanderfolgenden Zyklen mit rasch wechselnder klimatischer Beanspruchung.

Tabelle 6-2: *Prüfprogramm der klimatischen Beanspruchung gemäß ETAG 004*

Zyklus	Zyklusablauf	Dauer
Wärme-Regen-Zyklen 80 Zyklen = 480 Std. = 20 Tage	1. Erwärmung auf 70 °C 2. Temperierung bei 70 °C und 10-15 % rel. Luftfeuchte 3. Wasserbesprühung (1l/(m²min)) 4. Abtropfphase	1. 1 Std. 2. 2 Std. 3. 1 Std. 4. 2 Std.
Ruhephase		2 Tage
Wärme-Kälte-Zyklen 5 Zyklen = 120 Std. = 5 Tage	1. Erwärmung auf 50 °C 2. Temperierung bei 50 °C und max. 10 % rel. Luftfeuchte 3. Abkühlung auf -20 °C 4. Temperierung bei -20 °C	1. 1 Std. 2. 7 Std. 3. 2 Std. 4. 14 Std.
Gesamtzeit		27 Tage

In Bild 6-11 ist der Aufbau des klimatischen Belastungstests in der Klimaprüfkammer sowie die Zustände während der Prüfung dargestellt.

Versuchsaufbau: Testfläche in Klimakammer

Testfläche mit verfärbtem Feuchtedetektorgitter (siehe Pfeile)

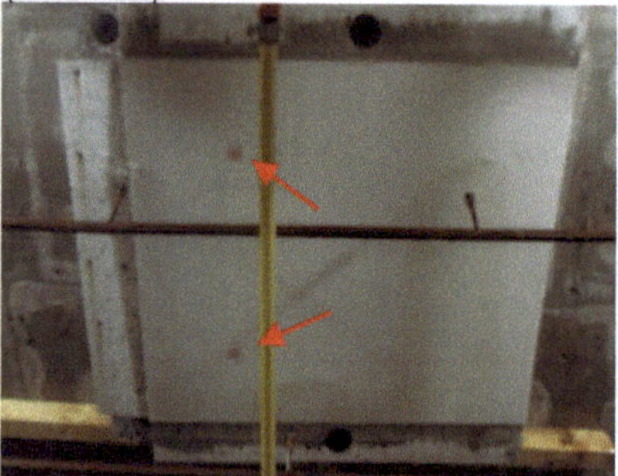

Feuchtedetektorgitter auf feuchter Oberfläche

Feuchtedetektorgitter während Frostphase

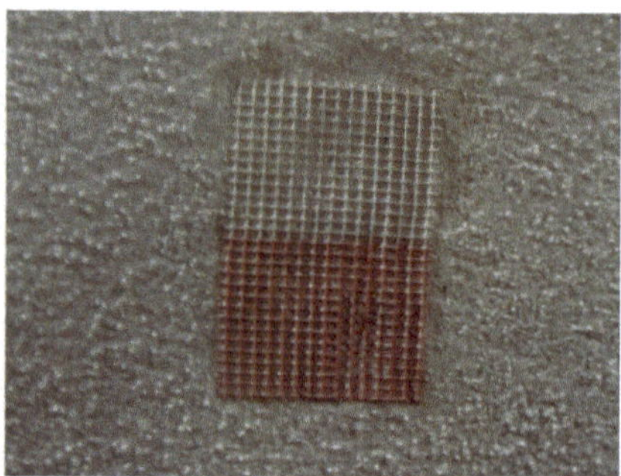

Bild 6-11: Versuchsaufbau zur Untersuchung der klimatischen Beanspruchbarkeit

Als Ergebnis nach 27 Tage Bewitterung wurde festgestellt: Die Feuchtedetektorgitter waren während der gesamten Prüfdauer lagestabil, es gab keine Ab- oder Auflösungen. Die Farbbeschichtung mit hydrochromatischer Farbe war auch nach der Prüfung rissfrei und unbeschädigt. Die Eigenschaften der reversiblen Verfärbung waren auch nach der Bewitterung uneingeschränkt gegeben.

Die Applikation durch Aufkleben wurde direkt auf dem Teststand durchgeführt. Auch hier ergab sich über die Versuchsdauer eine ausreichende Dauerstandsfestigkeit am Objekt.

6.6 Modellversuche zur Untersuchung des Messsystems zur Oberflächenfeuchtedetektion unter Laborbedingungen

6.6.1 Vorgehen

Bei natürlich bewitterten Oberflächen überlagern sich Einflüsse aus Konvektion, solarer Einstrahlung und langwelligem Strahlungsaustausch mit der Umgebung im zeitlichen Verlauf. Zur Validierung des neu entwickelten Messsystems zur Oberflächenfeuchtedetektion wurden daher verschiedene Modellversuche zunächst unter definierten Laborbedingungen durchgeführt.

Dabei wurden verschiedene mit dem Feuchtedetektorgitter versehene Oberflächen bis zur Unterschreitung der Taupunkttemperatur abgekühlt.

Mit Hilfe der Versuche werden folgende Fragen beantwortet:

1. Anzeigegenauigkeit: Wie groß ist der zeitliche Versatz des Messsystems bei Befeuchtung und Abtrocknung einer Oberfläche?
2. Funktioniert die Feuchtedetektion auf unterschiedlich saugfähigen Untergründen?
3. Art der Applikation: Wirken sich die unterschiedlichen Applikationsarten der Detektorgitter auf die Anzeigegenauigkeit aus?
4. Wieviel Wasser kann an einer Oberfläche haften, bevor es beginnt Tropfen zu bilden und abzulaufen?

Tabelle 6-3: Auflistung durchgeführter Modellversuche unter Laborbedingungen

Modellversuch	Kurzbeschreibung	Zweck und Ziel der Versuche
		Datengrundlage zur Validierung des Rechenmodells
A: Glasscheibe Beantwortung Fragen 1 und 4	Unterkühlung einer Glasscheibe bis zur vollständigen Betauung mit anschließender Abtrocknung Aufsaugen und Wägen des angefallenen Tauwassers während des Versuchs	1. Untersuchung der Anzeigegenauigkeit des Feuchtedetektors 2. Bestimmung des maximal möglichen Haftwassergehalts einer glatten Oberfläche
B: Putzplatte mit hydrophobem Putz Beantwortung Fragen 2 und 4	Unterkühlung einer Putzoberfläche bis zur vollständigen Betauung mit anschließender Abtrocknung Aufsaugen und Wägen des angefallenen Tauwassers während des Versuchs	1. Untersuchung der Feuchtedetektion auf einer rauen Putzoberfläche 2. Bestimmung des maximal möglichen Haftwassergehalts einer strukturierten Putzoberfläche
C: Unterschiedlich saugfähige Putzproben Unterschiedliche Applikationsverfahren (geklebt und im Putz eingedrückt) Beantwortung Fragen 2 und 3	Unterkühlung der Putzoberflächen bis zur vollständigen Betauung mit anschließender Abtrocknung	Beobachtung des Feuchtedetektorverhaltens auf unterschiedlich saugfähigen Untergründen und bei unterschiedlicher Applikation

Alle Modellversuche wurden mit den gewonnen Daten benutzt, um eine Validierung des verwendeten hygrothermischen Rechenmodells durchzuführen (vgl. Abschnitt 8.3) Die versuchstechnische Bestimmung einer von der Oberfläche aufnehmbaren Haftwassermenge wird ebenfalls für das entwickelte Rechenmodell benötigt und dient als Materialparameter für den Maximalwassergehalt, bevor Wasser beginnt abzulaufen (siehe Abs. 8.2)

Versuchsaufbau

In Bild 6-12 ist der prinzipielle Aufbau für alle Modellversuche dargestellt.

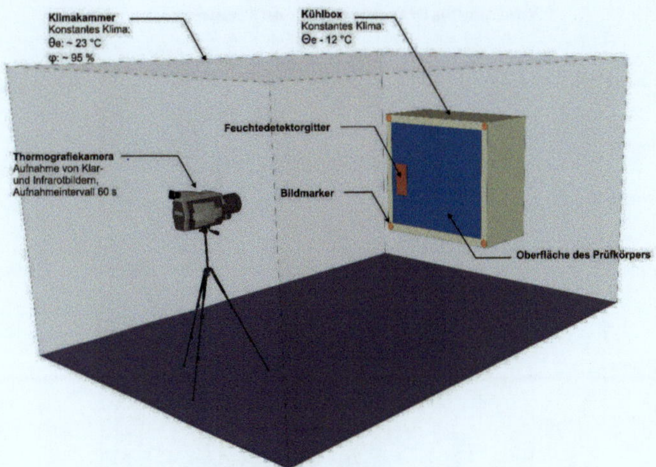

Bild 6-12: Versuchsaufbau für instationäre Modellversuche im Labor, Prinzipskizze

Die Versuche wurden in einer gekapselten Klimakammer mit möglichst gut erfassten Randbedingungen unter Ausschluss von Solarstrahlungseinflüssen und weitgehend konstanter Luftgeschwindigkeit durchgeführt. In dieser Klimakammer wird über die Versuchslaufzeit ein konstantes Klima (ca. θ=23 °C, ca. φ=95 % relative Luftfeuchte) durch eine Heizungs-/Kühlungsanlage und einer aktiven Befeuchtung gehalten.

In der Klimakammer wurde eine thermoelektrische betriebene Kühlbox (MobiCool G26 DC) aufgestellt, deren Innenraumlufttemperatur im Betrieb ca. 15 K unterhalb der Umgebungslufttemperatur der Klimakammer liegt.

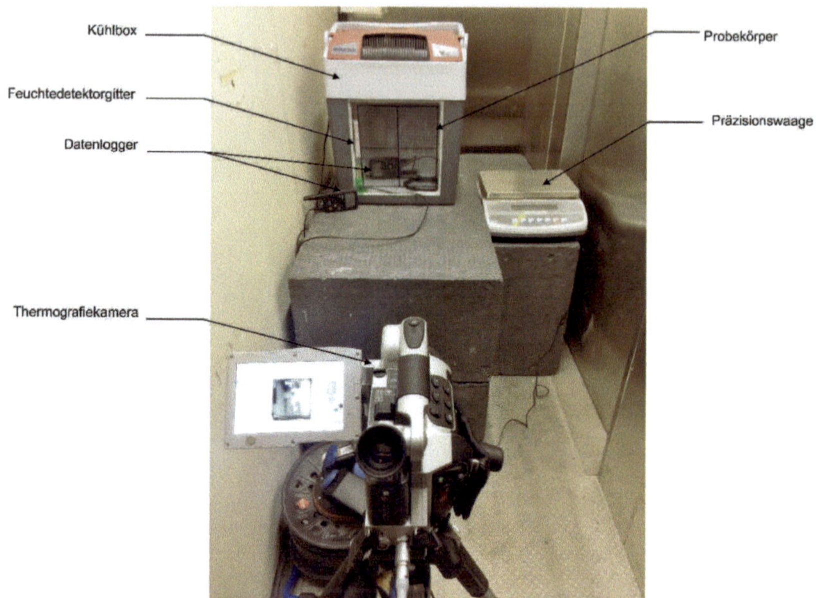

Bild 6-13: Überblick über den Versuchsaufbau –vorn: Thermografiekamera zur kontinuierlichen Aufnahme von Klar- und Infrarotbildern, Hintergrund: Kühlbox mit eingesetztem Probekörper (hier: Glasscheibe), Datenloggern zur Aufnahme der Klimarandbedingungen und Waage zur Bestimmung der Feuchtigkeitsmenge

In die Kühlboxwand wurde für die Versuche eine Öffnung geschnitten, in diese dann die jeweilige zu untersuchende Probe eingesetzt wurde.

Ablauf des Versuchs

Die Kühlbox wurde zu Beginn des Versuchs eingeschaltet und die Rückseite der eingesetzten Probe derart gekühlt, dass deren Vorderseite die Taupunkttemperatur sicher unterschreitet. Dadurch wird je nach Material Tauwasseranfall auf der Oberfläche ermöglicht.

Nach vollständiger Betauung der Oberfläche und eingeschwungenem Temperaturverhalten wird die Kühlbox ausgeschaltet und eine Erwärmung der Probe und damit auch eine Abtrocknung der Probenoberfläche ermöglicht.

Die Dauer des Versuchs richtete sich nach den Betauungs- und Abtrocknungszeiten der untersuchten Probenoberflächen.

Eingesetzte Messtechnik

Der Zustand der Testoberfläche wurde durch kontinuierlich angefertigte Klarbilder (Aufnahmeintervall 60 Sekunden) dokumentiert. Diese Bilder wurden anschließend mit der entwickelten Analysesoftware zur Oberflächenfeuchtedetektion ausgewertet (vgl. Abs. 6.4.3). Außerdem wurden Thermogramme (gleiches Aufnahmeintervall) angefertigt, mit

Hilfe derer die räumliche Temperaturverteilung der Probenoberfläche bedarfsweise nachvollzogen werden konnte. Hierfür wurde das Thermografiekamerasystem Variocam HD in Verbindung mit der Auswertesoftware *IRBIS3 plus [49]* der Firma Infratec verwendet.

Die Klimarandbedingungen des Versuchs wurden mit Datenloggern (Firma Testo, 177-H1) aufgezeichnet. Im Einzelnen wurden die Lufttemperatur und relative Feuchte in der Kühlbox und in der Klimakammer sowie die Oberflächentemperatur der Probeninnen und –außenseite mit Anlegefühlern erfasst.

Die von der Klimakammer ausgehende Klimatisierung über Umluftverfahren erzeugte eine Zwangsanströmung der Probekörperoberfläche. Zur Bestimmung des konvektiven Wärmeübergangskoeffizienten für die späteren Vergleichsrechnungen wurden die anliegenden Strömungsgeschwindigkeiten mit einem Anemometer (Typbezeichnung: Airflow TA7) gemessen.

Zur Wägung des auf der Oberfläche anfallenden Tauwassers bei den Versuchen A und B wurde eine Präzisionswaage (Genauigkeit ±0,05 g) der Firma Kern verwendet.

6.6.2 Modellversuch A – Betauungsversuch mit einer Glasscheibe

Für die Überprüfung der Anzeigegenauigkeit des Feuchtedetektorgitters muss der Zeitpunkt des Betauungsbeginns und der vollständigen Abtrocknung der Oberfläche bekannt sein. Um keine Verzögerungen der Betauung und des Rücktrocknens durch Speicherprozesse der Materialien zuzulassen, wird in diesem Versuch eine Glasscheibe verwendet. Die unterschiedlichen Phasen, Beginn der Betauung, maximal aufnehmbarer Wassergehalt und Abtrocknen der Oberfläche werden durch Beschlagen, Herunterlaufen der Wassertropfen und wieder glatte, durchsichtige Glasscheibe gut sichtbar.

Der Haftwassergehalt wird durch vollständiges Abwischen mit saugfähigen Zellstofftüchern bestimmt. Das angefallene Wasser wird zu unterschiedlichen Zeitpunkten eindeutig bestimmt, da die Glasscheibe selbst kein Wasser aufnimmt.

Versuchsaufbau

Die in die Kühlbox eingesetzte Glasscheibe wurde an den Rändern an die Kühlboxwand luftdicht eingedichtet. Zur Bestimmung des Wassergehalts der Oberfläche im Betauungsverlauf, wurde die Glasscheibe in 4 gleichgroße Felder (Fläche jeweils 120 cm^2) eingeteilt und nacheinander zu verschiedenen Zeitpunkten die Feuchtigkeitsgewichte bestimmt. Damit ein Beschlagen der Oberfläche optisch besser erkennbar ist, wurde im Innenraum der Kühlbox eine schraffierte Tafel platziert.

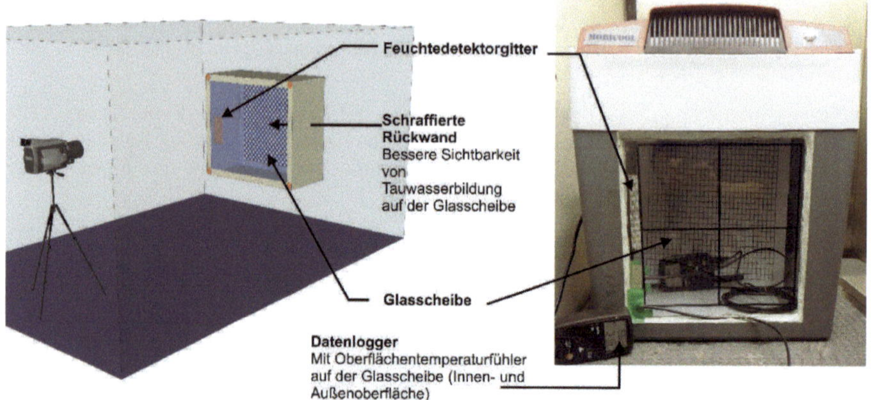

Bild 6-14: Versuchsaufbau für Modellversuch A – Glasscheibenversuch. Prinzipskizze und Klarbild Prüfkörperaufbau – Kühlbox mit eingesetzter Glasscheibe

Versuchsablauf

Die Dauer des Versuchs betrug 8 Stunden. In den ersten 4 Stunden wurde die Glasscheibenoberfläche auf ca. $\theta_{se} = 17$ °C abgekühlt und die Umgebungsluft in der Messkammer bei ca. θ_e=23 °C und φ = 90 % relativer Luftfeuchte eingestellt. Nach vollständiger Betauung der Oberfläche wurde die Rückkühlung ausgeschaltet und auch die Umgebungsluft auf ca. θ_e = 20 °C und φ = 65 % konditioniert. Während des Betauungsvorgangs wurde angefallenes Tauwasser von allen 4 Bereichen der Glasscheibe zu unterschiedlichen Zeitpunkten mit einem saugfähigen Zellstofftuch abgenommen und unmittelbar nach Abnahme mit der Feinwaage gewogen (siehe Bild 6-15).

Abnahme des angefallenen Oberflächenwassers im Viertelbereich der Glasscheibe durch Abwischen mit einen Zellstofftuch

Wiegen des Zellstofftuchs unmittelbar nach Wasserabnahme

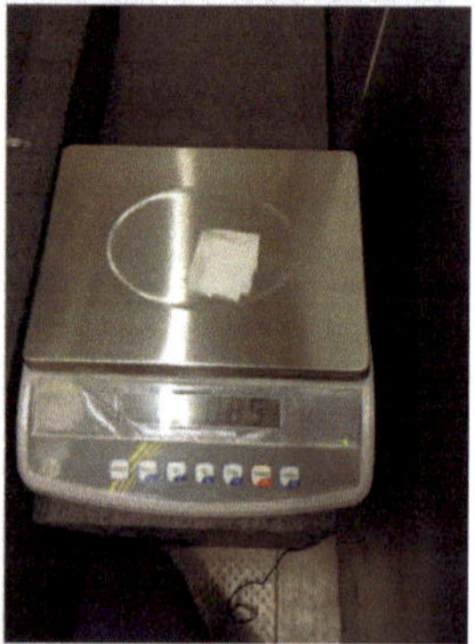

Bild 6-15: Vorgehen zur Bestimmung des angefallenen Oberflächenwassers im Versuchsverlauf. Links: Abwischen und Aufnehmen angefallenen Oberflächenwassers mit saugfähigem Zellstofftuch (vorher Bestimmung des Tuchgewichts). Mitte: Restflächen bleiben betaut und werden zu anderen Zeitpunkten abgewischt. Rechts: Wägen des vollgesaugten Zellstofftuchs.

Für die Farbanalyse des Feuchtedetektors wurden die im 60-Sekunden-Takt aufgenommenen Klarbilder mit der in Abs. 6.4.3 vorgestellten Software ausgewertet. Für die Auswertung wurden die in Bild 6-16 angewählten Bereiche verwendet.

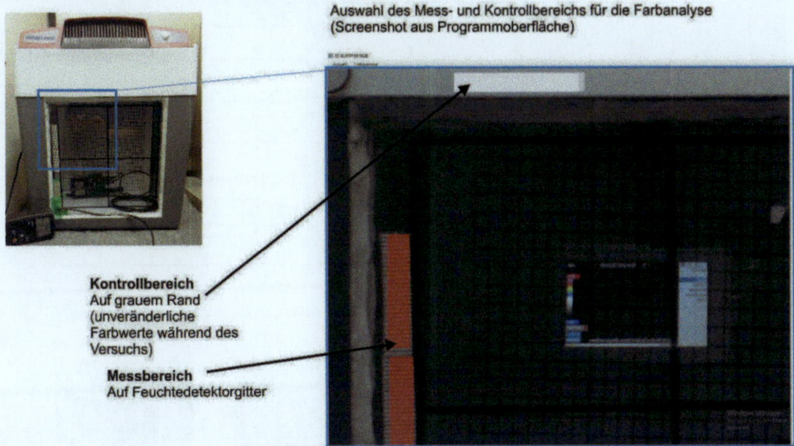

Bild 6-16: Festlegung des Mess- und Kontrollbereichs zur Farbanalyse des Feuchtedetektors (Screenshot der Benutzeroberfläche)

Versuchsergebnisse

Der Versuchsablauf (Ereignisse) sowie die aufgenommenen Klimadaten sind im Bild 6-17 dargestellt. Die Beobachtungen mit Angabe zu Zeitpunkten des Beschlagens und Abtrocknens der Glasscheibenoberfläche sind im mittleren Teil abgebildet. Im unteren Diagramm sind die Daten zur Farbanalyse und abgenommener Oberflächenwassermenge dargestellt. Die Zeiträume, in denen die Taupunkttemperatur unterschritten wurde, sind über alle Diagramme grau hinterlegt dargestellt.

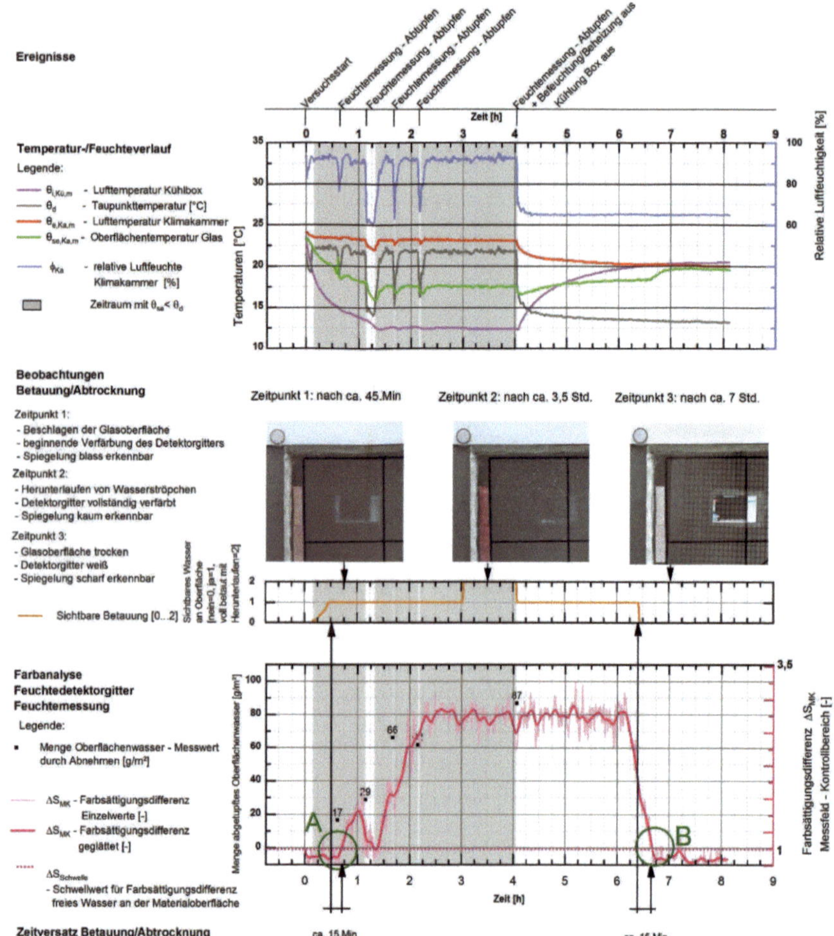

Bild 6-17: Zusammenstellung der messtechnisch festgestellten Verläufe zum Temperaturverlauf (Diagramm oben), Betauungs- bzw. Abtrocknungsverhalten (Diagramm Mitte), Farbanalyse der Feuchtedetektorgitter (Diagramm unten) und ermittelter Zeitversatz der Anzeige des Feuchtedetektors (unten).

Die Taupunkttemperatur θ_d wird innerhalb von 15 Minuten nach Versuchsbeginn unterschritten. Sichtbares Tauwasser war durch ein Beschlagen der Oberfläche etwa 30 Minuten nach Versuchsstart zu erkennen (siehe Fotoausschnitt Zeitpunkt 1). Eine volle Betauung, erkennbar an herunterlaufenden Wassertropfen ist nach etwa 3 Stunden sichtbar (siehe Fotoausschnitt Zeitpunkt 2). Ab Ausschalten der Kühlbox und Reduktion der relativen Luftfeuchte auf ca. $\varphi = 65$ % in der Klimakammer ist auf der Scheibenoberfläche nach etwa 2,5 Stunden kein Wasser mehr erkennbar (siehe Fotoausschnitt Zeitpunkt 3).

Die während des Versuchs abgenommenen Wassermengen ergeben sich zum Zeitpunkt voller Betauung summiert zu m = 87 g/m².

Der zwischenzeitliche Abfall der Luftfeuchtigkeit in der Versuchskammer ist mit dem Türöffnen der Klimakammer zu Zwecken der Wassermengenmessung begründet.

Der Verlauf der Farbsättigungsdifferenz ΔS_{MK} der Feuchtedetektorgitter zeigt eine Überschreitung des Schwellwerts $\Delta S_{Schwelle}$ nach etwa 45 Minuten (siehe Markierung A). Nach etwa 2 Stunden ist die maximale Sättigung des Detektors erreicht. Ab Ausschalten der Kühlbox wird der Schwellwert $\Delta S_{Schwelle}$ der Farbsättigungsdifferenz nach etwa 2 Stunden 45 Minuten wieder unterschritten (siehe Markierung B) und der Feuchtedetektor erscheint wieder weiß (siehe Foto Zeitpunkt 3 in Bild 6-17).

Die zeitliche Verschiebung des Farbumschlags (weiß auf rot) des Feuchtedetektors gegenüber einem sichtbaren Beschlagen der Glasoberfläche beim Betauungsvorgang beträgt etwa 15 Minuten. Der Farbumschlag (rot auf weiß) des Feuchtedetektors gegenüber der sichtbaren vollständigen Abtrocknung der Glasoberfläche beträgt ebenfalls ca. 15 Minuten.

Bei dem Einsatz an den Prüfwänden des Teststands wurden im Intervall von 15 Minuten Bilder aufgenommen (Messaufbau vgl. Abs. 5.2.4.1). Die Anzeigegenauigkeit der Feuchtedetektoren liegt damit im Bereich des Messintervalls. Für die in dieser Arbeit benötigte Messaufgabe, über lange Zeiträume Stunden zu zählen, in denen freies Wasser an der Oberfläche vorhanden ist, ist die Anzeigegenauigkeit des Feuchtedetektors mit einem zeitlichen Versatz von etwa 15 Minuten auf Grundlage der vorgenommenen Untersuchung als absolut ausreichend einzustufen.

6.6.3 Modellversuch B – Betauungsversuch auf rauer Putzoberfläche

Zur Überprüfung der Einsatzfähigkeit des Feuchtedetektors auf einer rauen Oberfläche und zur Datenaufnahme für die Vergleichsrechnung, wurde der Betauungsversuch mit einer Putzoberfläche durchgeführt. Darüber hinaus wurde mit diesem Versuch auch die Wassermenge bestimmt, die maximal an einer vertikalen, üblichen rauen Putzoberfläche haftet, bevor ein Ablaufen der Wassertropfen einsetzt.

Versuchsaufbau

Das Feuchtedetektorgitter ist auf der Mitte der Putzoberfläche platziert. Ein Anlegefühler misst die Oberflächentemperatur des Putzes. Die Putzprobe besteht aus einem organischen Putz mit Lotuseffekt (W_w-Wert = 0,02 kg/(m²$h^{0,5}$), Putzdicke d_{Pu} = 0,5 cm) auf einem innenseitig angeordneten mineralischen Armierungsputz (W_w-Wert = 0,15 kg/(m²$h^{0,5}$), d_{Pu} = 1,5 cm).

Zur Sicherstellung, dass zum Zeitpunkt der Wassermengenbestimmung bereits Wasser an der Putzoberfläche abgelaufen ist, wurde ein horizontaler Strich mit wasserlöslicher Farbe auf der Oberfläche gezogen. Laufen Wassertropfen an der Oberfläche ab, wird dies über Verlaufen der Farbe sichtbar.

Bild 6-18: Versuchsaufbau Modellversuch B. Feuchtedetektorgitter in der Mitte platziert. Horizontale wasserlösliche Markierung zur Anzeige ablaufenden Wassers.

Versuchsablauf

Die Versuchslaufzeit betrug insgesamt ca. 32 Stunden. Nach 26 Stunden wurde die Kühlung der Putzprobe und die Befeuchtung der Klimakammer ausgeschaltet. Die angefallene Wassermenge wurde etwa 22 Stunden nach Versuchsbeginn von der Oberfläche abgenommen. Zu diesem Zeitpunkt war die Oberfläche voll betaut und deutliche Wasserablaufspuren an der verlaufenen Markierung erkennbar (siehe Bild 6-19).

Bild 6-19: Wasserabnahme durch saugfähiges Zellstofftuch zum Zeitpunkt nach vollständiger Betauung der Oberfläche. Wasserablaufspuren deutlich erkennbar an verlaufener Farbmarkierung

Versuchsergebnisse

Die Diagramme zu den gemessenen Temperatur und Feuchteverläufen sind in Bild 6-20 dargestellt. Zwischen 14 und 22 Stunden nach Versuchsbeginn liegen aufgrund eines Kameraausfalls keine Daten zu Klarbildern vor. Die Kurve zum Oberflächentemperaturverlauf und Verlauf der Farbsättigungsdifferenz weist daher eine Lücke auf.

Die Oberflächentemperatur unterschreitet die Taupunkttemperatur des anliegenden Luftvolumens innerhalb von 30 Minuten nach Versuchsbeginn. Die Farbsättigungsdifferenz überschreitet den Schwellwert ca. 30 Minuten nach Versuchsbeginn.

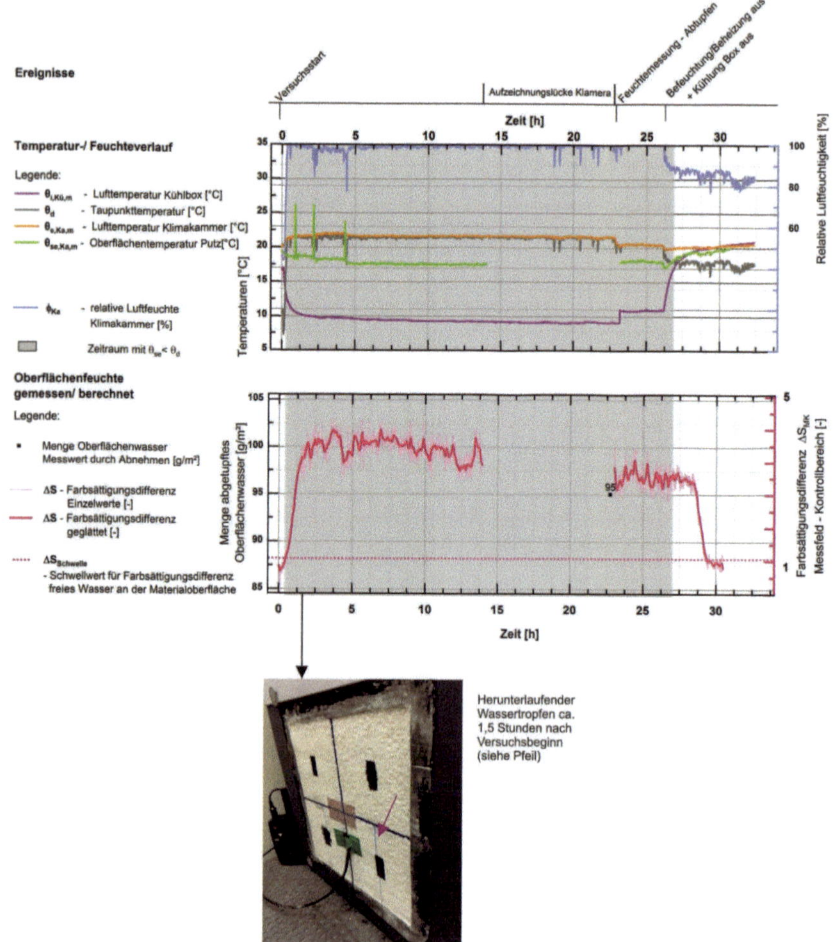

Bild 6-20: Zusammenstellung der messtechnisch festgestellten Verläufe zum Temperaturverlauf (Diagramm oben), Farbanalyse der Feuchtedetektorgitter (Diagramm unten)

Die Oberfläche war etwa 1,5 Stunden nach Versuchsbeginn voll betaut. Sichtbar wird dies an der verlaufenen Farbmarkierung (siehe Foto unter den Diagrammen).

Die abgenommene Wassermenge bei voller Betauung wurde zu m=95 g/m² bestimmt.

Der Versuch wurde zweimal wiederholt. Die Menge abgetupften Wassers bei voller Betauung ergab sich jeweils zu m = 86 g/m² und m = 102 g/m².

Auf Grundlage der Feststellungen zur abgetupften Wassermenge wird für das Berechnungsmodell eine maximal auf der Oberfläche anfallende Wassermenge von m = 100 g/m² angenommen (siehe Abschnitt 8.3.2).

6.6.4 Modellversuch C – Betauungsversuch an unterschiedlich saugfähigen Putzoberflächen

Versuchsaufbau

Für die Datenaufnahme zur späteren Vergleichsrechnung wurden die Feuchtedetektorgitter auf drei unterschiedliche Putzoberflächen appliziert. Untersucht wurden der am Teststand verwendete hydrophobierte mineralische Putz, ein Putz mit Lotuseffekt und der mineralische Putz ohne Hydrophobierung. Der Versuchsaufbau und die materialspezifischen Ww-Werte sind in Bild 6-21 dargestellt.

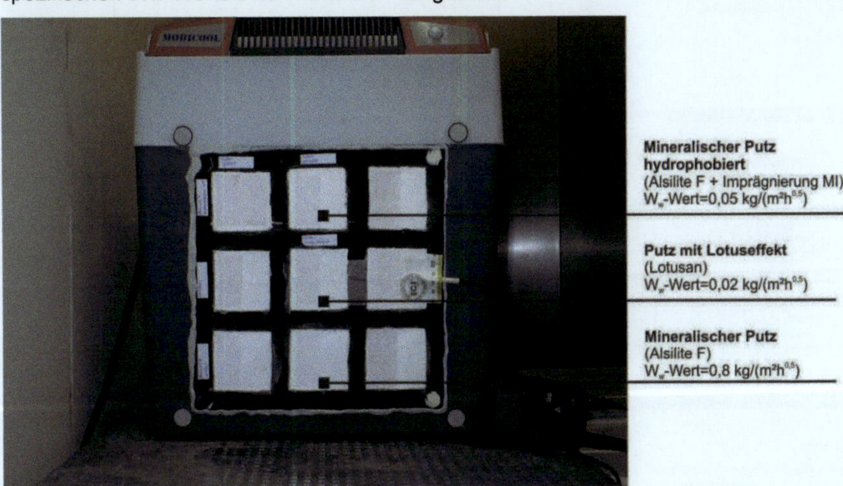

Bild 6-21: Versuchsaufbau Modellversuch C

Versuchsablauf

Der Versuchsablauf wurde analog zu den Modellversuchen A und B durchgeführt. Im Unterschied zu dem bisherigen Vorgehen wurde die Feuchte in der Klimakammer nach Ausschalten der Kühlung der Putzproben jedoch nahe φ = 97 %-rel. Feuchte gehalten (siehe Feuchteverlauf im Messwertdiagramm).

Versuchsergebnisse

Nach dem Unterschreiten der Taupunkttemperatur sind für die verschiedenen Putzoberflächen unterschiedliche Zeitpunkte des Farbumschlags (weiß auf rot) der Feuchtedetektoren festzustellen. Auf Lotusputz und hydrophobiertem Putz schlägt die Farbe des Detektors früher um als auf dem saugfähigeren, nicht hydrophobierten Putz (siehe Zeitpunkt A). Beim Abtrocknungsvorgang findet der Farbumschlag der hydrophob eingestellten Putze ebenfalls früher statt (siehe Zeitpunkt B). Das Messfeld des saugfähigen Putzsystems ist bis zum Ende des Versuchs noch nicht vollständig umgeschlagen.

Die sichtbaren Beobachtungen zur Farbentwicklung der Feuchtedetektoren spiegeln sich auch in der Auswertung der Verläufe der Farbsättigungsdifferenz ΔS wider. Zur besseren Einordnung sind die Zeiträume, in denen sich ΔS oberhalb des Schwellwerts $\Delta S_{Schwelle}$ bewegt, in Balkenform dargestellt (siehe Bild 6-22, unteres Diagramm).

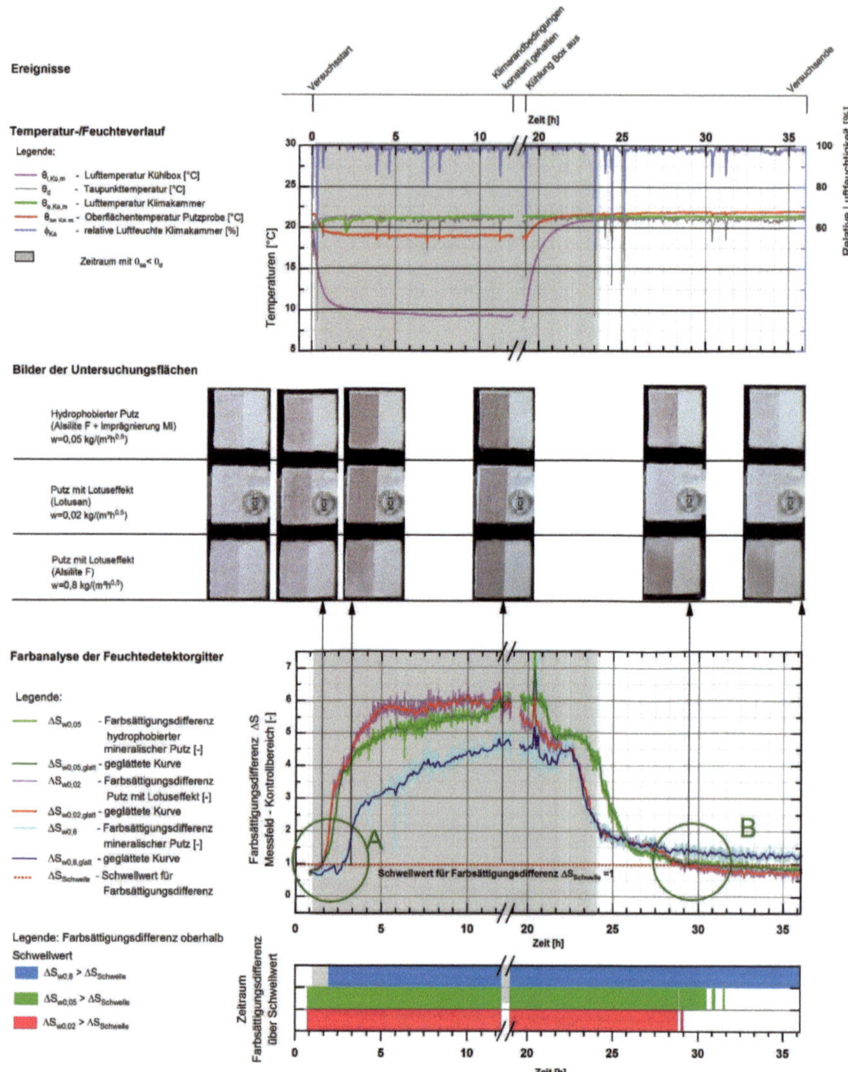

Bild 6-22: *Zusammenstellung der messtechnisch festgestellten Verläufe zum Temperaturverlauf (Diagramm oben), Farbanalyse der Feuchtedetektorgitter (Diagramm unten) und daraus folgende Zeiträume mit nasser Oberfläche (Schwellwert $\Delta S_{Schwelle}$ ist überschritten)*

Zwischen den unterschiedlichen Applikationsverfahren (Eindrücken in frischen Putz und Aufkleben mit Klebstoff) ergaben sich keine Unterschiede in der Farbauswertung.

7 Zusammenstellung der Messergebnisse

7.1 Auswertung materialtechnischer Untersuchungen

pH-Werte

Die pH-Wert-Aufnahme der bewachsenen Wandoberflächen der untersuchten Bestandsobjekte diente zur Feststellung des für eine künstliche Alterung anzustrebenden pH-Wert-Niveaus üblicher Putze. Mit der künstlichen Alterung wurden Effekte der Bewuchsbehinderung durch zu basisches Oberflächenmilieu unterbunden.

Die gemessenen pH-Werte der Bestandsobjekte sind in Tabelle 5-7 zusammengestellt und ergaben einen Zielbereich von etwa pH = 8,5 bis 10,5. Durch die erfolgte künstliche Vorbehandlung mit konzentriertem CO_2 (vgl. Abschnitt 5.2.3) konnte der pH-Wert des Oberputzes der Prüfwandoberflächen von anfänglich pH = 12,4 auf pH = 8,9 gesenkt werden. Dadurch wurde ein pH-Wert-Niveau einer Oberfläche erreicht, auf dem Bewuchs möglich ist. Im Hinblick auf den pH-Wert wurde der Teststand dadurch in ein vorgealtertes Stadium versetzt.

Wasseraufnahmekoeffizient W_w

Für die spätere numerische Simulationsrechnung ist die Bestimmung des Wasseraufnahmekoeffizienten (W_w-Wert) notwendig. Die Bestimmung des W_w -Werts der Wandoberflächen der Bestandsobjekte und der Prüfwandoberflächen wurde über ein Vor-Ort-Messverfahren mit Hilfe der Wasseraufnahmeprüfung nach *Franke [37]* durchgeführt. Die Vergleichbarkeit des gewählten in-situ-Verfahrens mit Laborverfahren wurde für den in dieser Arbeit betrachteten W_w-Wert-Bereich in Abschnitt 5.1.3.3 überprüft. Als Ergebnis wurde gezeigt, dass eine Abschätzung des W_w-Werts aus der Vor-Ort-Messung anwendbar ist.

Die ermittelten Wasseraufnahmekoeffizienten sind nachstehend aufgeführt.

Tabelle 7-1: *Ergebnisse der W_w -Wert Messung in situ mit Hilfe der WA-Platte nach Prof. Franke*

Messobjekt	W_w -Wert[a] [kg/(m²h^{0,5})]
1 - Garbsen	0,05
2 - Berenbostel	0,07
3 - Berlin	0,04
4 - Garbsen Osterwald	1,9
Teststand (hydrophobiert)	0,05

[a]: Mittelwert aus jeweils mindestens 3 Messungen pro Wandfläche

Konstruktionsaufbau WDVS an Bestandswand

Um detaillierte Kenntnisse über den Aufbau eines WDVS im wenig- oder unbewachsenen Dübelbereich zu erhalten, wurde eine Probe aus einer Bestandswand entnommen (siehe Abschnitt 5.1.3.2).

Anhand der entnommenen Probe (vgl. Bild 5-30) wurden die Dickenverhältnisse der Putzschichtdicke oberhalb des Dübelteller zum restlichen ungestörten Wandaufbau deutlich. Der Putz ist hier einige Millimeter dicker. Der Dübeltellerdurchmesser beträgt etwa 5 cm. Der Stahlnagel sitzt „satt“ am Kunststoffgehäuse des Dübels. Zwischenluftschichten sind daher bei der numerischen Abbildung der Konstruktion nicht zu berücksichtigen.

Die dokumentierten Informationen zur Konstruktion des Dübelbereichs im montierten Zustand werden für die geometrischen sowie materialtechnischen Eingaben für die hygrothermische Simulation der Dübelkonstruktionen verwendet. Zum geometrischen Aufbau für die Simulationsrechnung siehe Bild 10-7.

7.2 Bewuchsbild und Bewuchsentwicklung

7.2.1 Langzeitbilddokumentation einer Fassade in Berlin

Zur Untersuchung der Wachstumsaktivität des Fassadenbewuchses wurde eine Bilddokumentation einer bewachsenen Fassade über einen Zeitraum von ca. 2 Jahren angefertigt (Beschreibung der Untersuchung siehe Abschnitt 5.1.1.2).

Bei Betrachtung der Bilder im Jahresverlauf ist zu erkennen, dass in den Monaten Oktober bis Februar eine gegenüber den Sommermonaten stärkere Grünfärbung vorhanden ist (siehe Bild 7-1).

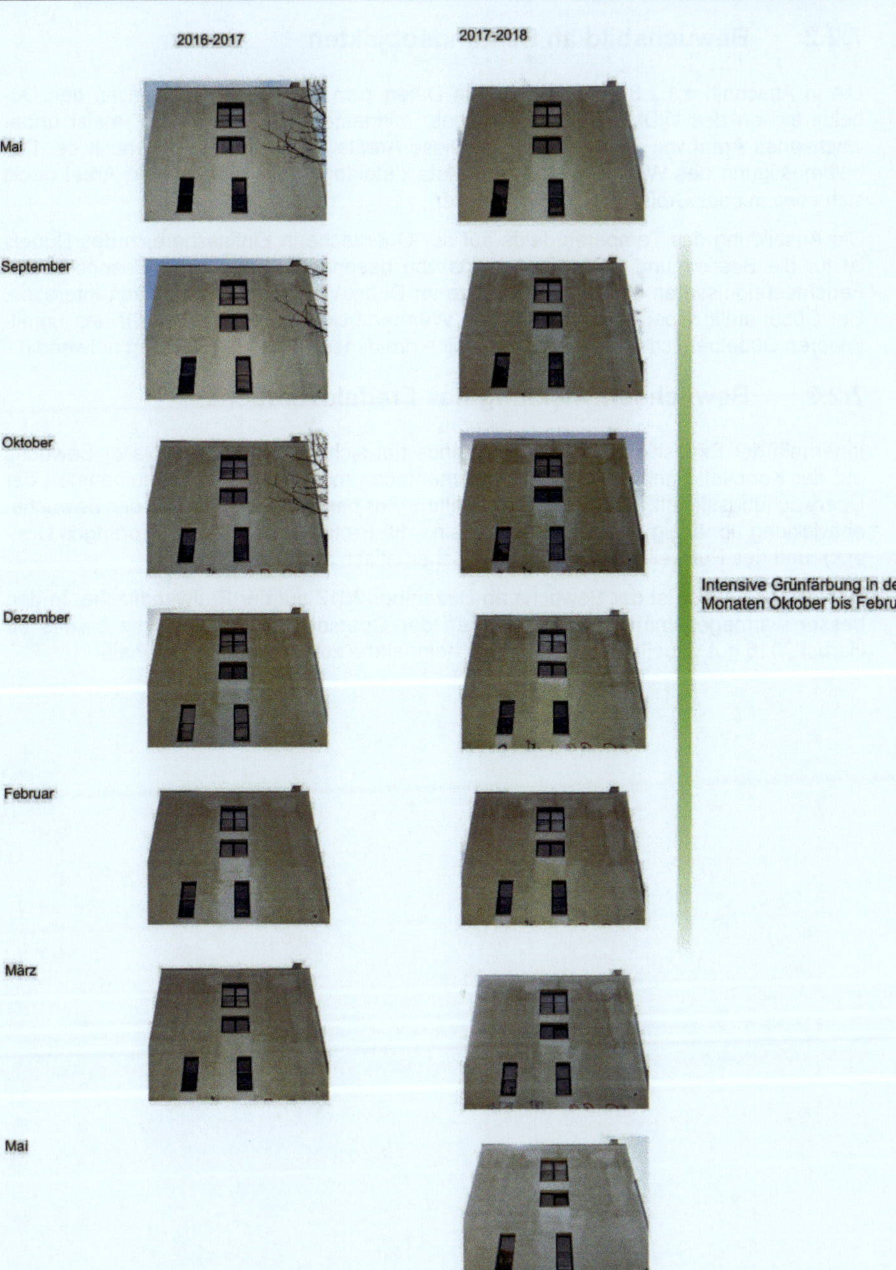

Bild 7-1: Dokumentation des Bewuchsbildes einer bewachsenen WDVS-Fassade in Berlin Mitte über zwei Jahre (2016-2018). In den Monaten Oktober bis Februar ist eine intensive Grünfärbung zu erkennen

7.2.2 Bewuchsbild an Bestandsobjekten

Die in Abschnitt 5.1.2.3 aufgenommenen Daten zum Bewuchsbild zeigen an den Dübelbereichen des WDVS ein kreisförmiges, mindestens bewuchsarmes, meist unbewachsenes Areal von etwa 5 bis 7 cm. Diese Areale liegen immer im Bereich der Dübelbefestigung des WDVS (geprüft mit Metalldetektor). Das bewuchsfreie Areal deckt sich etwa mit der Größe üblicher Dübelteller.

Die Ausbildung des Temperaturfelds auf der Oberfläche in Einflussbereich des Dübels ist für die Bestimmung eines Grenzwerts von besonderer Bedeutung. Besonders die Feuchteereignisse an der Bewuchsgrenze im Dübel-Wand-Bereich sind von Interesse. Der Dübel stellt dabei eine punktförmige Wärmebrücke dar. Daher wird für den unmittelbaren Dübelbereich für die Simulation eine dreidimensionale Berechnung notwendig.

7.2.3 Bewuchsentwicklung des Freifeldversuchs

Innerhalb der Expositionszeit des Teststands hat sich sichtbarer mikrobieller Bewuchs auf der Kopfplatte gebildet. Die Bilddokumentation monatlicher Klarbildaufnahmen der Überwachungsstation ist in Bild 7-2 enthalten. Zur besseren Einordnung der Bewuchsentwicklung abhängig vom Wandaufbau sind die Profile des Dämmstoff (oranges Dreieck)- und des Putzkeils (blaues Dreieck) schematisch mit dargestellt.

Deutlich erkennbar ist der Bewuchs ab Dezember 2017 auf der Prüfwandfläche. In den besser wärmegedämmten Randbereichen der Oberseite ist ein Bewuchs bereits ab Herbst 2016 gut visuell bei der Inaugenscheinnahme zu erkennen (siehe Pfeil).

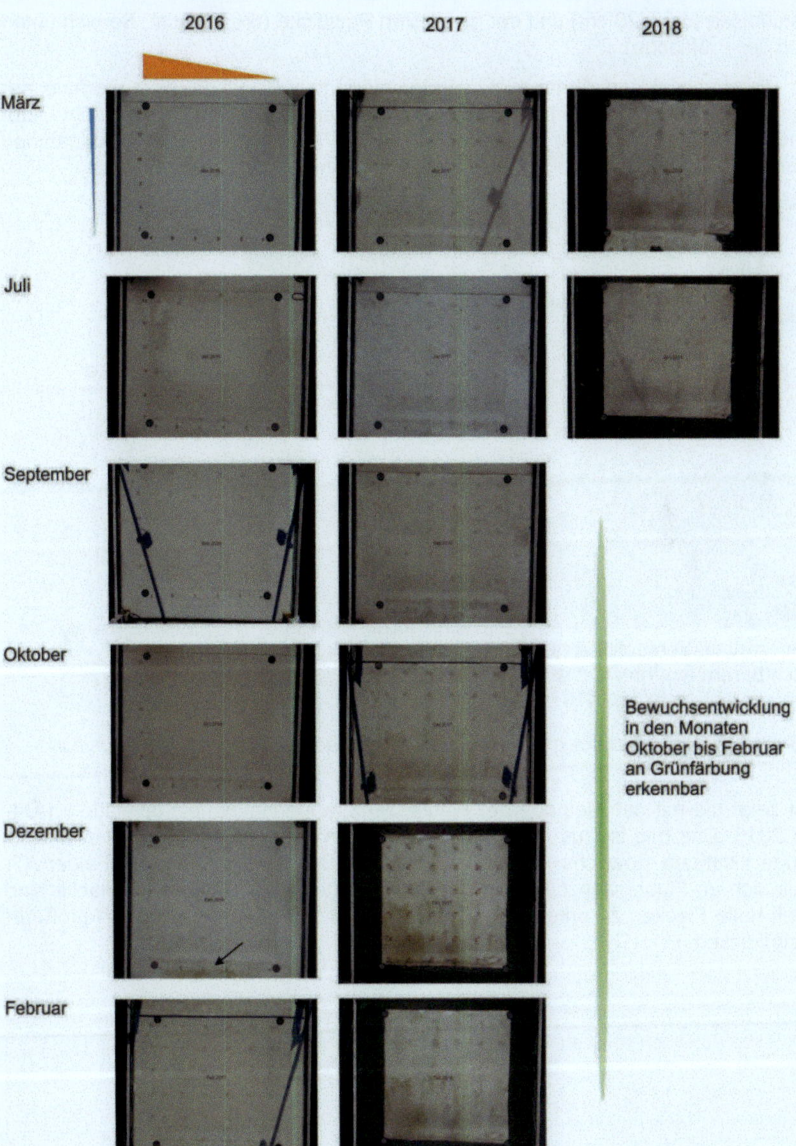

Bild 7-2: Bewuchsentwicklung des Freifeldversuchs. Ansicht Kopfplatte auf der Oberseite

Neben der saisonalen Grünfärbung im Herbst und Winter ist auf der Oberfläche insgesamt eine Vergrauung der Prüffläche festgestellt worden. Der Bereich der optisch größten Vergrauung befindet sich hierbei am Konstruktionsaufbau mit der größten Wärmedämmstoffdicke ($d_{Dä}$ = 20 cm) und der geringsten Putzdicke (d_{Pu} = 20 cm, Bereich unten links von der Prüffläche).

Der im Übersichtsbild im übermäßig wärmegedämmten Randbereich außerhalb der Prüfplatte ($d_{Dä}$ = 40 cm) erkennbare Bewuchs ab Dezember 2016 wurde etwa im Oktober 2016 deutlich sichtbar wahrgenommen (siehe Bild 7-3). Mikroskopische Aufnahmen mit einem Auflichtmikroskop zeigen eine fädige Struktur des Algenbewuchses.

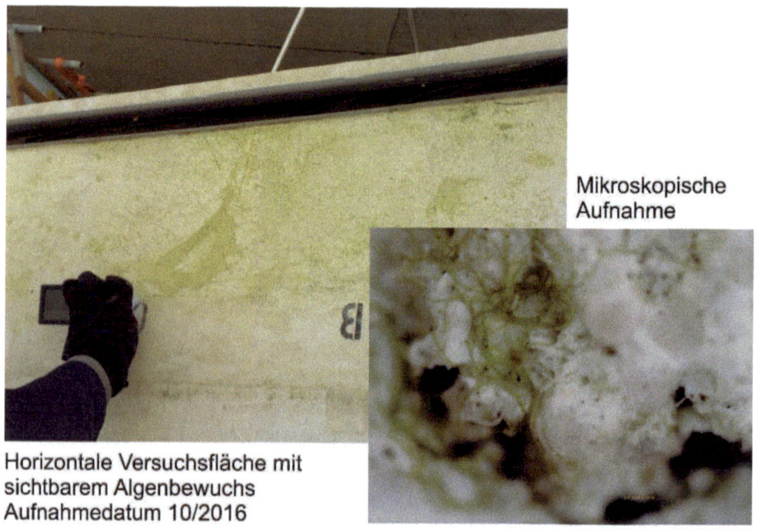

Bild 7-3: Erster sichtbarer mikrobieller Bewuchs nach ca. 6 Monaten Expositionsdauer

Bild 7-4 zeigt die mit der Methode der Fluoreszenz aufgenommene Kopfplatte im Dezember 2016. Das Bild ist aus mehreren Einzelbildern zusammengesetzt. Der mit bloßem Auge sichtbare Bewuchs im Randbereich (vgl. Bereich unterhalb der Felder A7-B7) stellt sich im Fluoreszenzbild stark gelblich leuchtend dar. Auf der Prüffläche sind vereinzelt helle Flecken zu erkennen. Die Fleckendichte ist höher im Bereich größerer Dämmstoffdicken.

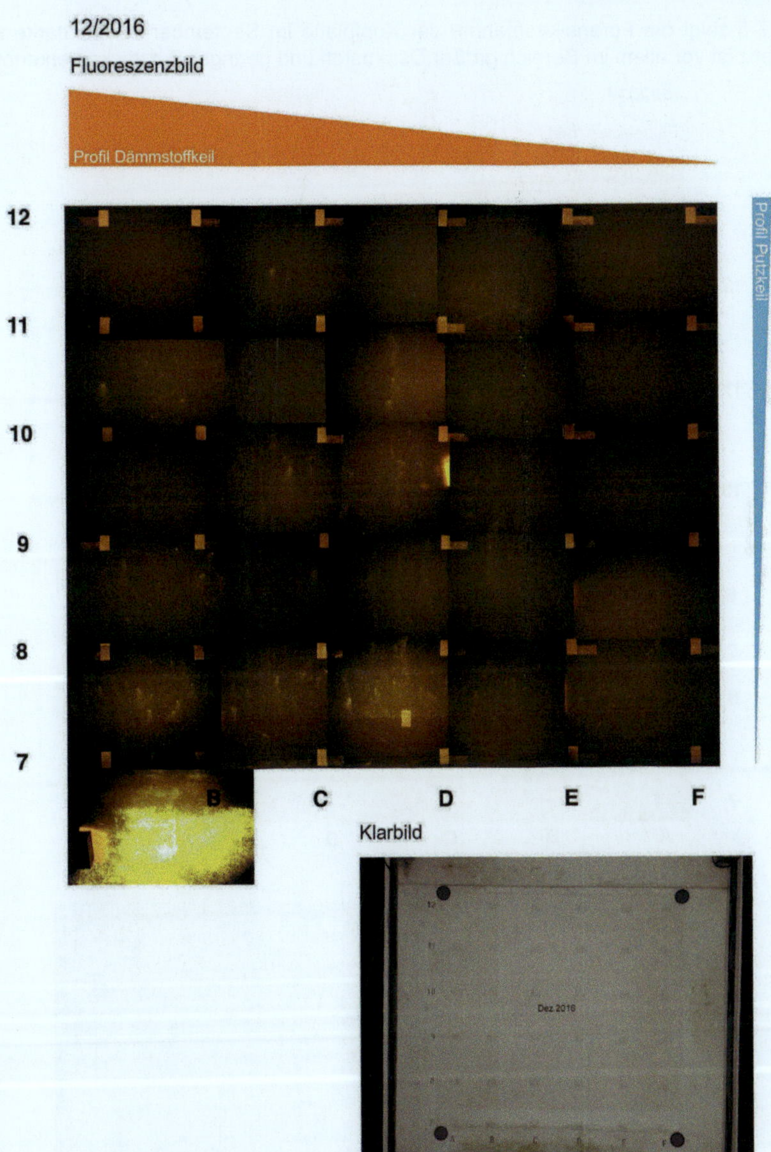

Bild 7-4: *Fluoreszenzaufnahme (auch als Forensikaufnahme bezeichnet): Draufsicht obere Platte (Zusammengesetzt aus Einzelaufnahmen): Aufnahmedatum 12/2016*

Erregerlichtquelle: λ=445 nm (blau); Filter: Durchgelassene Wellenlängen λ>600 nm (rot); Belichtungszeit t=30 s. Fluoreszierende Bereiche stellen sich als helle Flecken dar.

Bild 7-5 zeigt die Forensikaufnahme der Kopfplatte im September 2017. Starke Fluoreszenz ist vor allem im Bereich großer Dämmstoff und geringer Putzdicken erkennbar.

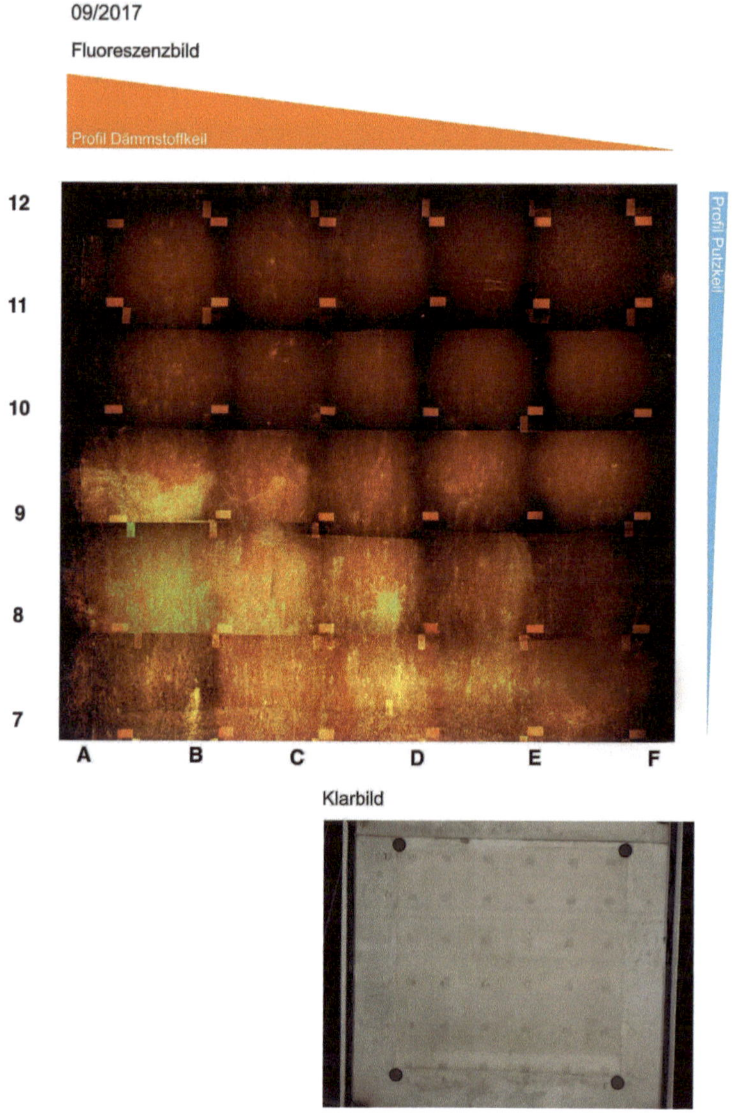

Bild 7-5: *Fluoreszenzaufnahme (auch als Forensikaufnahme bezeichnet) Draufsicht obere Platte (Zusammengesetzt aus Einzelaufnahmen): Aufnahmedatum 09/2017*

Erregerlichtquelle: λ=445 nm (blau); Filter: Durchgelassene Wellenlängen λ>600 nm (rot); Belichtungszeit t=30 s.

In der Aufnahme vom September 2017 zeigt sich gegenüber dem Bild aus 12/2016 eine deutliche Zunahme fluoreszierender Bereiche. Der optisch stärkste Bereich der fluoreszierenden Bereiche befindet sich im Bereich mit der größten Wärmedämmstoffdicke.

Etwa einen Monat später (10/2017) stellen sich die in der Forensikaufnahme fluoreszierenden Bereiche auch im Klarbild als grüne Fläche dar (siehe Bild 7-6).

Bild 7-6: Klarbild der Kopfplatte im Oktober 2017

Gleichartig angefertigte Forensikaufnahmen von den Prüfwänden in die Haupthimmelsrichtungen zeigten im Beobachtungszeitraum vereinzelt ebenfalls Spuren von mikrobiellen Bewuchs (siehe Bild 7-7 Ausschnittsvergrößerung rechts).

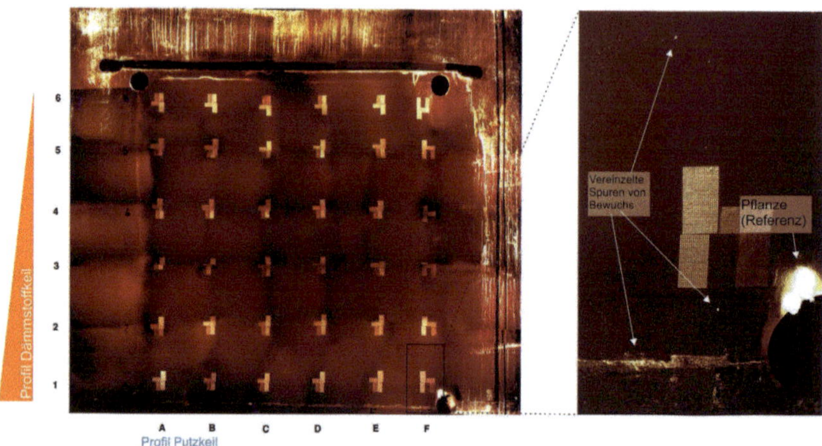

Bild 7-7: Forensikaufnahme. Links: Nordwand (Zusammengesetzt aus Einzelaufnahmen): Aufnahmedatum 09/2017. Erregerlichtquelle: λ=445 nm (blau); Filter: Durchgelassene Wellenlängen λ>600 nm (rot); Belichtungszeit t=30 s. Rechts: Ausschnittsvergrößerung mit Kennzeichnung fluoreszierender Bereiche

In Ergänzung zu den Fluoreszenzuntersuchungen wurden zusätzlich mikroskopische Betrachtungen vorgenommen. Dabei sollte geklärt werden, ob es sich bei den fluoreszierenden Bereichen tatsächlich um mikrobiellen Bewuchs handelt. Darüber hinaus sollten die Untersuchungen Aufschluss zur Struktur und Zusammensetzung des Bewuchses geben.

Die Proben wurden per Abklatschprobe entnommen. Exemplarisch ist die von der Oberfläche abgenommene Probe in Bild 7-8 im Klar- und Fluoreszenzbild zu sehen.

Klarbild

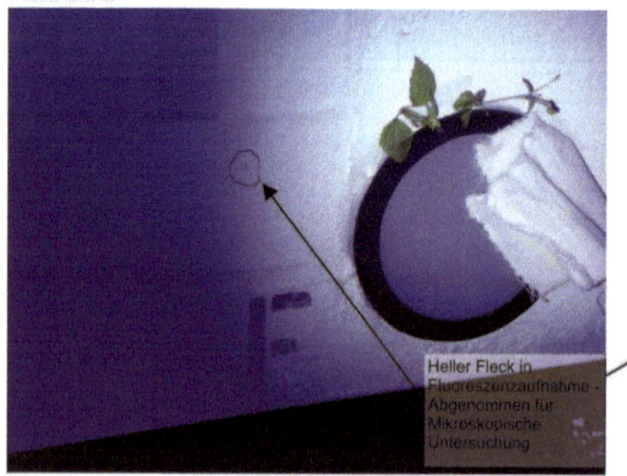

Fluoreszenzbild

Bild 7-8: Entnommene Probe im Klar- und Fluoreszenzbild am Entnahmeort

Die Mikroskopaufnahmen zeigten Algenzellen kokkaler, beeriger Struktur, die teils fädig aneinandergereiht sind, aber auch größere, rötlich eingefärbte Zellzusammenschlüsse. Im vorliegenden Fall (siehe Bild 7-9, Teilbild D) sind in die Alge eingebettet auch Pilzhyphen, erkennbar an dunkel pigmentierter länglicher Struktur.

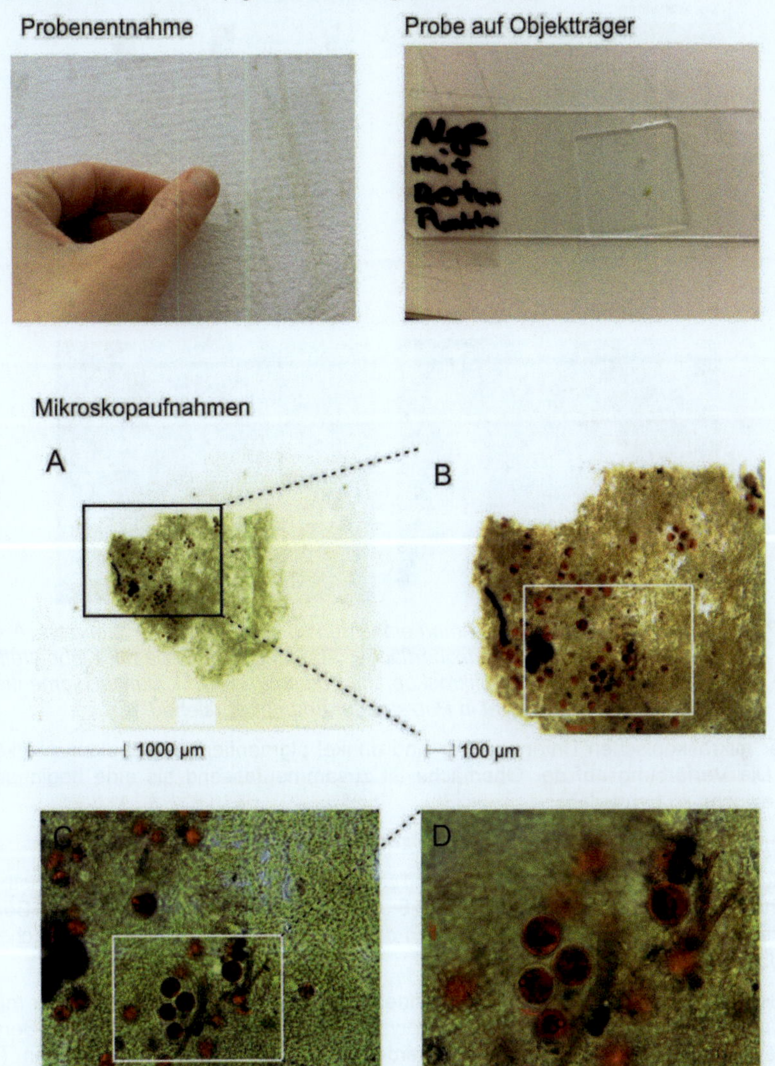

Bild 7-9: Mikroskopische Aufnahmen einer von der Prüfwand per „Abklatschprobe“ entnommenen Algenstruktur

Auf der Seitenfläche des Versuchs teils vorhandene dunkel pigmentierte Bereiche (Durchmesser jeweils 1-3 mm) wurden ebenfalls unter dem Mikroskop untersucht (siehe Bild 7-10).

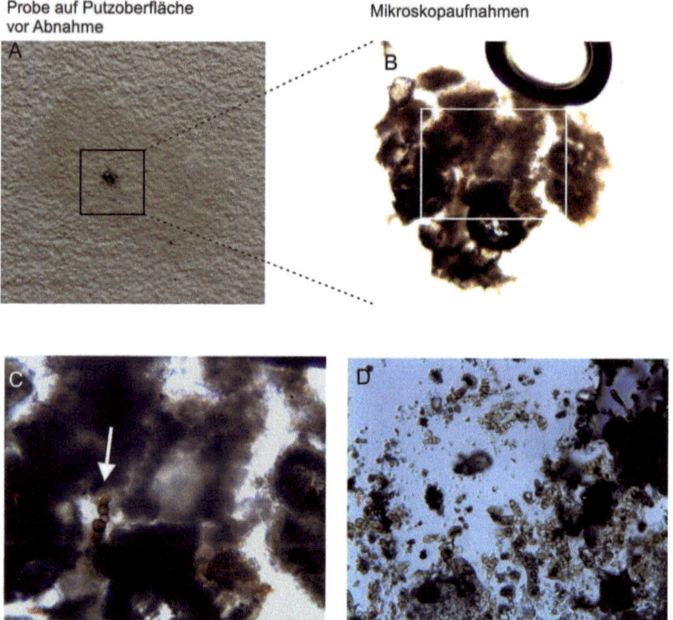

Bild 7-10: *Mikroskopische Aufnahmen eines dunkel pigmentierten Pilzmyzels. A: Erscheinungsbild auf Putzoberfläche, Abnahme der Probe mit Klebestreifen. B: Probe unter dem Mikroskop, mit Putzspuren. C, D: Dunkel pigmentierte Pilzzellen eingebettet in Putzstruktur erkennbar (siehe Pfeil)*

In der mikroskopischen Untersuchung sind dunkel pigmentierte Zellstrukturen erkennbar. Die Verfärbung auf der Oberfläche ist zusammenfassend als eine beginnender Pilzbewuchs zu beurteilen.

Zusammenfassung der Feststellungen zur Bewuchsentwicklung

Hinsichtlich der Bewuchsentwicklung am Teststand ist festzuhalten, dass innerhalb der bislang ausgewerteten Expositionszeit (2,5 Jahre) ein Bewuchs aufgetreten ist. Bereits im ersten Herbst/Winter nach dem Beginn der freien Bewitterung, wurden bewachsene Randbereiche erkannt.

Auf der horizontalen Kopfplatte hat sich innerhalb ca. eines Jahres ein intensiver mikrobieller Bewuchs eingestellt. Intensiver bewachsene Bereiche können klar im Bereich großer Dämmstoffdicken beobachtet werden. An den vertikalen Prüfwänden (z.B. Nordwand und Westwand) konnten vereinzelt Spuren von Bewuchs erkannt werden. Die Intensität und Ausbildung ist deutlich geringer und langsamer fortschreitend ausgeprägt. Es ist aber davon auszugehen, dass sich mit zunehmender Versuchslaufzeit auch hier ein sichtbares Bewuchsbild einstellt.

Bei den Untersuchungen zur Bewuchsform wurde festgestellt, dass sowohl Algen- als auch Pilzbewuchs vorhanden ist. Das gleichzeitige Auftreten konnte bereits an den untersuchten Bestandobjekten festgestellt werden. Die Wachstumsvoraussetzungen für Algen und Pilze werden sowohl im Fall des am Teststand verwendeten mineralischen Putzsystems als auch bei den organischen Putzsystemen der Bestandsobjekte erfüllt. Eine klare Trennung zwischen Algen und Pilzen oder Flechten ist daher nicht vornehmbar und wird daher in der weiteren Betrachtung bei der Suche eines hygrischen Grenzniveaus für Bewuchs auch nicht als zielführend angesehen. Die Bewuchsformen treten eher im Verbund und zusammen auf.

Die Hauptwachstumsphase des aufgetretenen Bewuchses, erkennbar an der stärkeren Grünfärbung der Algen im Jahresverlauf, kann auf die Herbst- und Wintermonate (etwa von September bis Februar) eingegrenzt werden. Diese Beobachtung deckt sich mit den an Realobjekten dokumentierten Hauptwachstumsphasen (vgl. Abschnitt 7.2.1).

7.3 Messergebnisse der Langzeitklimamessungen an Bestandsgebäuden

7.3.1 Vorbemerkungen

Die Messaufbauten zur Langzeitdatenaufnahme der Oberflächentemperaturen sind in Abschnitt 5.1 dokumentiert.

In den nachfolgenden Diagrammen werden exemplarisch die aufgenommenen Temperaturverläufe dargestellt. Dabei werden die Temperaturen unbewachsener Bereiche dem Temperaturverlauf im bewachsenen Bereich einer Fassade vergleichend gegenübergestellt. Die abgebildeten Verläufe können als charakteristisch auch für die übrigen Messobjekte angesehen werden.

7.3.2 Zusammenstellung der Messdaten

Im Diagramm in Bild 7-13 sind die am Objekt 2 aufgenommenen Messdaten zu Oberflächentemperaturen im Wand- und Dübelbereich ($\theta_{se,Wand}$, $\theta_{se,Dübel}$), die gemessene relative Luftfeuchtigkeit φ_e und die aus dem Messdaten ermittelte Taupunkttemperatur θ_d dargestellt.

Neben der Gesamtansicht über die komplette Messzeit (oberes Diagramm) und einer vergrößerten Detailansicht eines Zeitausschnittes (Diagramm Mitte) sind im mittleren Diagramm zusätzlich die Unterschiede der Oberflächentemperaturen $\Delta\theta$ dargestellt. Die Unterschiede berechnen sich zu $\Delta\theta = \theta_{se,Wand} - \theta_{se,Dübel}$ in [K]. Weiterhin ist in einer Balkengrafik der zum Zeitpunkt herrschende Gesamtbedeckungsgrad N in [1/8] (Messdaten der Wetterstation Langenhagen, Quelle: Deutscher Wetterdienst, *climate data center [54]*) aufgetragen. Das untere Diagramm zeigt jeweils die Zeiträume, in denen die gemessene Oberflächentemperatur die Taupunkttemperatur θ_d unterschreitet, hierbei erfolgte durch farbliche Unterscheidung eine Aufteilung in eine Unterschreitung der Taupunkttemperatur nach ungestörter Wandfläche (grün) und Dübelfläche (rot).

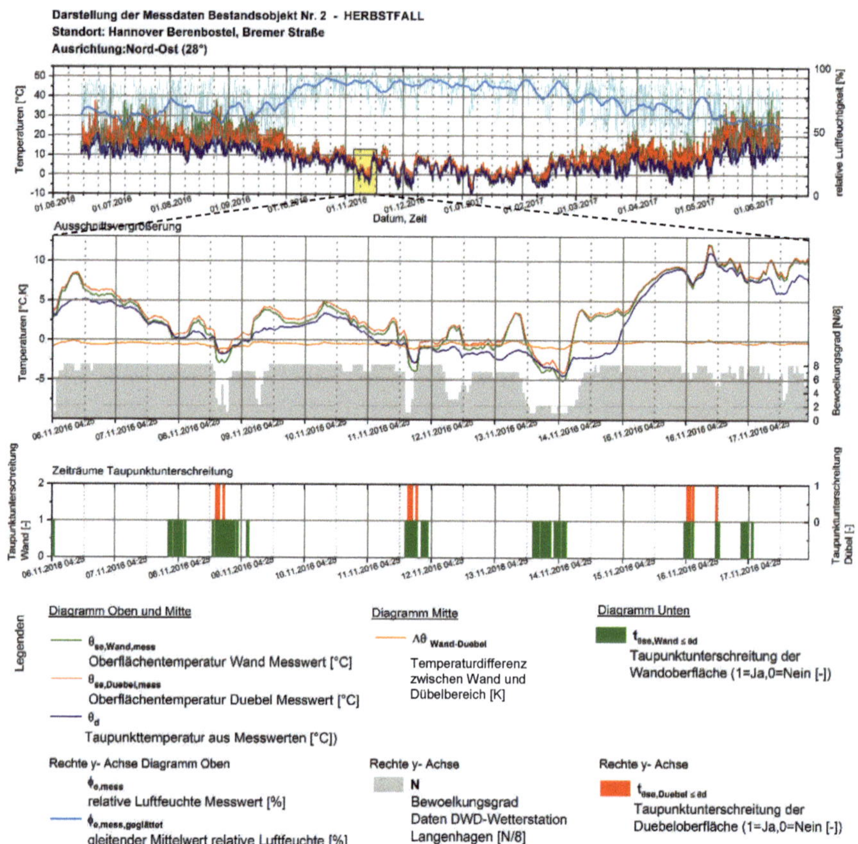

Bild 7-11: Darstellung der Messdaten zum Objekt Nr. 2: Bremer Straße in Berenbostel –Detailansicht für ca. 12 Tage im Herbst

Im abgebildeten Detailzeitraum ist erkennbar, dass tiefe Oberflächentemperaturen vor allem in klaren Nächten (kleiner Bewölkungsgrad N) auftreten. Für diese Zeiträume wird die Taupunkttemperatur von der Oberflächentemperatur der ungestörten Wandoberfläche um bis zu 2 K über zeitweise ca. 10 Stunden pro Tag unterschritten. Die Oberflächentemperatur im Dübelbereich liegt im dargestellten typischen Beispiel durchgängig oberhalb der Wandoberflächentemperatur. Die Taupunkttemperatur wird im Dübelbereich deutlich seltener und kürzer unterschritten.

Bei Betrachtung des Taupunkttemperaturverlaufs fällt auf, dass diese vor allem bei niedriger Bewölkung morgens stark ansteigt und nachts wieder absinkt.

Die am Objekt gemessene relative Luftfeuchtigkeit φ_e beträgt in den Herbst- und Wintermonaten im Mittel $\varphi_e \sim 80$ bis 90 %. Im Frühjahr und Sommer weist die relative Luftfeuchtigkeit Werte von etwa $\varphi_e \sim 60$ % auf.

Ein typischer Sommerfall ist in Bild 7-14 gezeigt. Neben insgesamt höheren Temperaturen der Fassadenoberfläche ist die Differenz der Oberflächentemperaturen zwischen

Wand- und Dübelbereich nachts deutlich geringer als im Winter und beträgt nur ca. $\Delta\theta_{Wand\text{-}Dübel}$ = 1 K. Die Taupunkttemperatur wird selten bis gar nicht unterschritten.

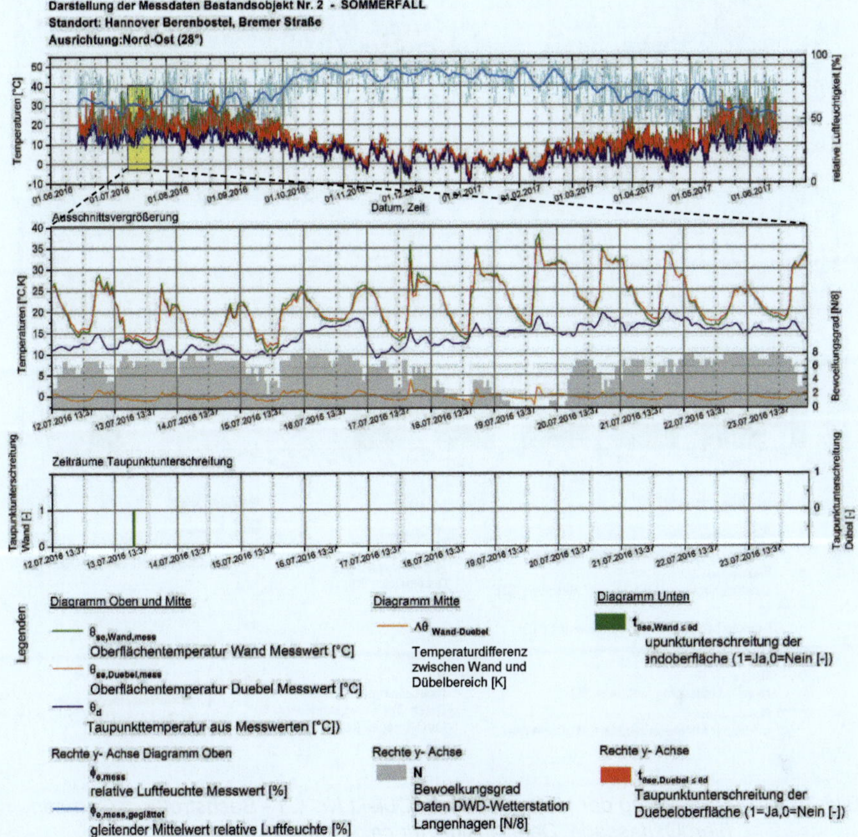

Bild 7-12: Darstellung der Messdaten zum Objekt Nr. 2 - Bremer Straße in Berenbostel –Detailansicht für ca. 12 Tage im Sommer

Das Objekt Nr. 2 weist einen mäßigen bis sehr wenig mikrobiellen Bewuchs auf, wohingegen das Objekt Nr.1 vergleichsweise stark bewachsen ist. Unterschiede werden auch im Temperaturverlauf am Objekt Nr.1 zum oben gezeigten Verlauf des Objektes Nr. 2 deutlich. Bei Betrachtung der Temperaturverläufe im Winter ist zu erkennen, dass die Taupunkttemperatur von der Wandoberflächentemperatur an klaren Tagen bereits mittags unterschritten und erst morgens wieder überschritten wird. Die Zeitdauer der Unterschreitung der Taupunkttemperaturen im Wandbereich (grüne Indikatorfarbe) ist hier deutlich länger anhaltend vorhanden. Die Oberflächentemperaturen im Dübelbereich bleiben im betrachteten Zeitraum oberhalb der Wandoberflächentemperatur und unterschreiten zu keinem Zeitpunkt die jeweiligen Taupunkttemperaturen.

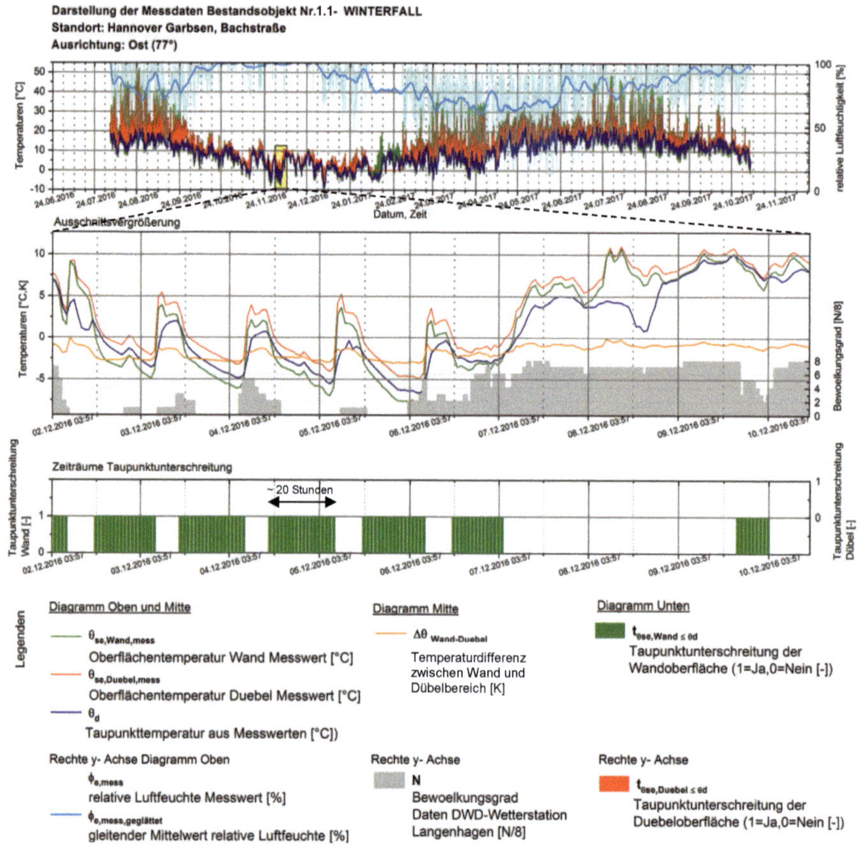

Bild 7-13: Darstellung der Messdaten zum Objekt Nr. 1.1 - Bachstraße in Garbsen – hier: Ostfassade. Detailansicht für ca. 9 Tage im Winter

Auch an diesem Objekt steigt die Taupunkttemperatur morgens deutlich an. Auf dieses Phänomen wird in Abschnitt 7.3.3.2 genauer eingegangen.

Bei Betrachtung des Temperaturverlaufs im Sommer (siehe Bild 7-14) ist wie erwartet auch bei diesem Objekt erkennbar, dass die Taupunkttemperatur insgesamt seltener im Vergleich zum Winter unterschritten wird.

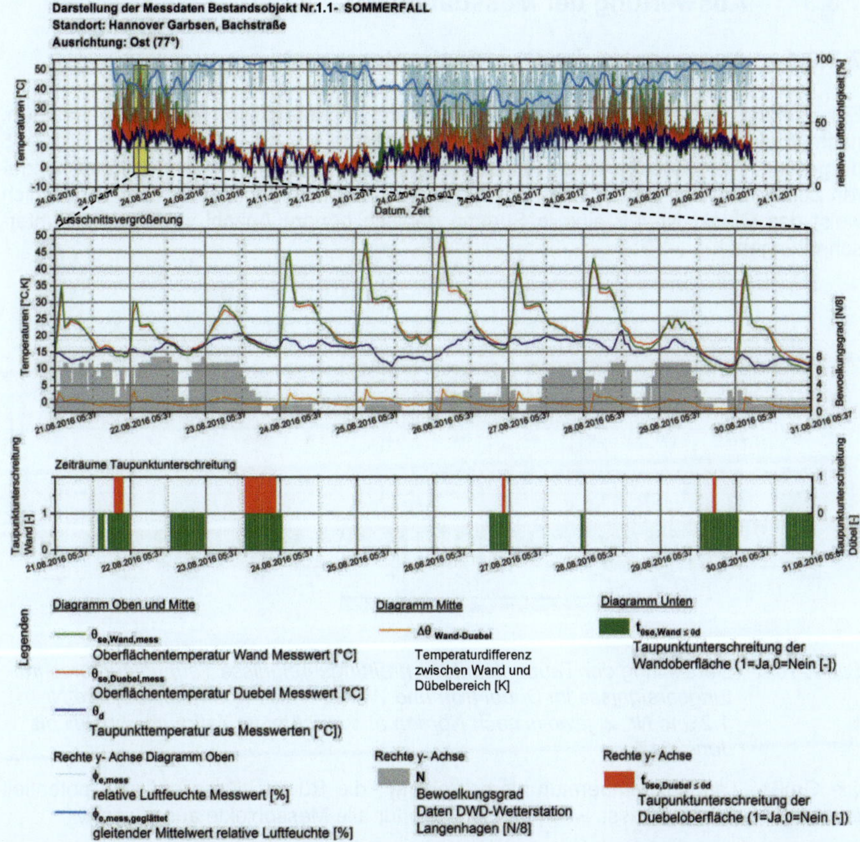

Bild 7-14: Darstellung der Messdaten zum Objekt Nr. 1.1 - Bachstraße in Garbsen – hier: Ostfassade. Detailansicht für 10 Tage im Sommer.

Am Tag steigt die Wandoberflächentemperatur auf über θ_{se} = 50 °C an und liegt oberhalb der Oberflächentemperatur im Dübelbereich. Die Zeiträume der Taupunktunterschreitungen im ungestörten Wandbereich betragen ca. 10 Stunden. Im Bereich des Dübels wird die Taupunkttemperatur im Betrachtungszeitraum zeitweise unterschritten. Wie charakteristisch für eine Ostfassade zu erwarten ist, steigen die Temperaturen bei unbewölkten Himmel am Morgen aufgrund der direkten Sonneneinstrahlung gleich zum Sonnenaufgang rasch an. Die am Objekt gemessene relative Luftfeuchtigkeit φ_e beträgt in den Herbst- und Wintermonaten im Mittel φ_e > 90 %. Im Frühjahr und Sommer beträgt die relative Luftfeuchtigkeit φ_e 60 bis 80 %.

7.3.3 Auswertung der Messdaten

7.3.3.1 Auswertung der Oberflächentemperaturen

Ein direkter Vergleich aller Taupunktunterschreitungsereignisse an der ungestörten, nach Norden ausgerichteten Wandfläche der Objekte Nr. 1.2 und Nr. 2 ist in Bild 7-15 dargestellt. Grundsätzlich weisen beide Objekte im Herbst und Winter gegenüber anderen Zeiträumen des Jahres eine höhere Taupunktunterschreitungsdichte auf. Zusätzlich weist das Objekt Nr. 1.2 eine in Summe deutlich höhere Anzahl von Taupunktunterschreitungen auf.

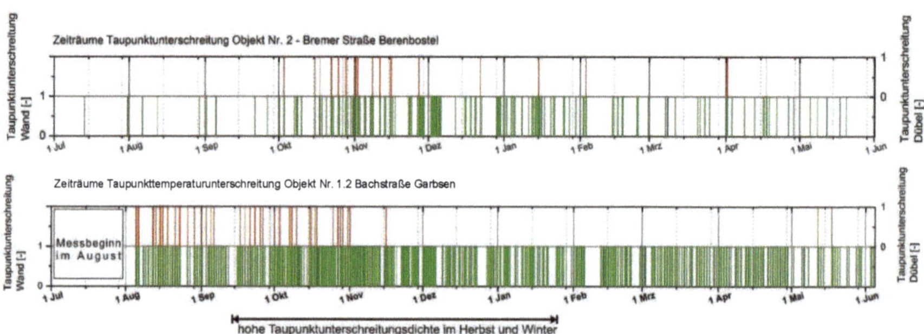

Bild 7-15: Darstellung der Taupunktunterschreitungsereignisse Taupunktunterschreitungsereignisse im Dübel (rot) und Wandbereich (grün) der Objekte Nr. 1.2 und Nr. 2, jeweils nach Norden ausgerichtet im Zeitraum von Juli bis Juni 2017

Die Größe „Taupunkttemperaturunterschreitung", die Rückschlüsse auf eine potentiell feuchte Oberfläche zulässt, wird im Folgenden für alle Messobjekte ausgewertet.

Dazu werden die Stunden t_{TPU} ausgewertet, in denen die Oberflächentemperatur die Taupunkttemperatur der Außenluft erreicht oder unterschritten wird.

Dabei gilt:

$$t_{TPU} = \begin{Bmatrix} 0 : \theta_{se} > \theta_d \\ 1 : \theta_{se} \leq \theta_d \end{Bmatrix} \text{ [h]} \tag{19}$$

mit: θ_{se}: Temperatur der betrachteten Oberfläche in [°C]

θ_d: Taupunkttemperatur in [°C]

Durch Summation aller Taupunktunterschreitungsereignisse t_{TPU} wird die Anzahl der Stunden T_{TPU} gezählt, in denen die Taupunkttemperatur unterschritten wird. Für ein Jahr ergibt sich:

$$T_{TPU} = \sum_{i=0}^{8760} t_{TPU,\,i} \left[\frac{h}{a}\right] \tag{20}$$

mit: i: Stunden im Auswertungszeitraum, hier 8760 Stunden pro Jahr

Für die untersuchten Messobjekte ergaben sich im Zeitraum von 12 Monaten (Auszug aus Messzeitraum: Sommer 2016 bis Sommer 2017) in *Tabelle 7-2* aufgeführte Werte für T_{TPU} an den Untersuchungsstellen.

Tabelle 7-2: *Aufsummierte Taupunktunterschreitungsereignisse in Stunden T_{TPU} im Messzeitraum über 12 Monate für die Untersuchungsstellen. Grün markierte Zahlen: bewachsener Messbereich (Wandbereich), rot markierte Zahl: bewuchsfreier (Dübel-)bereich*

Messobjekt Nr.	Messobjekt	$T_{TPU,bewachsen}$ [h/a]	$T_{TPU,bewuchsfrei}$ [h/a]
1.1	Bachstraße – Garbsen Ostfassade	2780	349
1.2	Bachstraße – Garbsen Nordfassade	2203	315
2	Bremer Straße - Berenbostel	619	127
3	Bredowstraße – Berlin Mitte	250	29
4	Tiefer Kamp – Osterwald - Garbsen		82

Die Anzahl der Taupunktunterschreitungen bei den WDVS Fassaden (Objekte 1 bis 3). sind im Dübelbereich (bewuchsfrei) deutlich geringer als im ungestörten, bewachsenen Wandbereich. Die Anzahl der Unterschreitungen der Mauerwerkswand (Objekt 4) liegt unterhalb der Werte der verputzten WDVS Fassaden. Bereits geringe Unterschiede von ca. $\Delta\theta_{se}$ = 1 bis 2 K zwischen Dübel- und ungestörtem Wandbereich (vgl. Diagramme in Bild 7-13 und Bild 7-14) bewirken eine große Reduktion der jährlichen Taupunktunterschreitungssumme.

Der Verlauf der Summenfunktion von T_{TPU} für die einzelnen Messbereiche ist Bild 7-16 zu entnehmen.

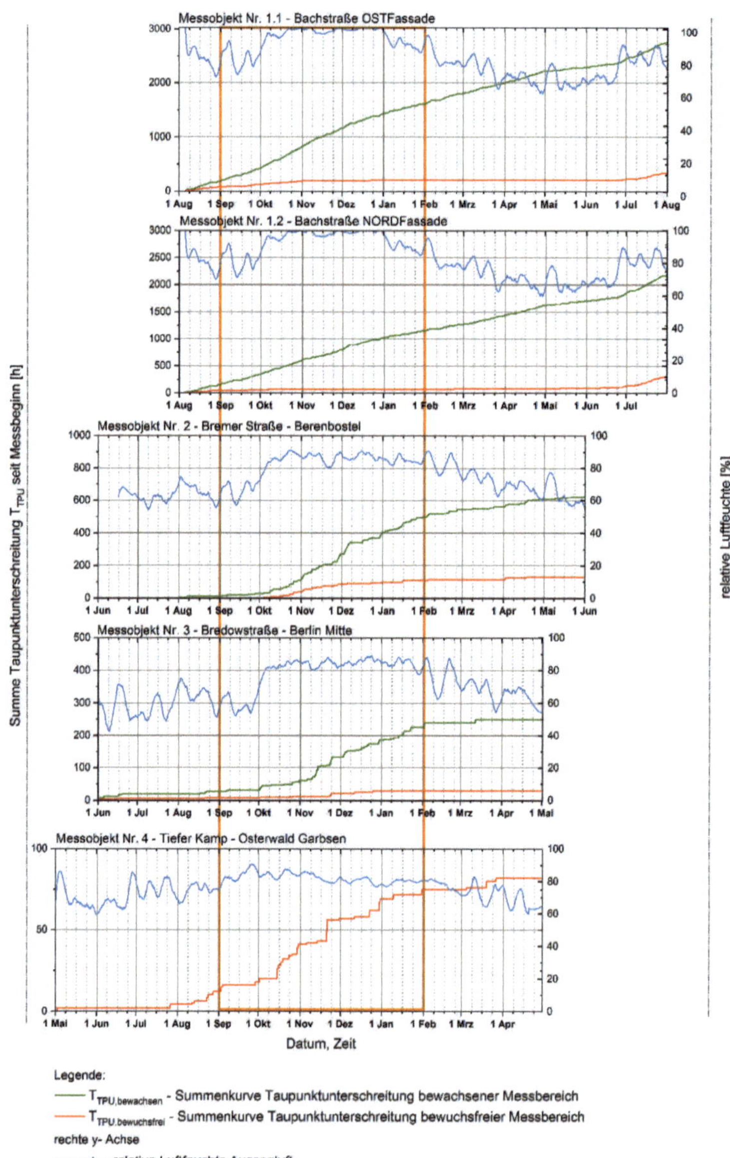

Bild 7-16: Darstellung der kumulierten Taupunktunterschreitungsstunden an den Messstellen der untersuchten Fassadenoberflächen als Summenkurven im Jahresverlauf. Zusätzlich ist der Verlauf der relativen Luftfeuchte (geglättete Werte) dargestellt. In den Monaten September bis Februar zeigen die Kurven bei allen Messobjekten die stärksten Zuwachsraten (Anstiege)

Die Kurvencharakteristik kann bei allen Messobjekten ähnlich einem sigmoiden Verlauf mit dem stärksten Anstieg in den Monaten September bis einschließlich Januar beschrieben werden. In diesem Zeitraum ist auch die relative Feuchte im Mittel am höchsten.

Der im Jahresverlauf sichtbar stärkste Anstieg der Taupunkttemperaturunterschreitungskurve deckt sich dabei mit den Erfahrungswerten, dass in diesem Zeitraum auch regelmäßig eine verstärkte Bewuchsaktivität der Mikroorganismen zu beobachten ist (vgl. Abschnitte 7.2.1, 7.2.3).

Taupunktunterschreitungsintensität t'_{TPU}

Zum Vergleich der Messobjekte untereinander und zur Einschätzung der Intensität der Taupunkttemperaturunterschreitungen wird an dieser Stelle die Größe t'_{TPU} eingeführt. Sie gibt an, wieviel Stunden pro Tag die Oberflächentemperatur die Taupunkttemperatur der Außenluft im Mittel über einen definierten Zeitraum unterschreitet.

Zur Ermittlung von t'_{TPU} für den Zeitraum von September bis einschließlich Januar wird für die Taupunktunterschreitungskurve eine lineare Regressionsanalyse durchgeführt.

Es gilt:

$$f_{T_{TPU}}(x) = \mathrm{Reg}\left(\frac{T_{TPU,Sep-Jan}}{d_{Sep-Jan}}\right) = t'_{TPU,Sep-Jan} \cdot x + n \tag{21}$$

Mit: $T_{TPU,Sep-Jan}$: Anzahl der Taupunktunterschreitungsstunden im Zeitraum September bis Januar [h]

$d_{Sep-Jan}$: Anzahl der Tage im Zeitraum September bis Januar [d]

$t'_{TPU,Sep-Jan}$: Taupunktunterschreitungsintensität- Steigung der Regressionsgeraden für den Zeitraum September bis Januar f_{TTPU} (x) in $\left[\frac{h}{d}\right]$

n: y-Achsenabschnitt der Regressionsgeraden f_{TTPU} (x)

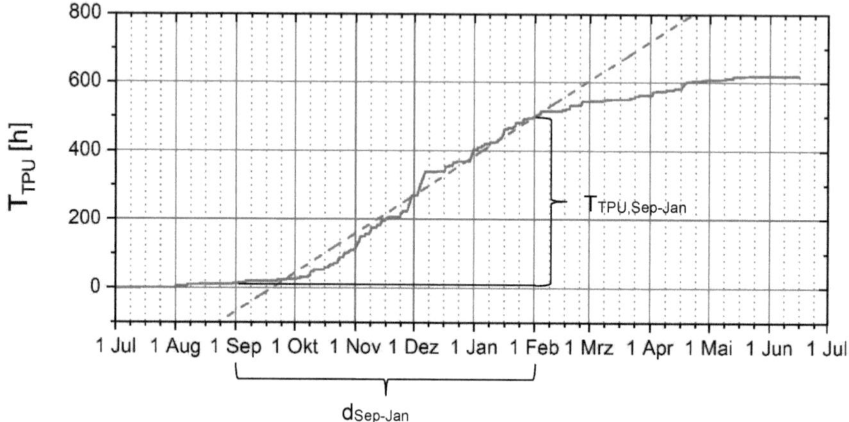

—— T_{TPU} - Summenkurve Taupunktunterschreitung

– – – $f_{T_{TPU}}(x)$ - Regressionsgerade von T_{TPU} im Zeitraum September bis Januar

Bild 7-17: Prinzipielle Beschreibung Regressionsanalyse zur Ermittlung der Intensität der Taupunktunterschreitung $t'_{TPU,Sep\text{-}Jan}$

Für die untersuchten Messbereiche ergeben sich für $t'_{TPU,Sep\text{-}Jan}$ die in Tabelle 7-3 aufgeführten Werte. Deutlich kleinere Werte ergeben sich für die bewuchsfreien Bereiche.

Tabelle 7-3: Taupunktunterschreitungsintensität $t'_{TPU,Sep\text{-}Jan}$ für die untersuchten Messobjekte (bewachsene Auswertebereiche sind grün, unbewachsene Bereiche sind rot eingefärbt)

Messobjekt Nr.	Messobjekt	$t'_{TPU,Sep\text{-}Jan,bewachsen}$	$t'_{TPU,Sep\text{-}Jan,bewuchsfrei}$
		[h/d]	
1.1	Bachstraße – Garbsen Ostfassade	10,23	0,83
1.2	Bachstraße – Garbsen Nordfassade	6,98	0,16
2	Bremer Straße - Berenbostel	3,72	0,91
3	Bredowstraße – Berlin Mitte	1,52	0,18
4	Tiefer Kamp – Osterwald - Garbsen	-	0,25

7.3.3.2 Auswertung der Messwerte zur Luftfeuchtigkeit

Das gemessene Feuchtigkeitsniveau an den untersuchten Messobjekten weist zum Teil große Unterschiede, auch zwischen nahe beieinanderliegenden Orten mit ähnlichen Umgebungsrandbedingungen auf (Entfernung Objekt Nr. 1 zu Nr. 2 beträgt 2 km). Unterschiede zwischen den Objekten bestehen vor allem in der Intensität und Ausprägung der unmittelbar an den Objekten vorhandenen Vegetation.

Der Einfluss der Vegetation auf die Luftfeuchtigkeit am Objekt (Lokal- oder Mikroklima) wird im Folgenden untersucht.

Dazu wird die absolute Feuchtigkeit ρ_w am Objekt Nr. 1 mit den Klimadaten der DWD-Wetterstation Langenhagen im Messzeitraum verglichen. Im Messzeitraum (2016 bis 2018) ergab sich gegenüber den DWD-Messdaten am Objekt Nr. 1 eine mittlere Erhöhung der absoluten Luftfeuchte von ca. 1 g/m³, dies entspricht etwa einer mittleren Erhöhung der relativen Luftfeuchte von $\Delta\varphi$ = 10 % (bei 10 °C Referenztemperatur).

Die Wetterstation des DWD befindet sich in Hannover auf dem Flughafengelände. Diese Wetterstation erfüllt die Anforderungen des Deutschen Wetterdienstes zur Sicherstellung der Repräsentanz seiner Umgebung. Die Anforderungen sind in der „Richtlinie für Automatische nebenamtliche Wetterstationen im DWD“ *[85]* beschrieben. Sie legt unter anderem fest, dass die Wetterstation auf ebenem Gelände eingerichtet werden soll. Insbesondere darf der Luftraum in dem gemessen wird, nicht durch Mauern, Bretterzäune, Hecken, dicht stehendes Strauchwerk oder dicht wachsende höhere Pflanzenkulturen abgeschlossen sein. Die Wetterstation sollte daher auf einer Rasenfläche stehen. Wärme- und Feuchtequellen sollten möglichst weit entfernt sein (vgl. Abschnitt 2.4 in *[85]*).

Zur Untersuchung des Einflusses der Vegetation an den Messobjekten wird für jeden Monat eine mittlere Abweichung $\Delta\rho_{w,Objekt\text{-}DWD}$ der erfassten absoluten Luftfeuchten zu den absoluten Luftfeuchten der DWD-Klimastation bestimmt. Die Abweichungen der mittleren Tagesgänge wurden für vier typische Wachstumsphasen der Pflanzen gezeigt. Es wurde dabei unterschieden in:

1. Blattzunehmende Zeit (März bis Mai)
2. Blattzeit (Monate: Juni bis August),

   Die Zeiten 1. und 2. werden in der Ökologie als Vegetationsperiode zusammengefasst.

3. Blattabnehmende Zeit (September bis Oktober)
4. Kahlzeit (November bis Februar)

   Die Zeiten 3. und 4. werden in der Ökologie als Vegetationsruhe zusammengefasst.

Die Unterteilung in 4 Wachstumsphasen erfolgte auf Grundlage gleichartiger Feuchteniveaus und Verläufe im Tagesgang der einzelnen Monate.

In Bild 7-18 sind die mittleren Tagesgänge für den Vergleich des Objekts Nr. 1 und der Wetterstation dargestellt.

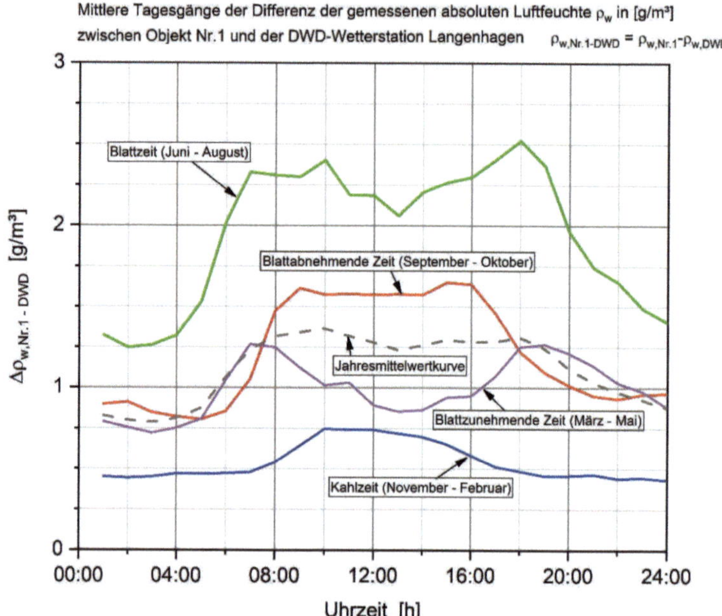

Bild 7-18: Mittlere Tagesgänge der Feuchtedifferenz zwischen der am Objekt Nr. 1 gemessenen und der von der Wetterstation des DWD in Langenhagen absoluten Luftfeuchte. Die Tagesgänge wurden aufgeteilt in 4 Phasen des Pflanzenwachstums

Aus dem Verlauf der Feuchtunterschiede ist zu erkennen, dass in der „Blattzeit“ die größte Abweichungen der Feuchten auftreten. Begründet ist dies durch die in dieser Zeit durch die Pflanzen vorhandene größere aktive Verdunstung (Transpiration) einerseits und andererseits durch eine vom Blattwerk vergrößerte Oberfläche, von der angelagertes Wasser verdunstet (Evaporation). Die geringsten Unterschiede treten erwartungsgemäß in den kalten Monaten mit geringer Wachstumsaktivität auf, die Phasen „blattzunehmende und blattabnehmende Zeit“ liegen zwischen den Extremkurven. Die Tagesverläufe der Feuchteunterschiede folgen grundsätzlich der Sonnenstrahlungsbilanz über den Tag. Diese Feststellung deckt sich auch mit den Angaben aus der Literatur, dass der Saftfluss in den Bäumen am Morgen ab einer positiven Strahlungsbilanz einsetzt *[5]*.

Die Abhängigkeit der aktiven Verdunstung der Pflanzen vom Tagesgang der Sonneneinstrahlung wird bei Objekt Nr. 2 vor allem in der Blattzeit (grüne Kurve) noch deutlicher (siehe Bild 7-19). Die Messung wurde an der Nord-Östlich orientierten Fassade durchgeführt.

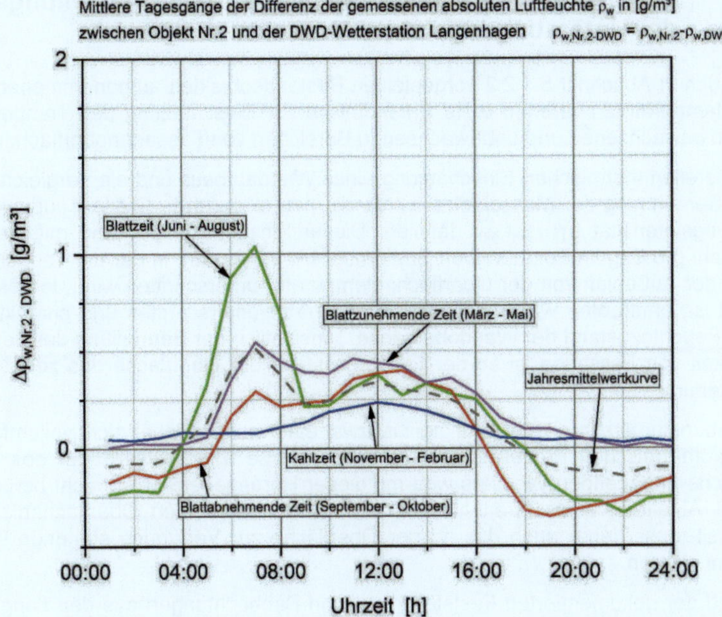

Bild 7-19: Mittlere Tagesgänge der Feuchtedifferenz zwischen der am Objekt Nr. 2 gemessenen und der von der Wetterstation des DWD in Langenhagen absoluten Luftfeuchte. Die Tagesgänge wurden aufgeteilt in 4 Phasen des Pflanzenwachstums

In der Nacht liegt in den Sommer und Herbstmonaten (grüne und rote Kurve) bei Objekt Nr. 2 die absolute Feuchte am Objekt unterhalb der Messwerte der Wetterstation. In dieser Zeit wirkt die im Vergleich zur blattlosen Zeit vergrößerte Oberfläche der Pflanzen offensichtlich als Kondensator und reduziert durch Tauwasserbildung die absolute Feuchte der Umgebungsluft.

Der vegetationsbedingte Anstieg der Feuchtigkeit vor allem am Morgen ist für die Tauwasserbildung auf der Fassadenoberfläche von großer Bedeutung.

Die wachstumszeitenabhängigen Tagesgänge zu Unterschieden der am Objekt gemessenen absoluten Luftfeuchte zur Referenzwetterstation wurden für jedes Objekt ermittelt und in den klimatischen Eingangswerten der numerischen Berechnungen berücksichtigt.

7.3.4 Zusammenfassende Beurteilung zu den Feststellungen der Untersuchungen

Die an den in Abschnitt 5.1.2.2 vorgestellten Bestandsobjekten aufgenommenen Oberflächentemperaturen lieferten erste Erkenntnisse zur Einschätzung des Temperaturniveaus in bewachsenen und unbewachsenen Bereichen von Fassadenoberflächen.

Zur generellen thermischen Einschätzung eines Wandaufbaus und als Vergleichsgröße für die Berechnung der Messobjekte wurde die neu eingeführte Größe Taupunktunterschreitungsintensität $t'_{TPU,Sep\text{-}Jan}$, definiert. Dieser Einzahlwert gibt eine mittlere Stundenanzahl pro Tag im Zeitraum von September bis Januar an, in der die Taupunkttemperatur der Außenluft von der Oberflächentemperatur unterschritten wird. Je höher diese Zahl ist, umso öfter wird die Taupunkttemperatur unterschritten und charakterisiert so den Feuchtezustand der Wandoberfläche. Hinsichtlich der Beurteilung der Bewuchsanfälligkeit von Fassaden ist so der Feuchtezustand der Oberfläche das zentrale Einflusskriterium.

Die Taupunktunterschreitungshäufigkeit ist zwar eine wichtige, aber nicht vollumfänglich die hygrothermischen Prozesse beschreibende Größe. Die Verweildauer des an der Oberfläche anhaftenden Wassers wird mit dieser Herangehensweise nicht berücksichtigt. Zur Ableitung eines Grenzniveaus für bewuchsfördernden Oberflächenfeuchtigkeitsanfall muss daher auch das an der Oberfläche zur Verfügung stehende Wasser bestimmt werden.

Aufgrund der dokumentierten Feststellungen und Beobachtungen aus den Langzeituntersuchungen, im Einzelnen:

- Verstärkte Bewuchsaktivität im Zeitraum von September bis Januar,
- Charakteristisch gleiche Kurvenverläufe der Taupunktunterschreitungskurven für alle Untersuchungsobjekte mit dem stärksten Anstieg im Zeitraum September bis Januar und
- die höchste relative Luftfeuchtigkeit der Monatsmittelwerte für das Außenklima tritt im Zeitraum September bis Januar auf

werden die Monate September bis Januar für die weitere Betrachtung als maßgebende und charakterisierende Bewuchsperiode im Jahresverlauf betrachtet.

8 Erweiterung des hygrothermischen Rechenmodells zur Bestimmung des Feuchtezustands einer Oberfläche

8.1 Vorbemerkungen

Um den Feuchtezustand der untersuchten Oberflächen aus den Langzeitmessungen abzuleiten ist es nicht ausreichend, die Zeit der Taupunkttemperaturunterschreitungen und Stunden mit Regenbelastung einer Oberfläche aus den Messdaten auszuwerten. Durch Abtrocknungs- und Saugvorgänge des Oberflächenmaterials können die tatsächlichen Nasszeiten einer Oberfläche stark abweichen. Die effektiven Verweildauern des entstandenen bzw. durch Regen eingetragenen Oberflächenwassers müssen daher über numerische Berechnungen ermittelt werden.

Die numerischen Berechnungen wurden mit dem Programmsystem WUFI (Wärme und Feuchte Instationär) des Fraunhofer Instituts für Bauphysik *[108]* durchgeführt. Das Programm wurde entwickelt, um die Temperatur- und Feuchtefelder innerhalb eines Bauteils im instationären Verlauf wirklichkeitsnah zu berechnen. Dabei werden gekoppelte Wärme- und Feuchtetransportvorgänge innerhalb eines Bauteils unter natürlichen Klimabedingungen berücksichtigt. Das Programm wurde vielfach anhand von Labordaten und Freilandversuchen validiert und wird weltweit zur Dimensionierung und Einschätzung von Außenwandkonstruktionen unter lokalklimatischen Einwirkungsparametern eingesetzt.

Mit Hilfe des hygrothermischen Rechenmodells kann bei Kenntnis der Materialparameter das instationäre Temperaturverhalten der untersuchten Außenwände für die Messzeiträume simuliert werden. Aus diesen Berechnungsergebnissen lässt sich über Feuchtetransportgleichungen und Speicherfunktionen ein entsprechender Feuchtezustand innerhalb der untersuchten Materialien in der zeitlichen Abfolge bestimmen. Um das für das Wachstum der Mikroorganismen benötigte Oberflächenwasser außerhalb der Schichtgrenzen des Materials zu bestimmen, wurde das hygrothermische Wandmodell in Anlehnung an Versuche von *Krus et al. [57]* um eine fiktive, außenliegende Schicht zur Bestimmung des Oberflächenfeuchtegehalts erweitert und durch Validierungsrechnungen im Vergleich mit Labor- und Freilandmessergebnissen die Anwendbarkeit gezeigt.

8.2 Festlegung der Materialparameter für die im Rechenmodell ergänzte Oberflächenschicht

Im vorliegenden Fall wird eine stellvertretend für die unmittelbare Außenoberfläche eines Bauteils stehende, fiktive neue Materialschicht ergänzt, deren hygrothermische Eigenschaften dem Grenzbereich zwischen Oberflächenmaterial und Außenluft entsprechen. Auf der Oberfläche anfallendes Tau- und Regenwasser soll von dieser fiktiven Schicht unmittelbar aufgenommen und entsprechend der auf die Oberfläche wirkenden Feuchtetransportvorgänge wieder abgegeben werden können. Dabei entspricht der Wassergehalt des Materials dem auf der Oberfläche haftenden ungebundenen Wasser.

Die fiktive Oberflächenschicht muss folgende Anforderungen erfüllen:

- Wasseraufnahme des anfallenden Tau- und Regenwassers,
- kein verändernder Einfluss des fiktiven Materials auf die thermischen Eigenschaften der Oberfläche,
- in der Realität von der Wandoberfläche ablaufendes Wasser soll durch die Speicherschicht ebenfalls als Ablaufend und damit nicht berücksichtigt werden.

Die der fiktiven Schicht zugewiesenen Materialparameter für die numerische Berechnung sind in nachstehender Tabelle 8-1 zusammenfassend aufgeführt.

Tabelle 8-1: Materialparameter für die Oberflächenschicht zur Berechnung des Oberflächenwassergehalts

Material- und Eingabewerte Oberflächenschicht für WUFI	Formelzeichen	Einheit	Wert
Dicke (frei gewählt)	d	mm	2,5
Rohdichte	ρ	kg/m³	1
Porosität	Φ	m³/m³	0,044
Spezifische Wärmekapazität	c	J/(kg·K)	1000
Wärmeleitfähigkeit	λ	W/(m·K)	100
Wasserdampfdiffusionswiderstandszahl	μ	-	1
Ausgleichsfeuchtegehalt bei 80%-rel. F.	w_{80}	kg/m³	1
Wassergehalt freie Sättigung bei 100%-rel.F. φ (Beginn Übersättigungsbereich – oberhalb liegt flüssiges Wasser auf der Oberfläche vor)	w_f	kg/m³	4
Wasseraufnahmekoeffizient	W_w	kg/(m²h^{0,5})	60
Emissionsgrad	ε	-	Entsprechend der realen Oberfläche
Absorptionsgrad	α	-	

Die für das fiktive Oberflächenmaterial angegebenen Wassergehalte werden benötigt, um aus diesen Randwerten die Feuchtespeicherfunktion abzuleiten. Die Werte für die Ausgleichsfeuchtegehalte bis φ = 100 %-rel.F. wurden mit w_f = 4 kg/m³ (entspricht m = 10 g/m² Oberfläche) möglichst klein gewählt, sind aber für die Simulation nötig. Für die Berechnung der Flüssigwassermenge an der Bauteiloberfläche ist der Wassergehalt des Materials oberhalb der freien Wassersättigung von Bedeutung. Über die freie Wassersättigung hinaus kann das Oberflächenmaterial theoretisch Wasser aufnehmen, bis alle Porenräume gefüllt sind. Darüber ist keine Wasseraufnahme möglich.

Die von einer rauen Putzoberfläche maximal aufnehmbare Wassermenge, bevor ein Abrollen der Wassertropfen einsetzt, wurde auf Grundlage der durchgeführten Laborversuche (vgl. Abschnitt 6.4.3) zu m = 100 g/m² festgelegt. Bei der angenommenen Schichtdicke von d = 2,5 mm entspricht dies einem Wassergehalt von w = 40 kg/m³. Bei einer Dichte von Wasser von ρ_{Wasser} = 1000 kg/m³ wird zuzüglich des Wassergehalts bei bei freier Wassersättigung von w_f = 4 kg/m³ ein Porenvolumen von Φ = 44 m³/m³ im Material benötigt, um die Wassermenge aufzunehmen.

In Bild 8-1 ist die beschriebene Feuchtespeicherfunktion des fiktiven Oberflächenmaterials abgebildet.

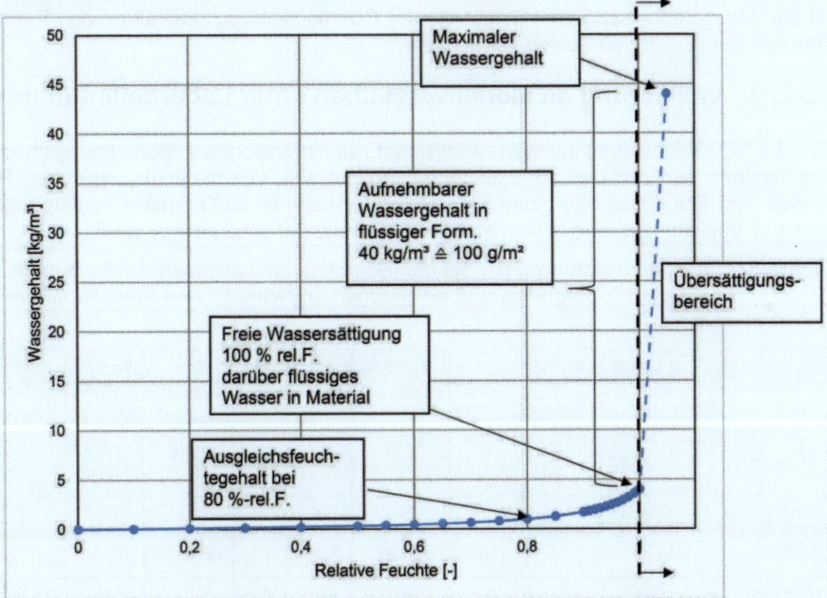

Bild 8-1: Feuchtespeicherfunktion der fiktiven Oberflächenschicht für die numerische Berechnung

Die übrigen Materialparameter wurden entsprechend der formulierten Anforderungen an die Oberflächenschicht so definiert, dass die sich an der Oberfläche einstellende Temperatur unmittelbar auch auf der eigentlichen Materialoberfläche einstellt (deshalb Annahme einer hohen Wärmeleitfähigkeit λ und einer geringen Rohdichte ρ).

Anfallendes Wasser sollte möglichst unmittelbar von der Schicht aufgenommen werden, daher wurde ein großer Wasseraufnahmekoeffizient W_w gewählt. Der Wasserdampfdiffusionswiderstand μ wurde dem von Luft gleichgesetzt. Die strahlungstechnischen Eigenschaften zur langwellige Bauteilemission ε und kurzwelligem Absorptionsgrad α entsprechen denen der jeweils zu berechnenden Oberfläche.

8.3 Validierung des Rechenmodells

8.3.1 Vorgehen

Zur Validierung des Rechenmodells wurde ein zweistufiges Verfahren angewandt. In einem ersten Schritt wurden die durchgeführten Laborversuche zur Tauwasserbildung und Abtrocknung unterschiedlicher Oberflächen rechnerisch abgebildet (vgl. Abschnitt 6.4.3). In einem zweiten Schritt wurde das Modell unter Außenklimarandbedingungen mit den Messergebnissen zum aufgetretenen Oberflächenfeuchteanfall an den Prüfflächen des frei bewitterten Teststands verifiziert.

8.3.2 Validierung an Modellversuchen unter Laborbedingungen

Für die Vergleichsberechnungen wurde ein eindimensionales Berechnungsmodell (Wärmestrom senkrecht zur Bauteiloberfläche) gewählt. Die materialspezifischen Parameter und Eingangsgrößen zum Klima sowie Annahmen zu Oberflächenübergängen für die Modellversuche sind in nachstehender Tabelle 8-2 zusammengestellt.

Tabelle 8-2: Zusammenstellung der bei den Berechnungen angesetzten Stoffeigenschaften, Übergangsrandbedingungen und klimatischen Eingabeparameter

	Material Probekörper	Wärmeleitfähigkeit	Spezifische Wärmekapazität	Rohdichte	Dicke	Wasseraufnahmekoeffizient	Wasserdampfdiffusionswiderstand	Quelle
Formelzeichen		λ	c_p	ρ	d	W_w	μ	
Einheit		W/(mK)	J/(kgK)	kg/m³	cm	kg/(m²h^{0,5})	-	
Modellversuch A	Glas	1,0	750	2500	0,4	0	10^{10}	DIN EN ISO 10456 [23]
Modellversuch B	Unterputz als Trägermaterial	0,7	1000	1400	1,5	0,15	25	Anlage 2
	Putz an Oberfläche	0,7	1000	1700	0,5	0,02	40	Anlage 7
Modellversuch C	Unterputz als Trägermaterial	0,7	1000	1400	1,5	0,15	25	Anlage 2
	Putz hydrophobiert	0,4	1000	800	0,5	0,05	20	Anlage 1,4
	Putz mit Lotuseffekt	0,7	1000	1700	0,5	0,02	40	Anlage 7
	Putz nicht hydrophobiert	0,4	1000	800	0,5	0,8	20	Anlage 1
Alle Versuche	Oberflächenschicht	Materialparameter siehe Tabelle 8-1						
Klima Innen	Gemäß aufgenommener Messdaten							
Klima Außen								

	Material Probekörper	Wärmeleitfähigkeit	Spezifische Wärmekapazität	Rohdichte	Dicke	Wasseraufnahmekoeffizient	Wasserdampfdiffusionswiderstand	Quelle
Formelzeichen		λ	c_p	ρ	d	W_w	μ	
Wärmeübergang	Innen (in Kühlbox)	Gemessene mittlere Strömungsgeschwindigkeit v [m/s]		4	Konvektiver Wärmeübergangskoeffizient Ansatz nach DIN EN ISO 6946 [27] h_c [W/(m²K)]			20
	Außen (Oberfläche)			2				10

Der Versuchsablauf der einzelnen Modellversuche und die entsprechenden Feststellungen und messtechnischen Versuchsergebnisse sind in Abschnitt 6.4.3 erläutert. Die dort angeführten Ergebnisdiagramme sind nachfolgend um die berechneten Daten zum Oberflächentemperaturverlauf und Oberflächenfeuchteanfall ergänzt. Die Zeitdauern des detektierten (gemessenen) und des berechneten Oberflächenwasseranfalls wurden anhand von Balkendiagrammen vergleichend gegenübergestellt.

8.3.2.1 Modellversuch A – Betauungsversuch mit einer Glasscheibe

Die Ergebnisse der Vergleichsrechnung für Modellversuch A sind in Bild 8-2 dargestellt.

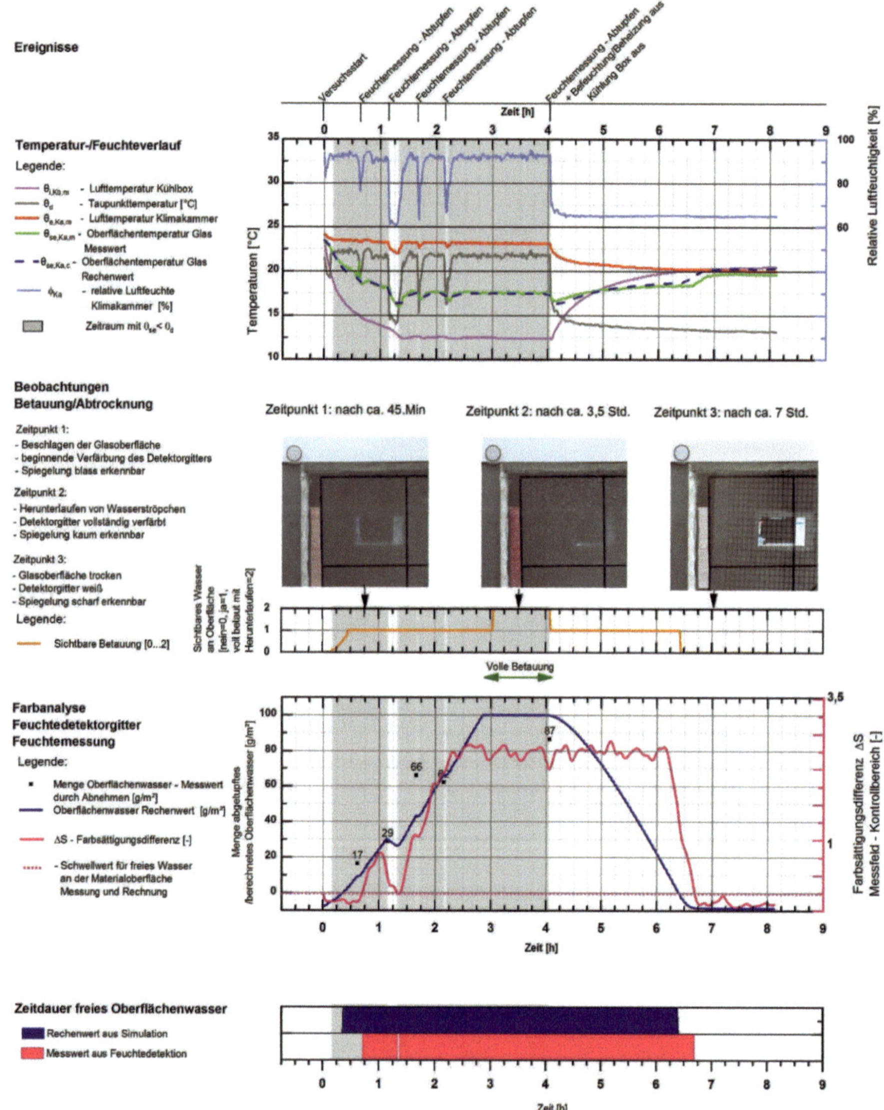

Bild 8-2: Berechnete und gemessene Werte zum Oberflächenwasseranfall an einer Glasscheibe – Modellversuch A

Der gemessene Temperaturverlauf der Oberflächentemperatur lässt sich mit dem Modell gut nachvollziehen (siehe oberes Diagramm, blau gestrichelte Linie). Die berechneten Werte des angefallenen Oberflächenwassers liegen im Betauungsverlauf im Bereich des gemessenen (abgetupften) Wassergehalts. Die Zeiträume, in denen Wasser an der Oberfläche berechnet wurde, decken sich hinsichtlich des Betauungsbeginns und des Abtrocknungszeitpunkts mit den Beobachtungen zur beschlagenen Glasscheibe. Auch der beobachtete Zeitraum voller Betauung, bei dem Wasser an der Glasoberfläche abläuft, korreliert mit den numerischen Berechnungen, da für diese Zeit die Oberflächenschicht ihr maximale Aufnahmefähigkeit erreicht hat.

Zu dem vom Messsystem festgestellten Beginn der Tauwasserbildung auf der Oberfläche und dem rechnerischen Beginn des Abtrocknungszeitpunkts ergibt sich eine zeitliche Verschiebung von ca. 15 Minuten.

8.3.2.2 Modellversuch B – Betauungsversuch mit Putzoberfläche

Die Ergebnisse der Berechnung des Zeitraums zu vorhandenen Oberflächenwassers an der Putzprobe korrelieren gut mit den Messwerten der Feuchtedetektion (siehe Bild 8-3).

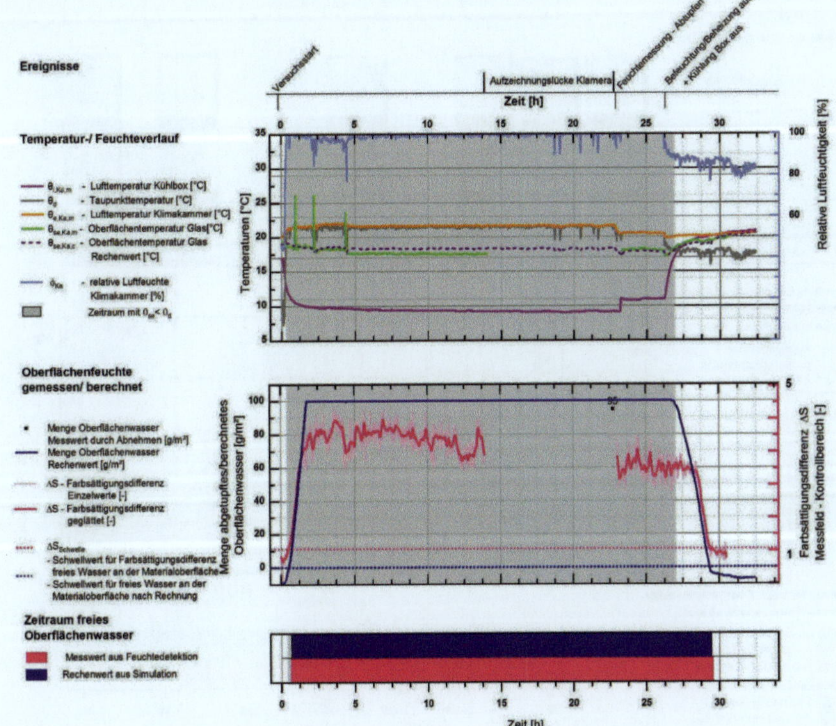

Bild 8-3: Berechnete und gemessene Werte zum Oberflächenwasseranfall an einer Putzoberfläche – Modellversuch B

8.3.2.3 Modellversuch C – Betauungsversuch mit unterschiedlich saugfähigen Putzen

Auch die Ergebnisse der Berechnung der Zeiträume zu vorhandenem Oberflächenwasser an unterschiedlich saugfähigen Putzoberflächen sind in Bild 8-4 gezeigt. Die Berechnungsergebnisse korrelieren gut mit den Messwerten aus der Feuchtedetektion

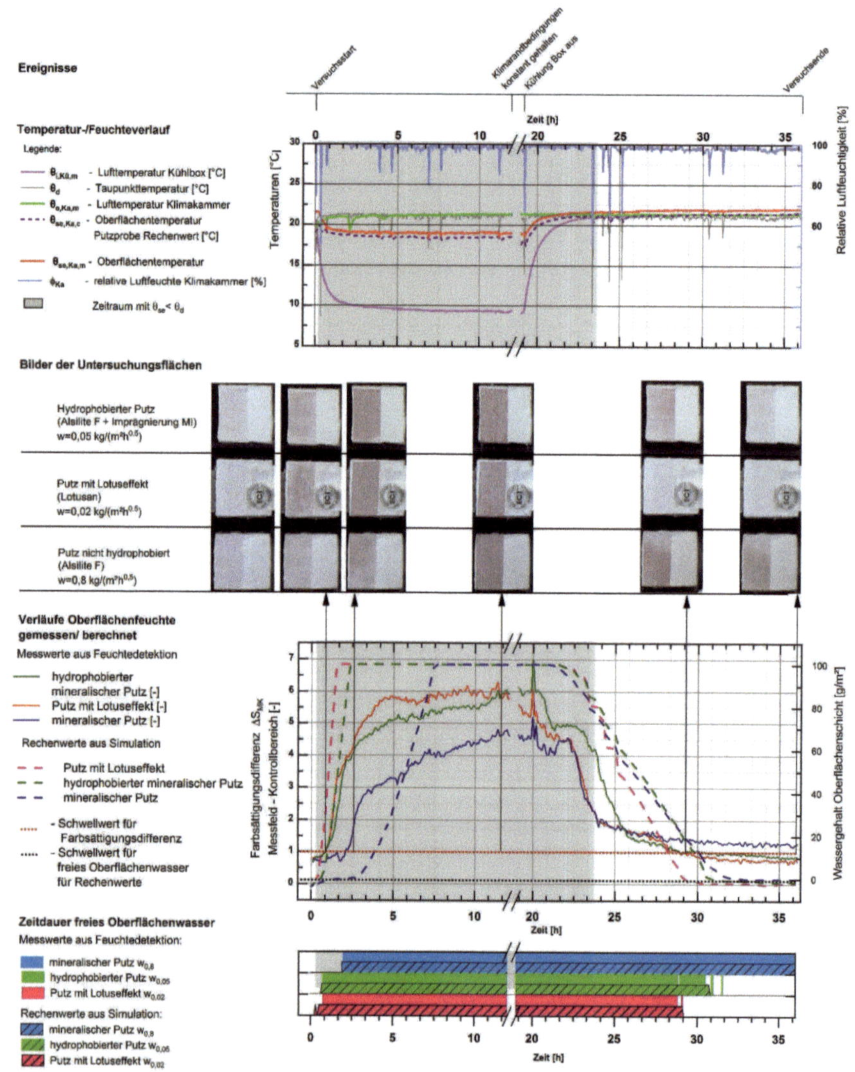

Bild 8-4: Berechnete und gemessene Werte zum Oberflächenwasseranfall an unterschiedlich saugfähigen Putzoberflächen – Modellversuch C

Zusammenfassend ist festzuhalten, dass das um die Oberflächenschicht erweiterte Berechnungsmodell mit den angesetzten Materialparametern in den Laborversuchen zeit- und massenmäßig mit den Beobachtungen (siehe Modellversuch A – Glasscheibe) und den Messwerten zum angefallenem Oberflächenwasser übereinstimmt.

Die zeitlichen Unterschiede zu den mit dem Messsystem zur Oberflächenfeuchtedetektion ermittelten Anfangs- und Endzeitpunkten weichen nur um etwa 15 Minuten ab. Diese Unterschiede stellen im Hinblick auf die zu untersuchende Größe eine zu tolerierende Abweichung dar. Im Vergleich zu den mit dem Messsystem untersuchten unterschiedlichen Untergründen liefert die Simulationsrechnung im Laborversuch ebenfalls sehr gut übereinstimmende Ergebnisse hinsichtlich der Gesamtbetauungsdauern, Anfangs- und Endzeitpunkten der Betauungsereignisse.

8.3.3 Validierung des Modells bei freier Bewitterung

8.3.3.1 Vorbemerkungen

Für die Validierung des Modells unter realklimatischen Einflüssen wurden die an dem Teststand erfassten Messdaten zum Oberflächentemperaturverhalten und zur Oberflächenfeuchtedetektion zur Modellvalidierung herangezogen.

Die Einflüsse aus Windgeschwindigkeit, kurz- und langwelligem Strahlungsaustausch mit der Umgebung, Regen und im vorliegenden Fall auch der Bauteilaufbau mit keilförmigen Schichten, beeinflussen die Oberflächenfeuchte. Um zu prüfen, ob das entwickelte Rechenmodell das feuchtespezifische Verhalten der Oberfläche hinreichend genau wiedergibt, muss zunächst sichergestellt sein, dass alle klimatischen und bauteilspezifischen Einflussfaktoren korrekt berücksichtigt sind. Daher wurde zur Validierung des Rechenmodells mehrstufig vorgegangen.

In einer ersten Stufe (thermische Betrachtung) wird das Modell an dem gemessenen Oberflächentemperaturverhalten unter Berücksichtigung der am Teststand vorherrschenden Klimarandbedingungen überprüft (siehe Abschnitt 8.3.3.2).

In der zweiten Stufe (thermisch-hygrische Betrachtung) kann das Modell anschließend mit dem real gemessenen Oberflächenfeuchteverhalten verglichen werden (siehe Abschnitt 8.3.3.3).

8.3.3.2 Thermische Betrachtung

Untersuchung von Querleitungseffekten durch keilförmigen Prüfwandaufbau

Die keilförmigen Geometrien im Prüfwandaufbau des Teststands muss für die hygrothermische Simulation zur Bestimmung von Oberflächenfeuchteereignissen berechenbar sein. Aus der Anordnung der Einzelkeile auf der Prüffläche ergibt sich eine dreidimensionale Geometrie mit gleichermaßen 3-dimensional ausgerichteten Transportvorgängen (Querleitungseffekte). Mit den derzeit verfügbaren Programmsystemen zur instationären Berechnung des gekoppelten Wärme- und Feuchtetransports (wie mit dem in dieser Arbeit verwendeten Programm *WUFI [108]*) ist die Abbildung dreidimensionaler Betrachtungen von Wärme- und Feuchteströmen im Körper nicht möglich. Die Simulationsberechnung kann daher nur an ausgewählten Stützstellen der Wand mit parallel zueinander orientierten Flächen erfolgen. Daher wird der 3-dimensionale Prüfkörper auf Rasterelemente in ein eindimensionales Modell vereinfacht.

Zur Untersuchung zum Einfluss thermischer Querleitungseffekte und der Überprüfung der Eignung einer Vereinfachung auf eine 1-dimensionale Geometrie wurde mit dem FE-Programmsystem *ANSYS Workbench [80]* eine Vergleichsberechnung durchgeführt. Dabei wurden die Temperaturverläufe und die Taupunktunterschreitungsintensität $t'_{TPU,Sep\text{-}Jan}$ an einzelnen Referenzpunkten für den Realfall (3-dimensional, schräge Oberfläche) ausgewertet und mit einem Volumenkörper mit parallel zueinander stehenden Oberflächen verglichen (3-dimensional, parallele Oberfläche). Darüber hinaus wurden die Ergebnisse des 3-D Modells mit den 1-dimensionalen Berechnungsergebnissen von WUFI verglichen. Das Prinzipielle Vorgehen ist in Bild 8-5 dargestellt.

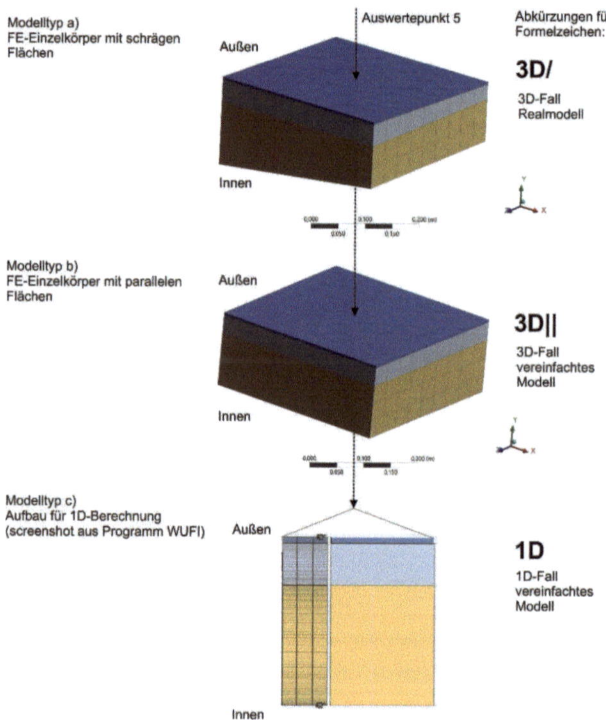

Bild 8-5: *Modelltypen a, b, c für die vergleichende numerische Überprüfung, hier mit Darstellung der FE-Berechnungsnetze*

Eine ausführliche Dokumentation zum Vorgehen und Vorstellung und Interpretation der Ergebnisse ist im Anhang in Anlage B enthalten.

Ergebnis der Untersuchungen ist, dass die Effekte der Querleitung des 3-D Modells gegenüber einer 1-dimensionalen Betrachtung an den entsprechenden Stützstellen der Wand vernachlässigbar klein sind. Das Rechenmodell kann daher ohne Einschränkung auch als 1-D Modell modelliert werden.

Vergleichsberechnung mit gemessenen Oberflächentemperaturen

Für die Überprüfung der Ansätze zu Außenklimarandbedingungen und der bautechnischen Eingangsgrößen wurde der Wandaufbau im Bereich des installierten Oberflächentemperaturfühlers (Datenloggermessung, vgl. Bild 5-52) auf der nach Norden ausgerichteten Prüfwand rechnerisch abgebildet.

Der Messort und die sich daraus ergebenden angesetzten Dicken für den Wandaufbau an der Stelle zwischen den Rasterpunkten A-B;1 sind in Bild 8-6 dargestellt.

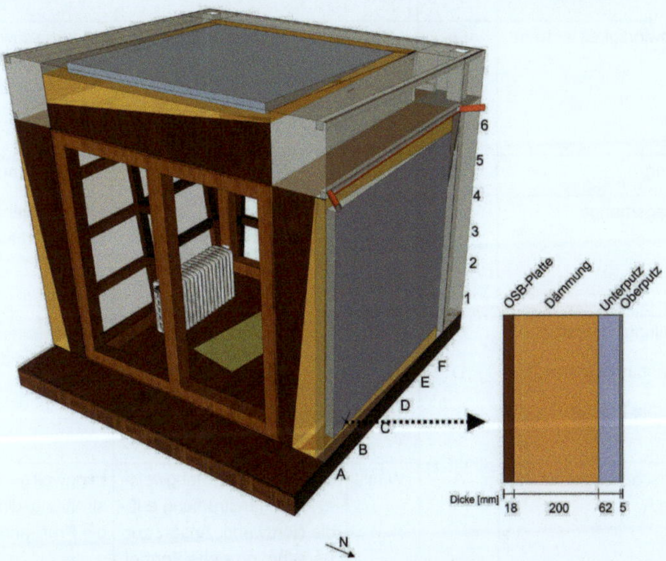

Bild 8-6: Messort des Oberflächenfühlers mit Wandaufbau an der Stelle (A-B;1) als Eingangsparameter für die Simulationsrechnung

Die materialtechnischen Eingangsparameter für den Wandaufbau sind in *Tabelle 5-9* zusammengestellt.

Für die Außenklimarandbedingungen wurden die in Tabelle 8-3 aufgelisteten Eingangsgrößen verwendet. Die verwendeten Klimadaten stammen von der DWD-Wetterstation in Hannover-Langenhagen, die auf Grundlage der vergleichenden Untersuchung mit der am Ort vorhandenen Wetterstation zum Teil standortspezifisch angepasst worden sind (vgl. Abschnitt 5.2.4.3). Die Strahlungs- und Winddaten wurden mit Hilfe der in Abschnitt 10.2.1.1 erwähnten Verfahren auf den Aufstellungsstandort des Teststands und die nach Norden ausgerichtete Prüfwandfläche umgerechnet.

Tabelle 8-3: Klimatische Eingangsgrößen für die Berechnung

Quellgröße von Wetterstation	Formel zeichen	Einheit	Notwendige Anpassungen auf Standort/ Prüfwand-ausrichtung	Eingangsgröße in Berechnung
Außenlufttemperatur	θ_e	°C	+0,4 K	Außenlufttemperatur
Außenluftfeuchte	φ	%-rel.F.	-	Außenluftfeuchte
Windgeschwindigkeit in 10 m Höhe	v_{10m}	m/s	Faktor 0,56 Umrechnung von 10m auf 20m Höhe siehe Formel (24)	Windgeschwindigkeit in 20 m Höhe [a]
Windrichtung	w	°	-	Windrichtung
Niederschlagsmenge	r_{bv}	mm/h	Berechnung der gerichteten Regenmenge auf die Prüfwand nach *ASHRAE Standard 160 [2]*	Schlagregenmenge auf die Prüfwand [b]
Globalstrahlungsintensität Diffuse Strahlungsintensität auf horizontale Fläche	G D	W/m²	Umrechnung der Messwerte (horizontale Fläche) auf geneigte (90°) und nach Norden ausgerichtete Fläche nach *VDI 6007 [86]*	Globalstrahlungsintensität auf die Prüfwand
Atmosphärische Gegenstrahlungsdichte A	A	W/m²	Berechnung der langwelligen Gegenstrahlung auf die Nordwand, Ansatz zur Berechnung siehe Formel (31,32)	Langwellige Gegenstrahlungsdichte auf die Prüfwand [c]
Luftdruck	p	hPa	-	Luftdruck
	a: Annahme zur effektiven Rauigkeitslänge z_0=1 (Wohngebiet Stadt/Vorstadt) nach *[75]* b: Annahme zu Regenexpositionsfaktor F_e=1,0; Regendepositionsfaktor F_d=0,5 c: Annahme zur Einstrahlzahl zur Atmosphäre F_{sky}=0,4			

Für das Innenklima im Teststand wurden die mit einem Datenlogger (Testo 175 H1) im Inneren gemessenen Werte zu Lufttemperatur und Luftfeuchtigkeit angesetzt.

Zur Bestimmung des konvektiven Wärmeübergangskoeffizienten α_K wurde der windanströmungsabhängige Ansatz nach *[32]*, siehe Formel (7), verwendet. Für die Konvektion bei Windstille α_{conv} wurde dabei von einer mittleren Temperaturdifferenz der Oberflächentemperatur θ_s zur Außenluft θ_e von etwa $\Delta\theta_{|s-e|}$ = 2 K ausgegangen. Nach dem Zusammenhang in Formel (8) ergibt sich α_{conv} damit zu 2 W/(m²K). Für die Anströmrichtung wurde davon ausgegangen, dass sich aufgrund der vergleichsweise kleinen Geometrie um den Teststand eine komplexe turbulente Strömungscharakteristik ausbildet. Daher wurde nicht zwischen luv- und leeseitigen Windbedingungen unterschieden, sondern immer von Luv-Bedingungen ausgegangen.

Für die weiße Putzoberfläche wurde ein Emissionsgrad von $\varepsilon = 0{,}9$ *([96])* und ein der Farbgebung des Putzes entsprechender Absorptionsgrad von $\alpha = 0{,}3$ (*[28]*) angesetzt.

Aus programmtechnischen Gründen wird die auf die reale Fläche auftreffende Regenmenge in der fiktiven Oberflächenschicht als Feuchtequelle im Material angegeben. Dies ist notwendig, damit wie in der Realität auch, nach der Beendigung eines Regenereignisses das noch auf der Oberfläche anhaftende Wasser auch im Simulationsprozess für den Wasseraufnahmeprozess zur Verfügung steht. Für die anhaftende Regenmenge wird von anteilig 70 % ausgegangen (Erläuterung vgl. Abschnitt 3.4.2).

In Bild 8-7 sind die Ergebnisse des Vergleichs der Mess- mit den Rechendaten für den Zeitraum vom 15.08.2017 bis 15.02.2018 dargestellt. Zu den Messdaten des Oberflächentemperaturfühlers wurden zeitweise zu Kontrollzwecken auch die ermittelten Temperaturdaten aus den ebenfalls aufgenommenen Thermografieaufnahmen mit dargestellt. Zum Vergleich wurde zum einen die Differenz der gemessenen und berechneten Temperaturen $\Delta\theta_{se,rech\text{-}mess}$ betrachtet. Zum anderen wurde für den Langzeitvergleich die Taupunktunterschreitungskurve T_{TPU} ausgewertet und die Taupunktunterschreitungsintensität t'_{TPU} ermittelt (zum Vorgehen bei der Ermittlung von t'_{TPU} vgl. Abschnitt 7.3.3.1).

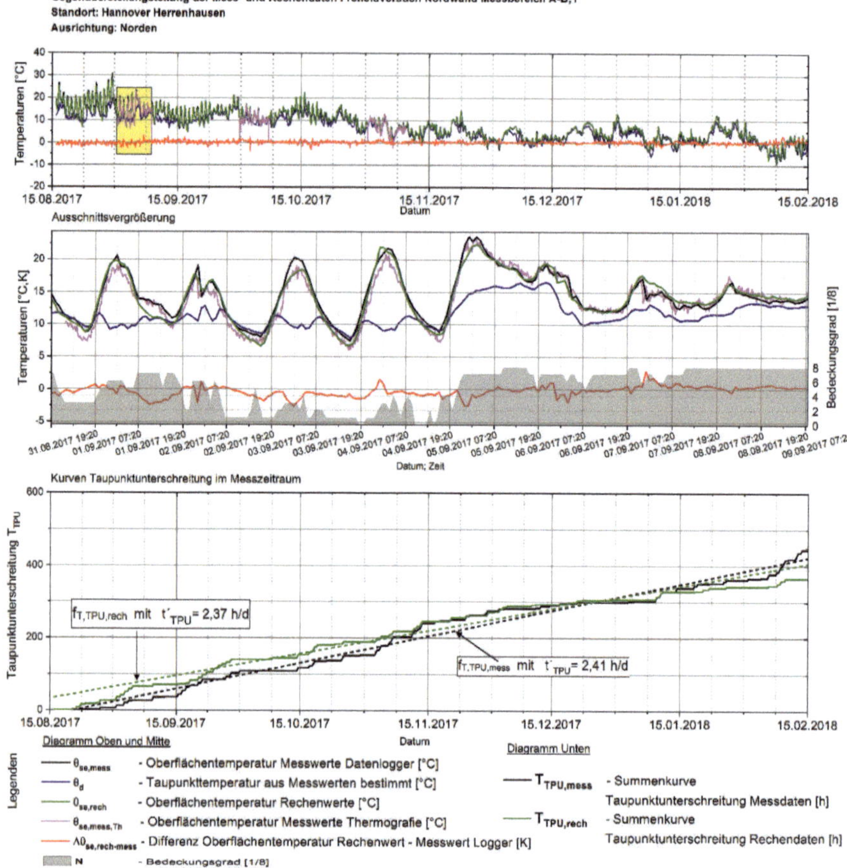

Bild 8-7: Diagramm Oben und Mitte: Gegenüberstellung der gemessenen Oberflächentemperaturen aus Thermografie und Datenloggermessungen mit den Messwerten der Simulation (Zeitraum 6 Monate). Diagramm Unten: Summenkurven zur Taupunktunterschreitung der gemessenen und berechneten Oberflächentemperatur mit Ermittlung der Taupunktunterschreitungsintensität t'_{TPU} im Messzeitraum

Die Abweichungen der Oberflächentemperaturen $\Delta\theta_{se,rech-mess}$ liegen über den gesamten betrachteten Zeitraum nahe Null mit Höchstwerten bis 2 K (siehe Ausschnittsvergrößerung). Der Vergleich der Taupunktunterschreitungskurven liefert einen sehr gut vergleichbaren Verlauf. Der absolute Unterschied der mittleren Taupunktunterschreitungsstunden am Tag liegt bei $\Delta t'_{TPU}$=2,41-2,37= 0,04 h/d, was nur etwa 2,5 Minuten entspricht.

Ausgehend von der thermischen Überprüfung aller klimatischen und bautechnischen Einstellparameter kann daher zum zweiten Schritt, der feuchtetechnischen Überprüfung des erweiterten Modells übergegangen werden.

8.3.3.3 Thermisch-Hygrische Betrachtung

Für die Vergleichsrechnung werden die beiden möglichen Einflüsse für das Auftreten Wasser an der Oberfläche, Tauwasserbildung und ein Schlagregenereignis, untersucht. Die Befeuchtungsereignisse werden sowohl an der senkrechten Prüfwandfläche (hier Nordwand) als auch an der nahezu waagerechten Kopfplatte an ausgesuchten Beispielen rechnerisch ausgewertet.

Tauwasserereignis Nordwand am 30.08.2016

Die Bilddokumentation (4 Zeitpunkte) des exemplarisch ausgewählten Betauungsereignisses auf der Nordwand ist in Bild 8-8 mit Angabe der Uhrzeiten dargestellt.

Die an den Feuchtedetektoren sichtbare Betauung der Oberfläche findet von Feld F1 (unten rechts) ausgehend statt und setzt sich bis zum Morgen auf der Prüfwand in Richtung Feld A6 (oben links) fort. Zum Ende des Betauungsereignisses erscheinen die Feuchtedetektoren wieder weiß.

Die Vergleichsrechnung wird an über die Prüfwand ausgewählten Punkten B2, E2, C3, B5 und E5 durchgeführt.

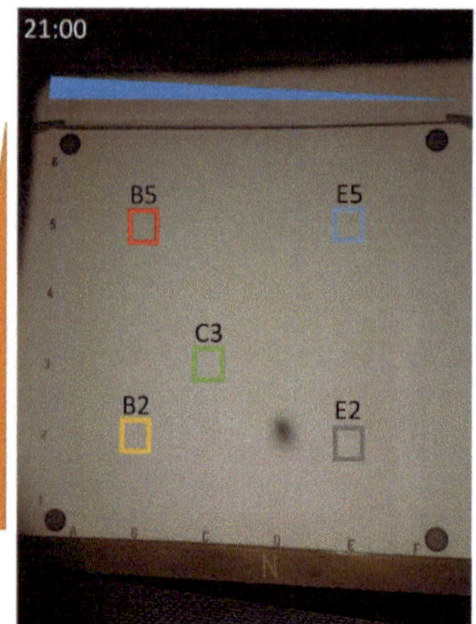

Wandoberfläche im trockenen Zustand

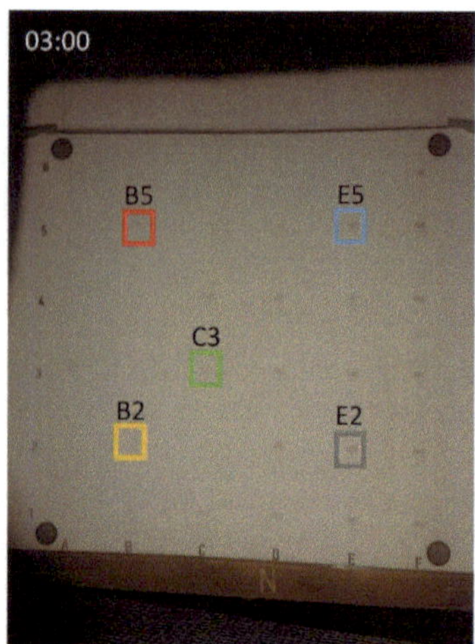

Beginn Tauwasserbildung siehe Felder E2, E5

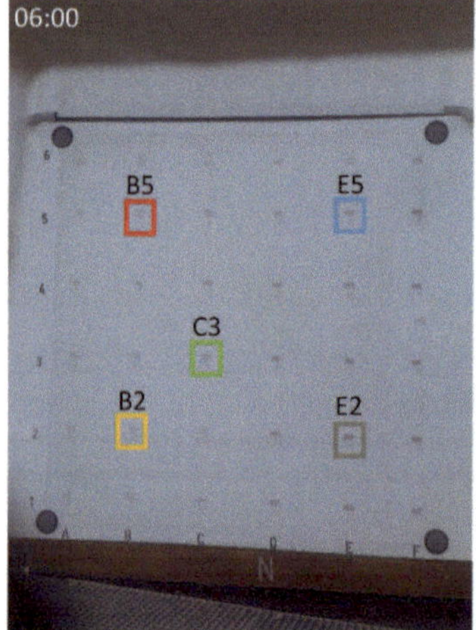

Betaute Wand nach Sonnenaufgang, sichtbar an rot verfärbten Feuchtedetektoren

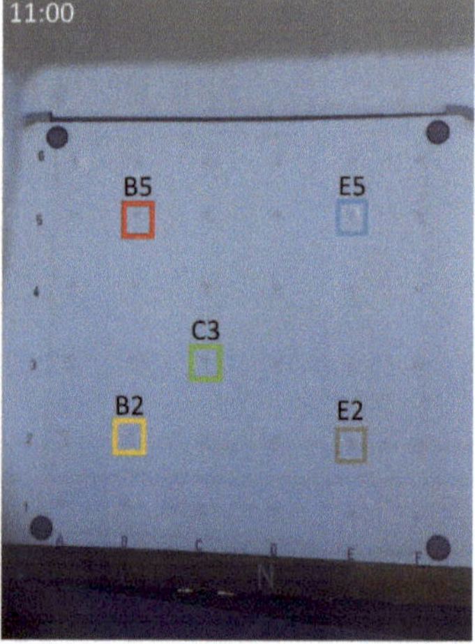

Ende Tauwasserereignis. Wandoberfläche trocken und Feuchtedetektoren wieder weiß

Bild 8-8: *Zustände der Wandoberfläche der Nordseite während eines Tauwasserereignisses am 30.08.2016 zu unterschiedlichen Zeitpunkten (Uhrzeiten siehe Bilder. Links oben sind die Schichtdickenverteilungen des Putzes (blau) und der Wärmedämmung (orange) dargestellt*

Die Ergebnisse des Vergleichs der Messwerte der Feuchtedetektoren und dem Feuchteanfall in der fiktiven Oberflächenschicht sind in Bild 8-9 zusammengestellt. Die aus der Berechnung und der Messung ermittelten Anfangs- und Endzeitpunkte sowie Zeitdauern mit nasser Oberfläche sind für die einzelnen Felder in einem Balkendiagramm gegenübergestellt.

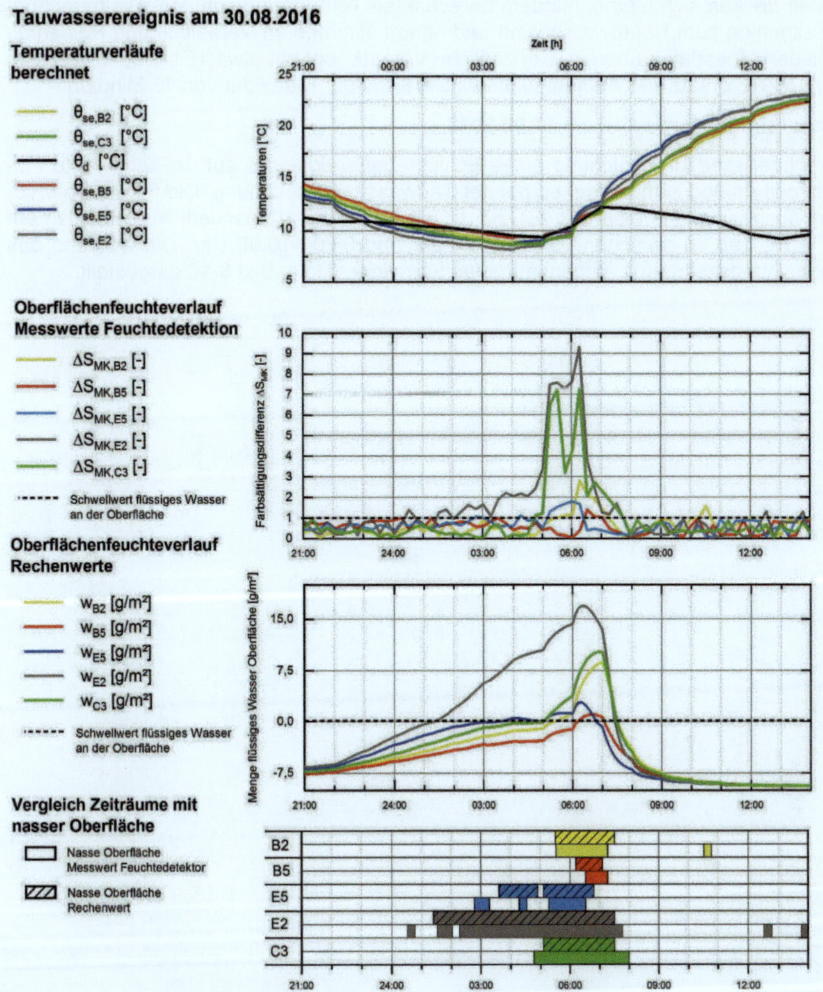

Bild 8-9: Verläufe der Temperaturen (Rechenwerte), Oberflächenfeuchte (Mess- und Rechenwerte) während des Tauwasserereignisses am 30.08.2016. Ermittlung der Zeiträume, in denen die Oberfläche messtechnisch und rechnerisch nass war (siehe Balkendiagramm unten)

Die Taupunkttemperatur θ_d wird zu unterschiedlichen Zeitpunkten an allen untersuchten Feldern unterschritten. Entsprechend dem Unterschreitungszeitpunkt beginnt die Betauung als erstes an Feld E2 (graue Kurve). Feld B5 betaut ebenfalls, jedoch sehr wenig am Morgen gegen 6:00 Uhr. Die Oberflächentemperatur im Bereich der Felder mit dickerer Putzschicht (B2, C3, B5) fällt später unter die Taupunkttemperatur als bei den Feldern mit dünner Putzschicht (E2, E5). Die detektierten/gemessenen Betauungsereignisse decken sich hierbei mit dem berechneten Temperaturverläufen. Die berechneten Zeitpunkte zum Betauungsbeginn und –ende stimmen im Verhältnis und Reihenfolge mit den Messdaten überein. Der zeitliche Versatz liegt mit etwa 15 bis 30 Minuten im gleichen Zeitversatz des Aufnahmeintervallbereichs der Klarbilder von 15 Minuten.

Regenereignis Nordwand am 17.09.2016

Die rechnerische Untersuchung eines Schlagregenereignisses auf die senkrechte Fläche erfolgt analog zum Vorgehen bei der Tauwasseruntersuchung. Die für die Untersuchung ausgewählten Felder B2, E2, B5, E5 sind in Bild 8-10 markiert. Niederschlag auf die Fläche gab es zwischen 05:00-07:00 Uhr und 08:00-10:00 Uhr. Die während des Untersuchungszeitraums aufgenommenen Klarbilder sind in Bild 8-10 dargestellt.

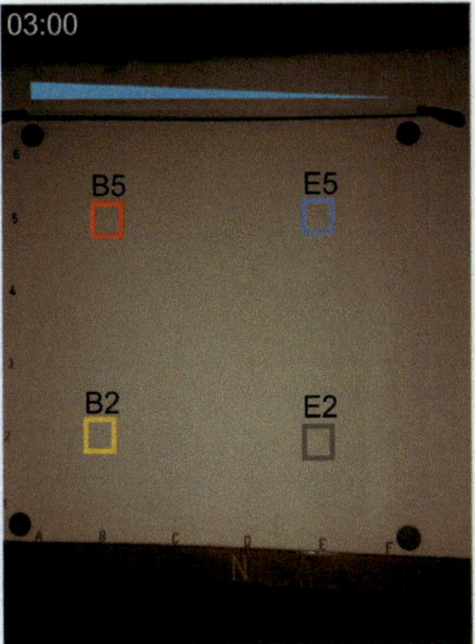

Wandoberfläche im trockenen Zustand

Wandoberfläche nach 1. Regenereignis komplett nass

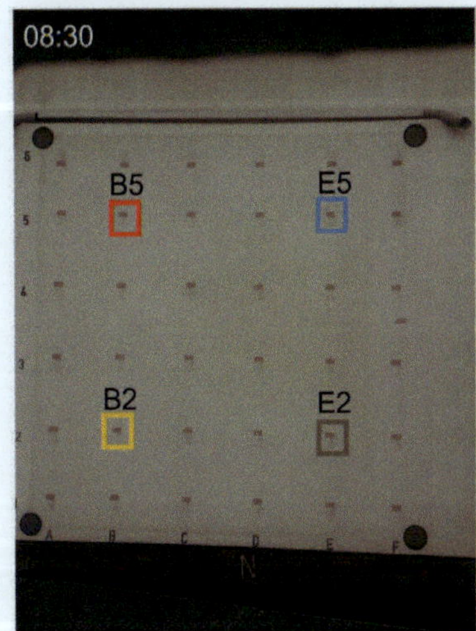

Wandoberfläche nach 2. Regenereignis komplett nass

Wandoberfläche teilweise abgetrocknet, Feld B2 noch leicht verfärbt

Bild 8-10: Zustände der Wandoberfläche der Nordseite während eines Regenereignisses am 17.09.2016 zu unterschiedlichen Zeitpunkten (Uhrzeiten siehe Bilder) Links oben sind die Schichtdickenverteilungen des Putzes (blau) und der Wärmedämmung (orange) dargestellt

Die Ergebnisse des Vergleichs aus Messung über Feuchtedetektion und Berechnung des Wassergehalts der Oberflächenschicht sind in Bild 8-11 dargestellt.

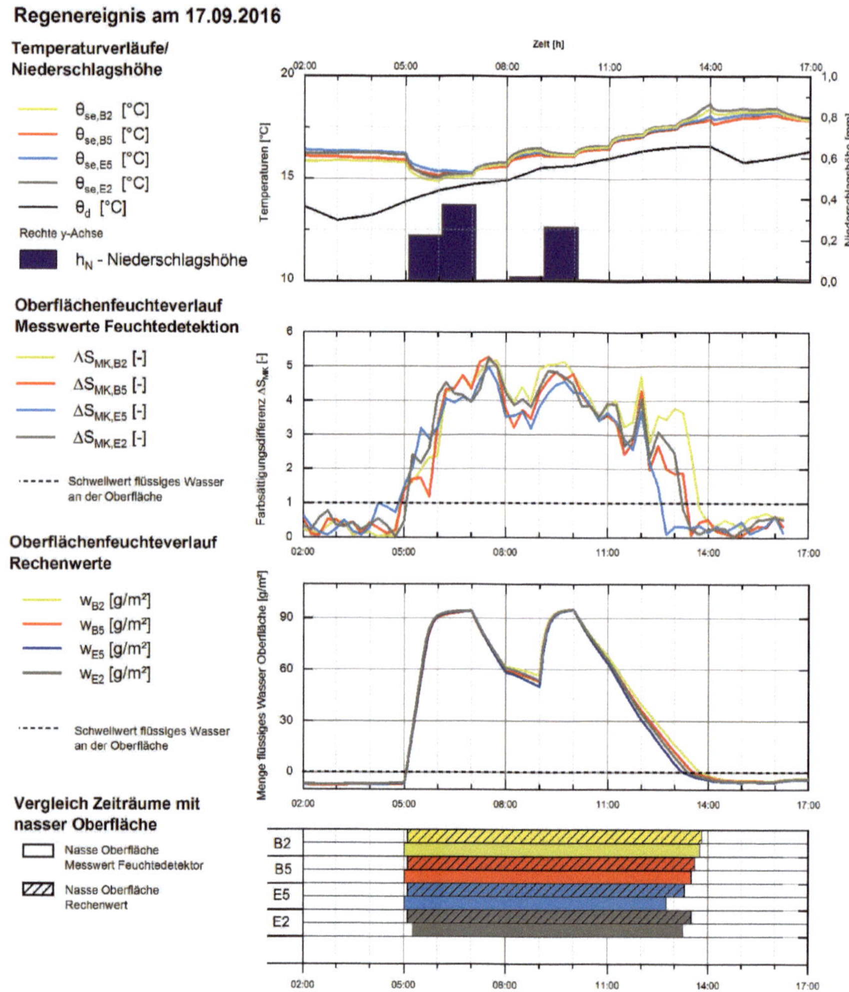

Bild 8-11: Verläufe der Temperaturen (Rechenwerte), Oberflächenfeuchte (Mess- und Rechenwerte) während des Regenereignisses am 30.08.2016. Ermittlung der Zeiträume, in denen die Oberfläche messtechnisch und rechnerisch nass war (siehe Balkendiagramm unten)

Wie zu erwarten, fällt der Beginn des rechnerisch ermittelten Oberflächenwasseranfalls mit der Beaufschlagung der Wand durch Niederschlag zeitlich zusammen. Bis zur vollständigen Abtrocknung der Wandoberfläche dauert es vom Ende des 2. Regenereignisses an ca. 3,5 Stunden. Dieselbe Abtrocknungsdauer wird auch aus den Berechnungsergebnissen sichtbar. Dabei korreliert auch die Abtrocknungsreihenfolge der einzelnen Felder mit der messtechnisch festgestellten Reihenfolge (E5 → E2 → B5 → B2).

Die Überprüfung des erweiterten Berechnungsmodells liefert hinsichtlich des Temperatur und Oberflächenfeuchteverhaltens senkrechter Wände eine sehr gute Übereinstimmung mit den gemessenen Werten.

Tauwasserereignis Kopfplatte am 05.10.2018

Das Feuchteverhalten der im Versuchsverlauf mikrobiell bewachsenen Kopfplatte des Teststands wurde ebenfalls rechnerisch beurteilt.

Für die Berechnung der horizontalen Fläche wurde angenommen, dass das Wasser bedingt durch die Neigung bei einer Wassermasse von m = 150 g/m² abläuft. Außerdem wurde angenommen, dass kein Wasser von der Oberfläche wegspritzt und somit wurden 100% der gemessenen Normalregenmenge für die Berechnung angesetzt.

Der Verlauf des Tauwasserereignisses ist in Bild 8-12 dokumentiert.

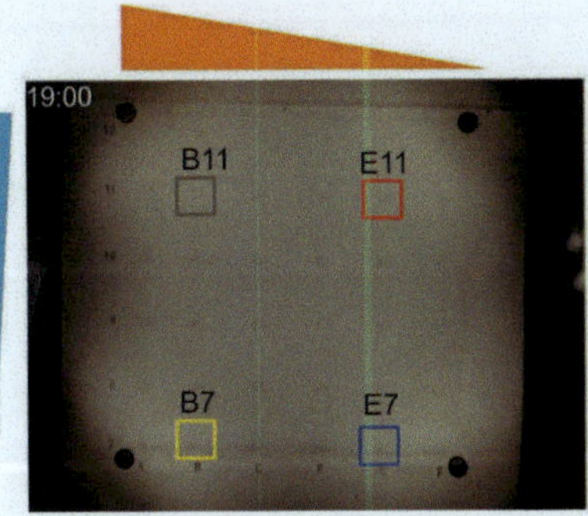

Wandoberfläche im trockenen Zustand

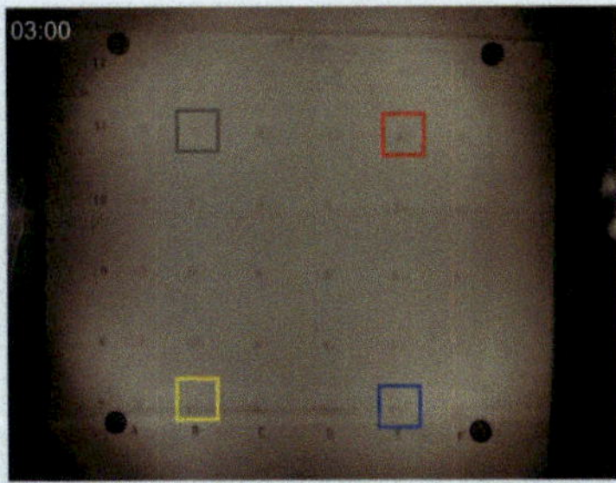

Wandoberfläche teilweise betaut (siehe Felder B7,E7. E11 beginnende Betauung

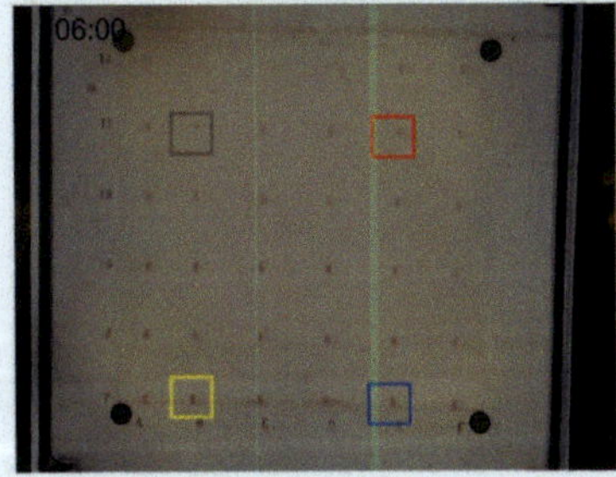

Oberfläche fast vollständig betaut

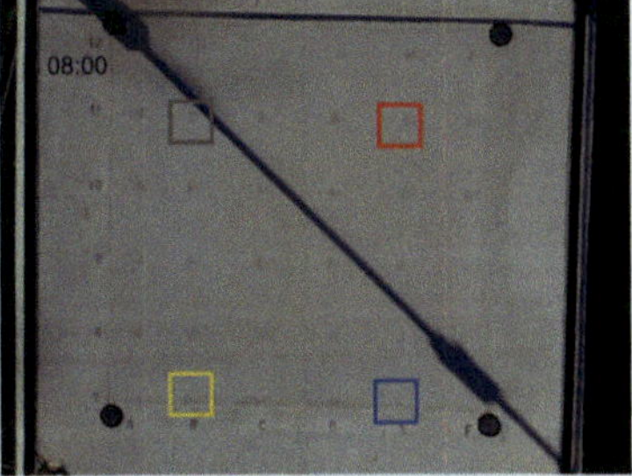

Oberfläche nach Sonnenaufgang wieder trocken

Bild 8-12: *Zustände der Oberfläche der Kopfplatte während des Tauwasserereignisses am 05.10.2016 zu unterschiedlichen Zeitpunkten (Uhrzeiten siehe Bilder). Links oben sind die Schichtdickenverteilungen des Putzes (blau) und der Wärmedämmung (orange) dargestellt*

Die Berechnungsergebnisse (siehe Bild 8-13) zeigen eine gute Korrelation zu den Messwerten der Feuchtedetektion hinsichtlich Zeitdauer und sowie Betauungs- und Abtrocknungszeitpunkten der untersuchten Bereiche auf.

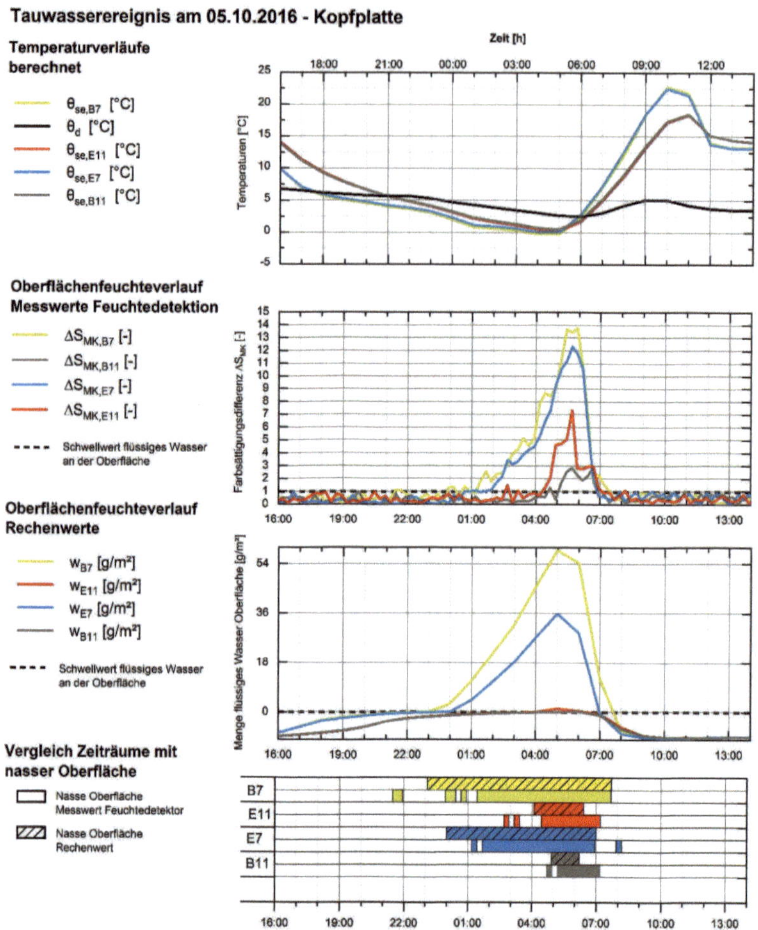

Bild 8-13: Verläufe der Temperaturen (Rechenwerte), Oberflächenfeuchte (Mess- und Rechenwerte) während des Tauwasserereignisses am 05.10.2016. Ermittlung der Zeiträume, in denen die Oberfläche messtechnisch und rechnerisch nass war (siehe Balkendiagramm unten)

Regenereignis Kopfplatte am 17.09.2016

Die Untersuchung des Regenereignisses am 17.09.2016 ist in Bild 8-14 und Bild 8-15 dokumentiert.

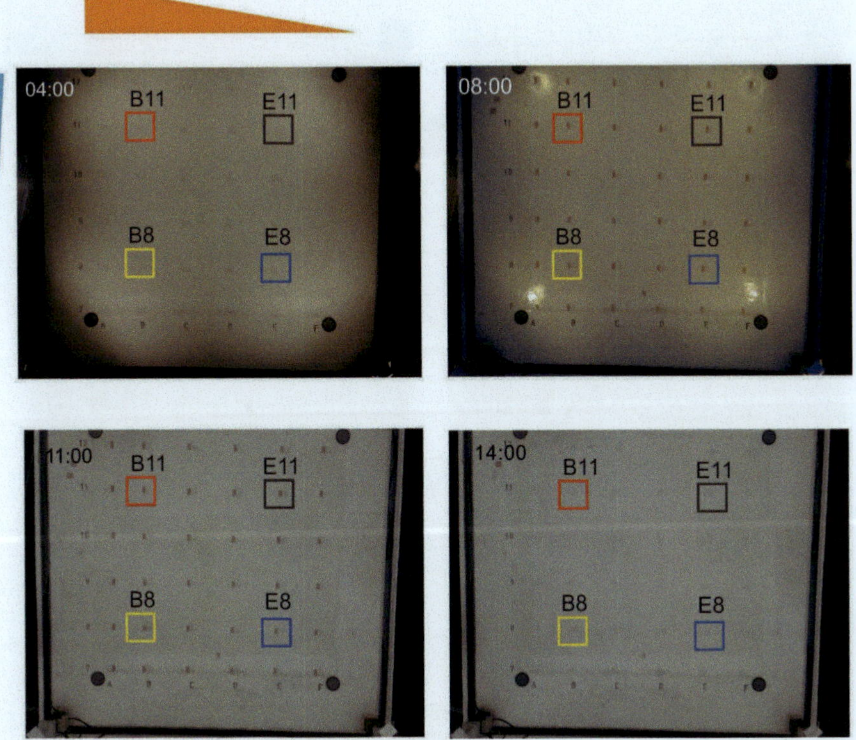

Bild 8-14: Zustände der Oberfläche der Kopfplatte während eines Regenereignisses am 17.09.2016 zu unterschiedlichen Zeitpunkten (Uhrzeiten siehe Bilder)

Die rechnerisch ermittelte Zeitdauer der nassen Oberfläche stimmt auch für die Kopfplatte gut mit den Messwerten überein.

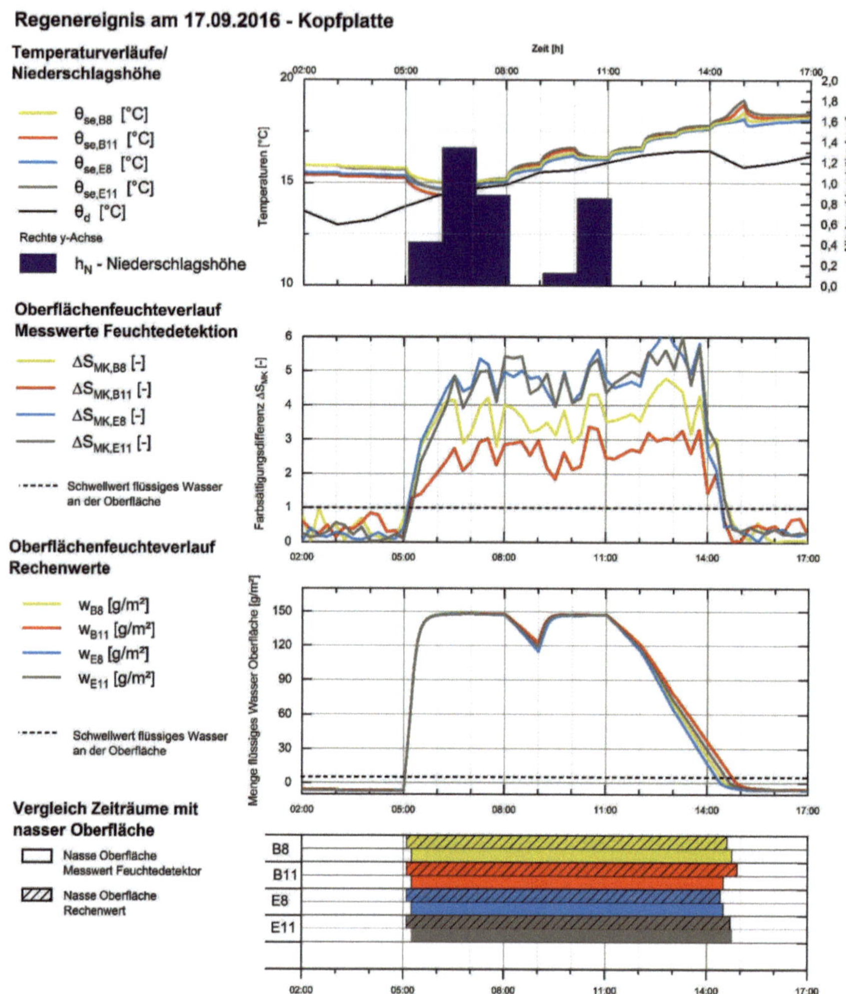

Bild 8-15: Verläufe der Temperaturen (Rechenwerte), Oberflächenfeuchte (Mess- und Rechenwerte) während des Regenereignisses am 17.09.2016. Ermittlung der Zeiträume, in denen die Oberfläche messtechnisch und rechnerisch nass war (siehe Balkendiagramm unten)

Die Vergleichsrechnungen mit dem um die Oberflächenschicht erweiterten Berechnungsmodell zeigt auch unter realklimatischen Randbedingungen eine gute Übereinstimmung zu den Messwerten. Zusammenfassend ist auf Grund der durchgeführten Validierungsberechnungen davon auszugehen, dass das Modell zur Simulation des instationären Feuchteverhaltens auf der Oberfläche vollständig geeignet ist.

9 Ableitung einer Kenngröße

Unter Anwendung des validierten Rechenmodells wurde das Feuchteverhalten der Prüfwände im Jahresverlauf untersucht. Dazu wurden alle Rasterpunkte der Prüfwände des Teststands rechnerisch für den Zeitraum 05.2016 bis 04.2017 abgebildet.

Exemplarisch ist in Bild 9-2 das Temperatur- und Feuchteverhalten zweier Bereiche der nördlich ausgerichteten Prüfwand dargestellt und hinsichtlich ihres Oberflächenwassergehalts und der Ableitung einer neuen Beurteilungsgröße Oberflächenfeuchteintensität $t'_{w,Sep\text{-}Jan}$ ausgewertet.

Für die exemplarische und anschauliche Auswertung wurden die Felder F1 und F6 herangezogen. Zur Lage im Prüfwandaufbau siehe Bild 9-1.

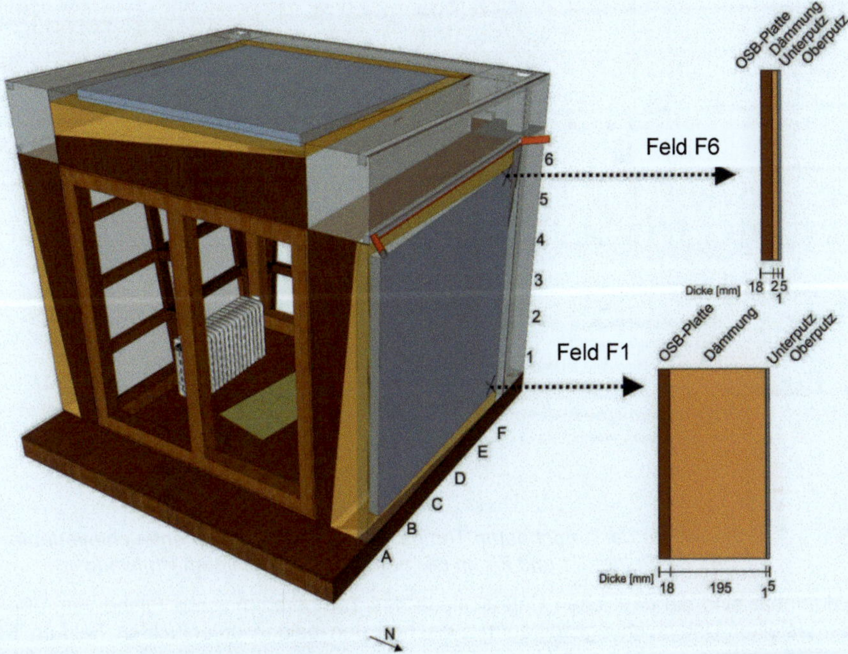

Bild 9-1: Lage und Schichtenaufbau der Felder F1 und F6 an der nördlich ausgerichteten Prüfwand

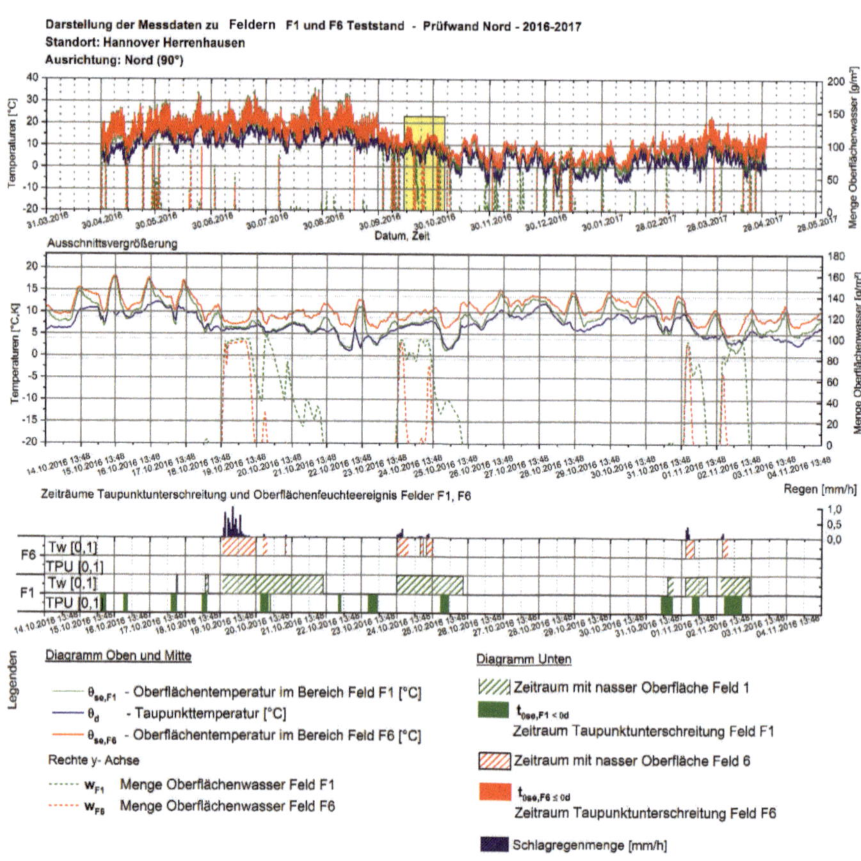

Bild 9-2: *Verläufe der berechneten Temperaturen und Oberflächenfeuchteverläufe für die Felder F1 und F6 an der nördlich ausgerichteten Prüfwand*

Erkennbar sind die deutlichen Unterschiede des Temperaturniveaus (siehe vergrößert dargestellter Untersuchungszeitraum) zwischen den beiden untersuchten Feldern F1 und F6. Daraus ergeben sich Unterschiede in der Taupunktunterschreitungshäufigkeit. Außerdem ergeben sich zusätzlich deutliche Unterschiede auch in der Zeitdauer, in der die Oberfläche nach einem Regenereignis wieder trocken wird. Feld F1 weist dadurch sehr viel häufiger eine insgesamt als „nass" zu bewertende Oberfläche auf.

Für die Häufigkeiten der Feuchteereignisse der verglichenen Oberflächen im Jahresverlauf wird auf das Bild 9-3 verwiesen. Zusätzlich sind neben den Kurven für die Taupunktunterschreitungen auch die Kurven der aufsummierten Stunden mit nasser Oberfläche im Jahresverlauf aufgeführt. Im Hinblick auf die spätere Auswertung für bewuchsrelevante Feuchtigkeit gilt in Anlehnung an *v. Werder [95]* für ein Feuchteereignis $t_W = 1$ h, sobald der Feuchtegehalt der Oberflächenschicht $\varphi = 99$ % Feuchte erreicht hat (siehe auch Abschnitt 4.2).

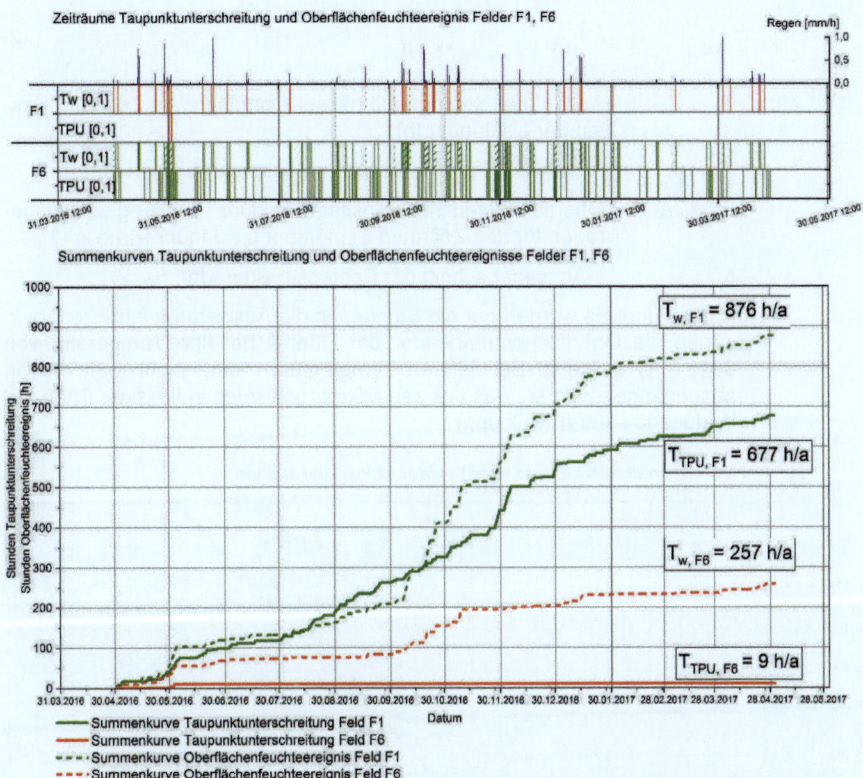

Bild 9-3: Darstellung der Taupunktunterschreitungs- und Oberflächenfeuchteereignisse im Jahresverlauf (Diagramm oben). Summenkurven für Taupunktunterschreitung T_{TPU} und Oberflächenfeuchteereignisse T_w für die Felder F1 (grün) und F6 (rot) (Diagramm unten)

Die Summenkurven für die Taupunktunterschreitungsereignisse zeigen die bereits bekannte sigmoide Kurvencharakteristik (vgl. Abschnitt 7.3) und deutliche Unterschiede zwischen dem Feld F1 und F6. Aus den Summenkurven für die Oberflächenfeuchteereignisse lässt sich eine vergleichsweise höhere Feuchtebeanspruchung in der Zeit von September bis Januar erkennen. An diesem Beispiel wird außerdem deutlich, dass die Taupunktunterschreitungsereignisse nicht allein für die Bestimmung einer Kenngröße verwendet werden können, da die sich tatsächlich einstellenden Oberflächenfeuchteereignisse abweichen.

Oberflächenfeuchteintensität $t'_{w,Sep\text{-}Jan}$

In Anlehnung an das Vorgehen zur Ermittlung der Taupunktunterschreitungsintensität t'_{TPU} (vgl. Abschnitt 7.3) wird für die Kurven die Intensität der Oberflächenfeuchtebeanspruchung $t'_{w,Sep\text{-}Jan}$ ermittelt.

Es gilt:

$$f_{T_w}(x) = Reg\left(\frac{T_{w,Sep-Jan}}{d_{Sep-Jan}}\right) = t'_{w,Sep-Jan} \cdot x + n \qquad (22)$$

Mit: $T_{w,Sep-Jan}$: Anzahl der Stunden mit nasser Oberfläche im Zeitraum September bis Januar [h]

$d_{Sep-Jan}$: Anzahl der Tage im Zeitraum September bis Januar [d]

$t'_{w,Sep-Jan}$: Oberflächenfeuchteintensität- Steigung der Regressionsgeraden für den Zeitraum September bis Januar $f_{Tw}(x)$ in $\left[\frac{h}{d}\right]$

n: y-Achsenabschnitt der Regressionsgeraden $f_{Tw}(x)$

Anmerkung: Es werden nur die Stunden in die Auswertung einbezogen, in denen die Oberflächentemperatur der Oberfläche eine Temperatur von $\theta_{se} \geq 0$ °C aufweist. Bei tieferen Temperaturen kann nicht mehr davon ausgegangen werden, dass es den Mikroorganismen in flüssiger Form zur Verfügung steht (Eisbildung).

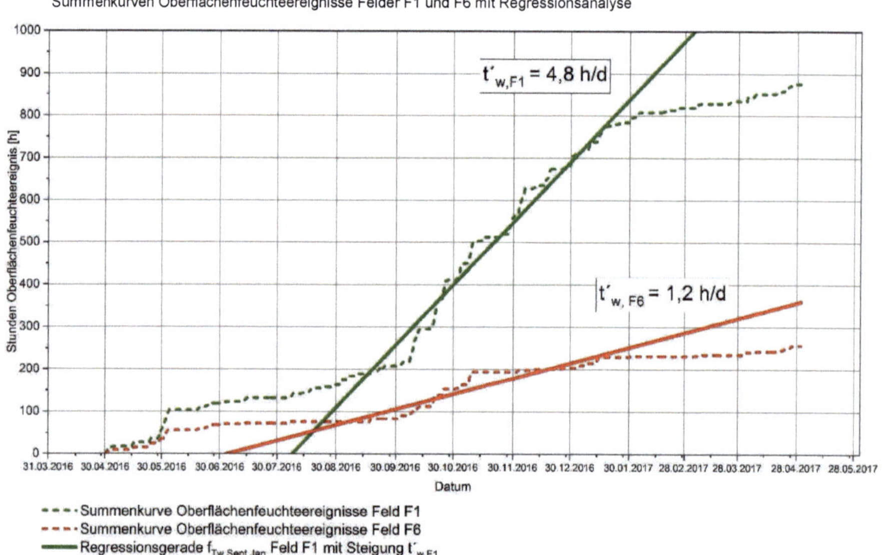

Bild 9-4: Ermittlung der Oberflächenfeuchteintensität $t'_{w,Sep-Jan}$ für die untersuchten Bereiche der Felder F1 und F6

Bei Ermittlung der Kurven $T_{w,Sep-Jan}$ wurde bislang als Schwellwert für eine feuchte Oberfläche bei $\varphi \geq 99$ % angesetzt. Die Kurvencharakteristik wurde mit Blick auf die Definition einer allgemeingültigen Kenngröße auch für andere Schwellwerte untersucht. Exemplarisch ist in Bild 9-5 der Kurvenverlauf unter Ansatz eines Schwellwerts von $\varphi \geq 80$ % (Schimmelpilzkriterium in Innenräumen) für das Feld F1 dargestellt.

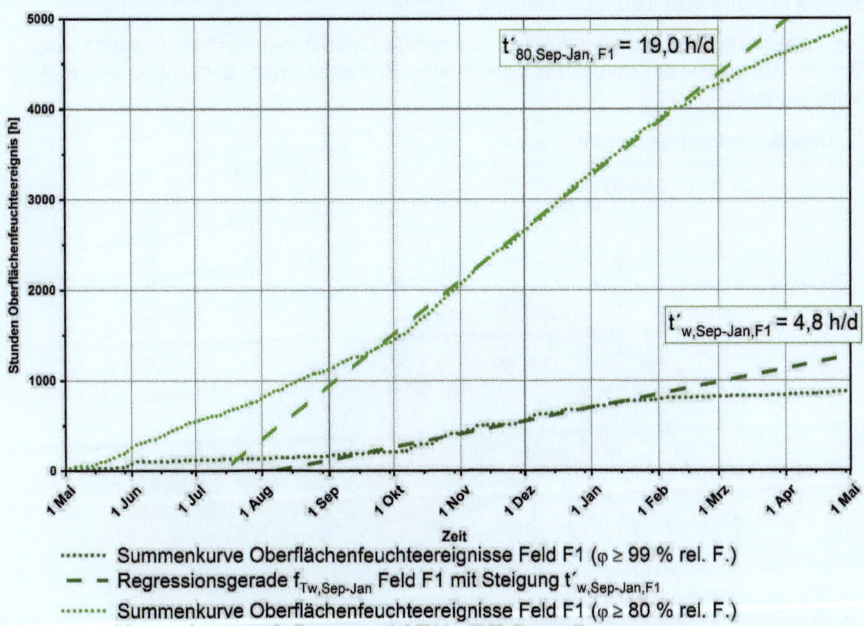

Bild 9-5: Gegenüberstellung der Oberflächenfeuchteintensität für die untersuchten Bereiche der Felder F1 und F6 unter Ansatz unterschiedlicher Feuchteschwellwerte (φ ≥ 99 % und φ ≥ 80 %)

Die sigmoide Kurvencharakteristik ist auch bei geringeren Feuchteschwellwerten gut erkennbar. Die Regressionsanalyse im Zeitraum September bis Januar liefert für den dargestellten Fall eines Bezugsschwellwerts bei φ = 80 % relativer Oberflächenfeuchte einen höheren Wert für $t'_{80,Sep\text{-}Jan,F1}$ = 19,0 h/d (gegenüber $t'_{w,Sep\text{-}Jan,F1}$ = 4,8 h/d bei einem Bezugsschwellwert von φ = 99 %).

Für mikrobiellen Bewuchs im Außenbereich existiert noch kein Schwellwert für bewuchsfördernde Oberflächenfeuchte wie für den Innenbereich. Pilze können bereits bei geringeren Luftfeuchten unter φ = 100 % entstehen und wachsen, während Algen überwiegend flüssiges Wasser (φ = 100 % relativer Luftfeuchte) zum Wachstum benötigen (vgl. Tabelle 2-2). Das Zusammenwirken von Algen und Pilzen im Außenbereich und insbesondere eine Angabe von Mindestfeuchten ist in diesem Zusammenhang noch nicht hinreichend erforscht bzw. in der Literatur dokumentiert. Bei den im Rahmen dieser Arbeit betrachteten Außenwandoberflächen zu sichtbarem mikrobiellen Bewuchs wurden Algen- und Pilzstrukturen jeweils immer zusammen auftretend festgestellt und eine klare Trennung der Arten konnte nicht vorgenommen werden. Zur baupraktischen Annäherung einer Beurteilungsgröße wurde als Bezugsschwellwert daher φ = 99 % für $t'_{w,Sep\text{-}Jan}$ festgelegt. Dies entspricht einer rechnerisch nahezu feuchten Oberfläche. Die Auswertungsmethodik würde sich auch bei geringeren Bezugsschwellwerten der Feuchte nicht ändern. Sie liefert bei niedrigeren Bezugsschwellwerten für φ entsprechend nur höhere Absolutwerte für $t'_{\varphi,Sep\text{-}Jan}$ und berücksichtigt nicht das in der Literatur belegte bessere Wachstum bei höheren Feuchten.

Die Auswertung der neu eingeführten Kenngröße Oberflächenfeuchteintensität $t'_{w,Sep\text{-}Jan}$ für jede Stützstelle der nördlich ausgerichteten Prüfwand ergibt den in Bild 9-6 abgebildeten Verlauf.

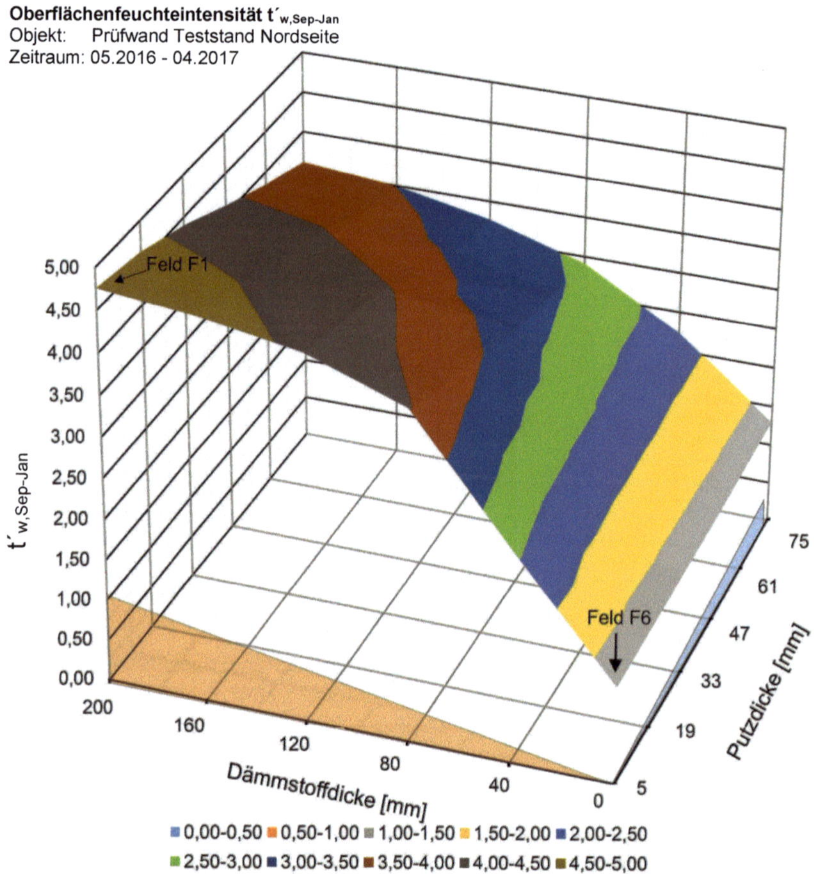

Bild 9-6: Ermittlung der Oberflächenfeuchteintensität $t'_{w,Sep\text{-}Jan}$ für die Prüfwand der Nordseite des Teststands

Mit zunehmender Dämmstoffdicke nimmt auch die Oberflächenfeuchteintensität $t'_{w,Sep\text{-}Jan}$ zu. Mit zunehmender Putzdicke wird $t'_{w,Sep\text{-}Jan}$ bei gleicher Dämmstoffdicke vermindert. Eine vergleichende Einschätzung der Wandaufbauten wird somit durch die Einführung der Kenngröße Oberflächenfeuchteintensität t'_w möglich.

Um die Abhängigkeit des mikrobiellen Bewuchses von der Oberflächenfeuchteintensität $t'_{w,Sep\text{-}Jan}$ zu untersuchen, wurden die Werte für $t'_{w,Sep\text{-}Jan}$ auch für die im Versuchsverlauf bewachsene Kopfplatte ermittelt und dem sich bis zum Januar 2017 eingestellten Bewuchsbild gegenübergestellt (siehe Bild 9-7).

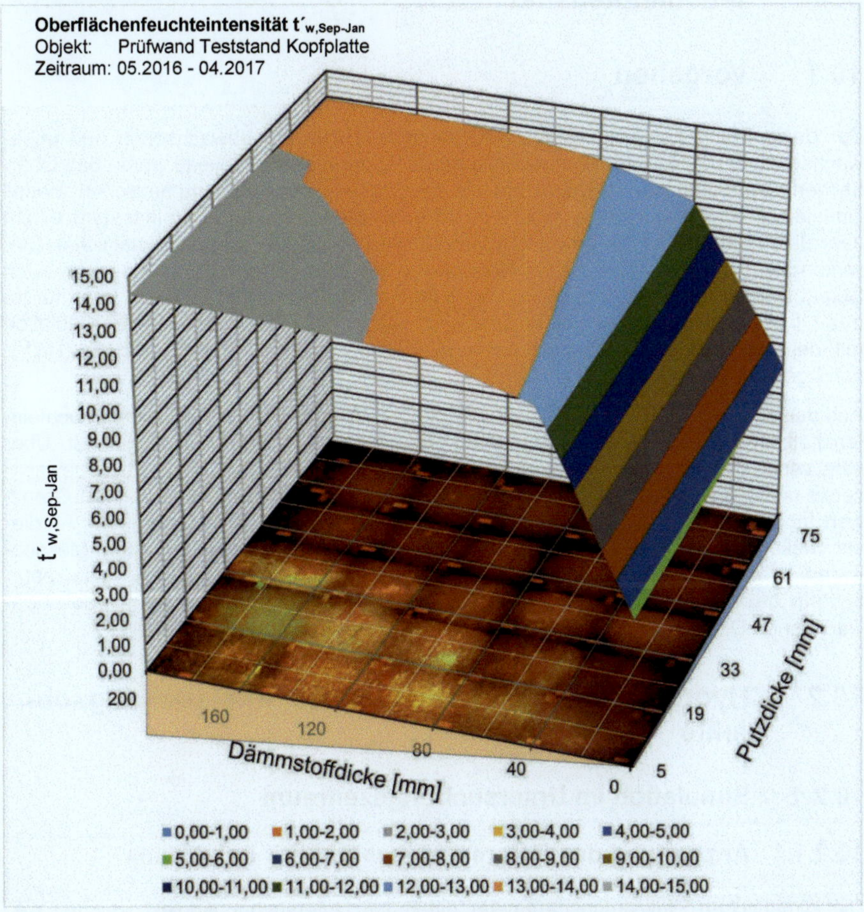

Bild 9-7: Ermittlung der Oberflächenfeuchteintensität $t'_{w,Sep\text{-}Jan}$ für die Kopfplatte des Teststands zusammen mit dem festgestellten Bewuchsbild (für Dokumentation Bewuchsentwicklung siehe Abschnitt 7.2.3).

Die Bereiche mit der stärksten Bewuchsentwicklung fallen geometrisch zusammen mit den Bereichen der Oberfläche, für die die größten Werte der Oberflächenfeuchteintensität $t'_{w,Sep\text{-}Jan}$ ermittelt wurden. Auch die Abstufung lässt einen Zusammenhang erkennen. Die Oberflächenfeuchteintensität dient damit als charakterisierende Größe zur Beurteilung des mikrobiellen Bewuchsrisikos und wird im weiteren als Beurteilungsgröße herangezogen.

10 Annäherung eines Grenzniveaus für Oberflächen-feuchteintensität

10.1 Vorgehen

Zur Bestimmung des langzeitigen Feuchteniveaus auf den bewachsenen und unbewachsenen Bereichen der Wandoberfläche der Untersuchungsobjekte wurde das Oberflächenfeuchteverhalten mit dem um die Oberfläche erweiterten numerischen Modell simuliert. Zunächst wurde die Simulation für einen Messzeitraum von mindestens einem Jahr durchgeführt und die gewählten individuellen Parameter zu lokalklimatischen Einwirkungen und den angesetzten Materialeigenschaften überprüft. In einem zweiten Schritt wurde das Oberflächenfeuchteverhalten für die Jahre von 2010 bis 2018 für jedes Objekt am Standort simuliert. Zusätzlich wurden in eine weitere Jahressimulation mit dem für den Objektstandort geltenden „Hygrothermischen Referenzjahr (HRY)“ durchgeführt.

Aus den sich im Mittel über die Jahre ergebenden Werten für die Oberflächenfeuchteintensitäten t'_w wurde für jede Untersuchungsstelle ein Feuchteniveau abgeleitet. Über eine vergleichende Betrachtung der mittleren Oberflächenfeuchteintensitäten bewachsener und unbewachsener Bereiche wurde dann in einer ersten Näherung ein Grenzwert für eine bewuchsfördernde Oberflächenfeuchteintensität $t'_{w,Grenz}$ bestimmt. An dieser Stelle wird darauf hingewiesen, dass der Untersuchungsumfang von fünf Messobjekten für eine erste Näherung eines Grenzwerts herangezogen wird. Für eine repräsentativ gesicherte Ableitung eines Grenzwerts sind weitere Studien an mikrobiell bewachsenen Objekten auch an anderen geografischen Standorten notwendig.

10.2 Hygrothermische Simulation der Untersuchungsobjekte

10.2.1 Simulation im Untersuchungszeitraum

10.2.1.1 Anpassung des Referenzklimas auf das Lokalklima

Die klimatischen Einwirkungsparameter direkt am Untersuchungsobjekt weichen u.a. aufgrund der Topografie des Geländes, vorhandener Vegetation, Lage und der umgebenden Bebauung teils stark von den gemessenen und für die Simulation verwendeten Referenzklimadaten der für das Einzugsgebiet gültigen Wetterstation ab. Die klimatischen Eingangsgrößen müssen daher individuell auf das für das jeweilige Objekt geltende Lokalklima (Mikroklima) angepasst und umgerechnet werden. Nachfolgend wird das Vorgehen bei der Ermittlung lokalklimaspezifischer Anpassungswerte und Umrechnungen für die einzelnen Referenzklimadatensätze erläutert. Für die Objekte in Hannover und der Region Hannover wurde die DWD-Referenzwetterstation in Hannover-Langenhagen verwendet. Für das Untersuchungsobjekt in Berlin wurde der Referenzdatensatz der DWD-Wetterstation Berlin-Tegel herangezogen. Alle Datensätze wurden aus *[54]* bezogen.

Windgeschwindigkeit

Für die Ermittlung eines Anpassungsfaktors für die Winddaten der Wetterstationen wurde analog zu dem in Abschnitt 5.2.4.3 beschriebenen Verfahren über den Vergleich mit einer innerstädtisch liegenden Wetterstation durchgeführt. Zwischen Stadtgebiet und der üblicherweise auf einer Freifläche außerhalb der Stadt stehenden Wetterstation ergibt sich daraus ein Anpassungsfaktor von etwa $f_{Wind} = 0{,}5$.

Für die Untersuchungsstellen, die nicht auf einer Höhe von $z_1 = 10$ m liegen (Standardhöhe der Windmessgeräte der Wetterstationen), wurden die Winddaten der Höhe z_1 unter Anwendung des Ansatzes nach *Berenyi [100]* auf die Untersuchungshöhe z_n umgerechnet.

$$v_n = v_1 \cdot \frac{\log z_n - \log z_0}{\log z_1 - \log z_0} \quad \left[\frac{m}{s}\right] \tag{23}$$

Mit: v_n: Windgeschwindigkeit in der Untersuchungshöhe [m/s]

v_1: Windgeschwindigkeit in der bekannten Höhe, hier 10 m [m/s]

z_n: Höhe der Untersuchungsstelle, für die die Windgeschwindigkeit berechnet wird [m]

z_0: Rauhigkeitshöhe [m]

z_1: Standardhöhe der Windmessgeräte der DWD-Wetterstationen [m]

Die Rauhigkeitshöhe z_0 gibt die Höhe über dem Boden an, bei dem die Windgeschwindigkeit theoretisch 0 m/s beträgt und ab der Höhe sie sich logarithmisch zunehmend ändert.

Werte für z_0 sind zum Beispiel im *DWD-Merkblatt [75]* enthalten und exemplarisch in Tabelle 10-1 für einige für die Arbeit relevante Gelände-/Flächennutzungstypen aufgeführt.

Tabelle 10-1: Zuordnung typischer z_0-Werte zu Flächennutzungstypen aus [75]

Rauhigkeitslänge z_0	Flächennutzungstyp
0,001	Wasserflächen
0,030	Landwirtschaftliches Gelände (wenig Gebäude und Bäume)
0,1	Landwirtschaftliches Gelände (geschlossenes Erscheinungsbild)
0,5	Locker bebautes Wohngebiet
1,0	Dicht bebautes Wohngebiet
2,0	Stadt, geschlossener Laubwald

Für die einzelnen untersuchten Objekte ergeben sich für die Lokalklimaanpassung in Tabelle 10-2 aufgeführte Faktoren für f_{Wind}.

Tabelle 10-2: *Ansätze der Anpassungswerte f_{Wind} für Klimadatensatz Windgeschwindigkeit*

Untersuchungsobjekt	Randbedingungen Lage, Flächennutzungstyp	Höhe Messort z_n	Korrektur für innerstädtische Lage	Höhenkorrektur (Ansatz für Rauhigkeitslänge z_0 nach *[75]*)	f_{Wind}
1	Umgeben von Bäumen, locker bebautes Wohngebiet, Stadtrand	2 m	keine	0,46 (0,5)	0,46
2	Locker bebautes Wohngebiet, Stadtrand	7 m	keine	0,88 (0,5)	0,88
3	Innenstadt	10 m	0,5	keine	0,5
4	Locker bebautes Wohngebiet außerhalb Stadt	4 m	keine	0,69 (0,5)	0,69

Schlagregenbeanspruchung

Der Datensatz der Wetterstation enthält Angaben zur Normalregenmenge auf eine horizontale Empfangsfläche r_h. Die Bestimmung der Schlagregenbeanspruchung auf eine Wand erfolgte gemäß *ASHRAE Standard 160 [2]* nach folgender Beziehung:

$$r_{bv} = F_E \cdot F_D \cdot F_L \cdot v_{Wind} \cdot \cos(t) \cdot r_h \quad \left[\frac{kg}{m^2h}\right] \tag{24}$$

Mit: r_{bv}: Schlagregenbelastung einer senkrechten Wand [kg/(m²h)]

F_E: Regenexpositionsfaktor, berücksichtigt Rauigkeit und Höhe des Geländes, Topografie und Hindernisse sowie Gebäudehöhe [-]

F_D: Regendepositionsfaktor berücksichtigt Einflüsse des Gebäudes selbst [-]

F_L: Empirische Konstante, Ansatz F_L = 0,2 [kgs/(m³mm)]

v_{Wind}: Stundenmittel der Windgeschwindigkeit auf 10 m Höhe, Ansatz hier die mit dem Faktor f_{Wind} skalierte Windgeschwindigkeit [m/s]

t: Winkel zwischen der Windrichtung und der Wandnormalen [°]

r_h: Regenintensität auf einer horizontalen Empfangsfläche [mm/h]

Tabelle 10-3: *Zahlenwerte für die Faktoren der Regenexposition F_E und Regendeposition F_D nach ASHRAE Standard 160 [2]*

Umgebung der Zielfläche	F_E		
Expositionskategorie	exponiert	mittel	geschützt
Höhe < 10 m	1,4	1,0	0,7
> 10 und ≤ 20 m	1,4	1,2	1,0
> 20 m	1,5	1,5	1,5
Gebäudeform	F_D		
Wände unter einem Steildach	0,35		
Wände unter einem Flachdach	0,5		
Ablaufendem Regenwasser ausgesetzte Wände	1,0		

In dieser Arbeit wurde der Höheneinfluss und der Einfluss der Geländeform über die Skalierung der Windgeschwindigkeit in der Simulation mit dem konkret für das Objekt ermittelten Anpassungsfaktor f_{Wind} (siehe Tabelle 10-2) berücksichtigt. Daher wird der pauschale Ansatz für den Regenexpositionsfaktor nicht benötigt und zu F_E = 1 gesetzt.

Die Werte für den Regendepositionsfaktor F_D wurden für die einzelnen Untersuchungsobjekte je nach Gebäudeform entsprechend der Aufstellung in Tabelle 10-3 angegebenen Kennwerte gewählt.

Konvektiver Wärmeübergangskoeffizient

Die Strömungsgeschwindigkeit an der Bauteiloberfläche beeinflusst maßgeblich den Wärmeübergang zwischen Wandoberfläche und Umgebungslufttemperatur. Die Luftströmungen und Verwirbelungen durch Windbewegung um ein Gebäude sind sehr komplex und für jede Umgebungssituation unterschiedlich. Der wind- und anströmungsabhängige konvektive Wärmeüberganskoeffizient α_k wird nach dem in Abschnitt 3.3 beschriebenen Ansatz ermittelt.

Für den Ansatz zur Berechnung der Konvektion bei Windstille α_{conv} wird der Ansatz nach *Recknagel et. al. [83]* (siehe Abschnitt 3.3) verwendet.

Die Auswertung der Messdaten zur Oberflächentemperaturmessung ergab eine über das Jahr mittlere Temperaturdifferenz zwischen Außenluft (Fluid) θ_f und Oberflächentemperatur (Surface) θ_s von $\Delta\theta \approx 2$ K. Auf dieser Grundlage wurde der Wert für α_{conv} zu

$\alpha_{conv} = 1{,}6 \cdot (\theta_f - \theta_s)^{0{,}3} = 1{,}6 \cdot 2^{0{,}3} = 1{,}96 \sim 2 \left[\frac{W}{m^2K}\right]$ festgelegt.

Temperatur

Zur Berücksichtigung des sogenannten innerstädtischen Wärmeinseleffekts wurden für das Objekt Nr. 3 in der Innenstadt in Berlin die verfügbaren Wetterdaten der Wetterstation am Alexanderplatz *[54]* mit der Referenzwetterstation in Berlin Tegel *[54]* verglichen (Vergleichszeitraum 12.2009 bis 05.2011). Im Jahresmittel ergibt sich eine Temperaturerhöhung in der Stadt von $\Delta\theta_{e,Stadt-Tegel}$ = 0,58 K. Die Referenztemperaturdaten wurden für die Simulation um pauschal $\Delta\theta$ = +0,58 K erhöht.

Für die übrigen Untersuchungsobjekte wurde aufgrund ihrer Lage am Stadtrand oder außerstädtischer Lage keine Temperaturerhöhung gegenüber der Referenzwetterstation vorgenommen.

Umgebungsluftfeuchte

Auf die Unterschiede der Luftfeuchtigkeit nahe der Untersuchungsobjekte zur Referenzklimastation in Zusammenhang u.a. mit der Vegetation wurde in Abschnitt 7.3.3.2 ausführlich eingegangen. Für jedes Objekt wurde die in Abschnitt 7.3.3.2 erläuterte jahres- und tageszeitenabhängige Feuchteanalyse durchgeführt. Die Ergebniskurven zur Feuchtedifferenz $\Delta\rho_w$ für die Objekte Nr.1 und Nr.2 sind in Bild 7-18 und Bild 7-19 dargestellt. Die Feuchtedifferenzkurven für die Objekte Nr. 3 und Nr. 4 sind im Anhang C enthalten.

Die ermittelten Werte für $\Delta\rho_w$ dienten als stündlich aufgelöste Korrekturwerte für die Referenzwerte zur relativen Luftfeuchte der Wetterstation.

Kurzwellige Strahlungsintensität – Horizontüberhöhung und Verschattungseffekte

Die Untersuchungsfläche wird durch die Topografie, Umgebungsbebauung, das Gebäude umgebende Bäume mit im Jahresverlauf schwankender Blattdichte und konstruktiven Besonderheiten an Gebäuden (z.B. Dachüberstände) verschattet. Ist ein Bereich verschattet, trifft auf ihn keine direkte Strahlung I mehr. Der Anteil der kurzwelligen Strahlung, der noch auf die Fläche trifft, besteht aus einem Teil der Diffusstrahlung D und reflektierter Strahlung R.

Im Wetterdatensatz der Klimastationen sind die Globalstrahlung G und die Diffusstrahlung D auf die horizontale Empfangsfläche enthalten. Die Direktstrahlung ermittelt sich über die Beziehung

$$G - D = I \quad \left[\frac{W}{m^2}\right] \tag{25}$$

Mit: G: Globalstrahlungsintensität auf die horizontale Empfangsfläche in W/m²

D: Diffuse Strahlungsintensität auf die horizontale Empfangsfläche in W/m²

I: Direktstrahlungsintensität auf die horizontale Empfangsfläche in W/m²

Die Direkte und Diffuse Strahlungsintensität wird zunächst auf eine beliebig ausgerichtete geneigte Fläche umgerechnet. Daraus erhält man:

$$I(\gamma_F, \alpha_F) \quad \left[\frac{W}{m^2}\right]$$
$$D(\gamma_F, \alpha_F) \quad \left[\frac{W}{m^2}\right] \qquad (26)$$

Mit: $I(\gamma_F,\alpha_F)$: Direkte Strahlungsintensität auf eine geneigte und beliebig ausgerichtete Fläche [W/m²]

$D(\gamma_F,\alpha_F)$: Diffuse Strahlungsintensität auf eine geneigte und beliebig ausgerichtete Fläche [W/m²]

γ_F: Neigung der Fläche gegenüber der Horizontalen, hier für Wände gilt γ_F=90 [Grad]

α_F: Azimut der Fläche, Richtung [Grad]

Für diese Arbeit wurde hierfür das Verfahren gemäß *VDI-Richtlinie 6007 Blatt 3 „Berechnung des instationären thermischen Verhaltens von Räumen und Gebäuden – Modell der solaren Einstrahlung“ [86]* verwendet und wird an dieser Stelle nicht weiter erläutert.

Für die Verschattungsberechnung wurde das Programmsystem Sombrero *[90]* verwendet. Mit diesem Programm kann über die geometrische Abbildung der Umgebung für eine definierte Zielfläche der Verschattungsgrad im zeitlichen Verlauf bestimmt werden. Das prinzipielle Vorgehen der Bestimmung des Verschattungsgrads besteht darin, auf einer Zielfläche ein Raster anzulegen und zu prüfen ob ein von diesem Raster ausgehender Strahl zur aktuellen Position der Sonne auf ein dazwischenliegendes Hindernis trifft. Im Ergebnis wird der Verschattungsgrad (GSC-Wert: "geometrical shading coefficient") für die Zielfläche im Tagesgang stündlich aufgelöst für jeden Monat ermittelt.

Exemplarisch ist im Bild 10-1 die eingegebene Umgebung zur Bestimmung des GSC-Werts abgebildet.

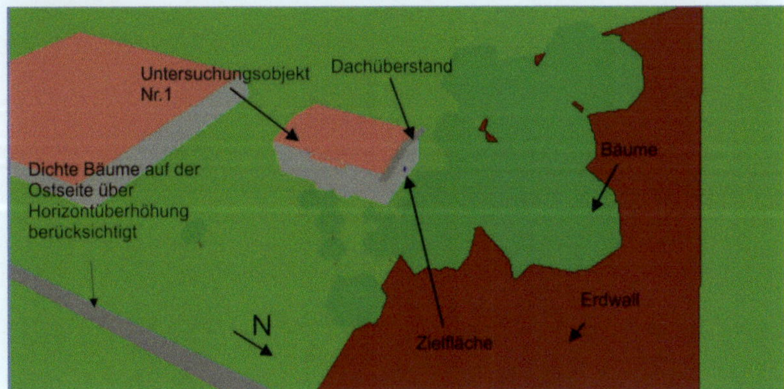

Bild 10-1: Überblick über die für das Untersuchungsobjekt Nr. 1.2 im Programm Sombrero [90] erstellten Verschattungs- und Zielfächen, vgl. Klarbild des Gebäudes in Bild 5-6

Die direkte Strahlung für die Zielfläche ergibt sich damit zu:

$$I(\gamma_F, \alpha_F, s) = (1 - GSC) \cdot I(\gamma_F, \alpha_F) \quad \left[\frac{W}{m^2}\right] \tag{27}$$

Mit: $I(\gamma_F,\alpha_{F,s})$: Direkte Strahlungsintensität auf eine geneigte und beliebig ausgerichtete Fläche mit Berücksichtigung der Verschattung und Horizontüberhöhung, Index s [W/m²]

GSC: Verschattungskoeffizient der Zielfläche [-]

Im Jahresverlauf kann mit dem Programmsystem Sombrero auch die unterschiedliche Belaubungsdichte der Bäume berücksichtigt werden. Für die Belaubungsdichte wurde hierfür der in Bild 10-2 dargestellte Verlauf angenommen.

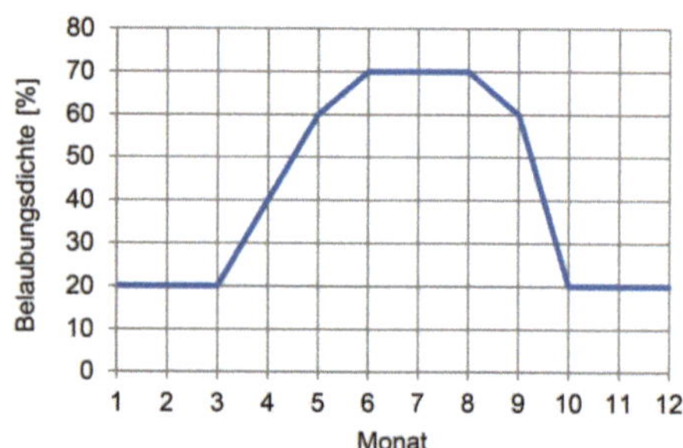

Bild 10-2: Für die Verschattungsberechnung angesetzte Belaubungsdichte der die Zielfläche verschattenden Vegetation

Im Ergebnis ergibt sich für die Direkte Strahlungsintensität $I(\gamma_F,\alpha_F,s)$ ein mit dem Wert GSC skalierter Verlauf. Beispielhaft ist in Bild 10-3 ein klarer Sommertag (25.08.2016) mit Verläufen der Direkten Strahlungsintensität ohne und mit Berücksichtigung der Verschattung (hier: Ostseite am Objekt Nr.1.1) dargestellt.

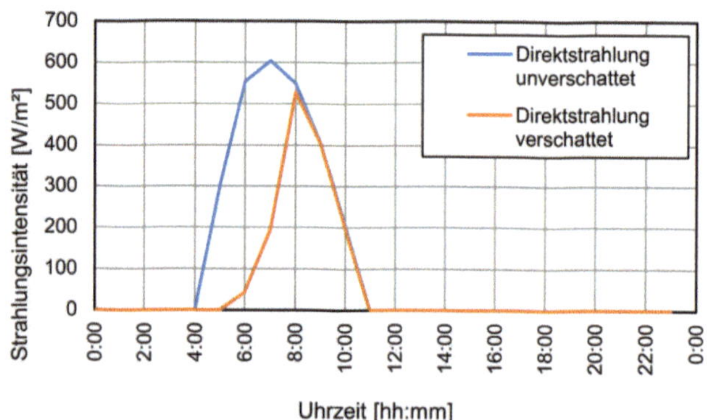

Bild 10-3: Ergebnis der Verschattungsberechnung für die Direktstrahlung auf die Zielfläche (Messbereich) des Objekts Nr. 1.1- Ostseite. Hier: Beispiel für den 25.08.2016

Für die Berechnung der Diffusstrahlung D sind ebenfalls Verschattungseffekte durch direkt an der Untersuchungsfläche stehende Objekte zu berücksichtigen. Entsprechende Untersuchungen von *Niewienda und Heidt [77]* definieren die Gewichtungsfaktoren v_S und v_G die ebenfalls vom Programm Sombrero berechnet werden, mit denen die durch schattenwerfende Objekte auf eine Zielfläche eintreffende Diffusstrahlung berechnet werden kann. Die Diffusstrahlung auf eine beliebig orientierte und geneigte Fläche unter Berücksichtigung von Verschattungseffekten ergibt sich demnach zu:

$$D(\gamma_F, \alpha_F, s) = D(\gamma_{hor}, \alpha_F) \cdot \nu_S + \left[I(\gamma_{hor}, \alpha_F) + D(\gamma_{hor}, \alpha_F) \right] \cdot \nu_G \quad \left[\tfrac{W}{m^2} \right] \tag{28}$$

Mit:

$D(\gamma_F,\alpha_{F,s})$: Diffuse Strahlungsintensität auf eine geneigte und beliebig ausgerichtete Fläche mit Berücksichtigung der Verschattung und Horizontüberhöhung [W/m²]

$D(\gamma_{hor},\alpha_F)$: Diffuse Strahlungsintensität auf eine horizontale Fläche [W/m²]

$I(\gamma_{hor},\alpha_F)$: Direkte Strahlungsintensität auf eine horizontale Fläche [W/m²]

v_S: View-Faktor für den Himmel und für eine schattenwerfende Fläche (von schattenwerfenden Flächen wird nur der Diffusanteil der Strahlung reflektiert, der Himmel sendet nur isotrope Diffusstrahlung aus) [-]

v_G: View-Faktor für den Boden (vom Boden wird Diffuse und Direkte Strahlung reflektiert). Auch Reflexion des Bodens ρ_s enthalten (Annahme für Albedo ρ_s=0,2) [-]

Im Ergebnis ergibt sich für die Diffuse Strahlungsintensität $D(\gamma_F,\alpha_F,s)$ der in Bild 10-4 dargestellte Verlauf (gelbe Kurve) für den 25.08.2016 (hier: Ostseite Objekt Nr.1.1).

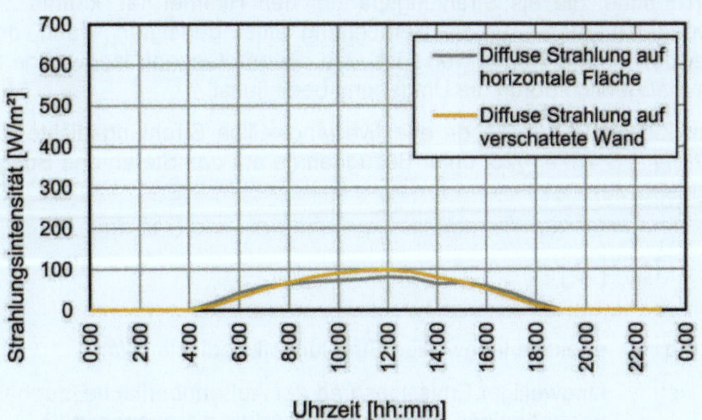

Bild 10-4: Ergebnis der Verschattungsberechnung für die Diffusstrahlung auf die Zielfläche (Messbereich) des Objekts Nr. 1.1- Ostseite. Hier: Beispiel für den 25.08.2016

Für die Globalstrahlungsintensität auf die Zielfläche ergibt sich unter Berücksichtigung von Verschattungseffekten die Summe aus Direkt- und Diffusanteil

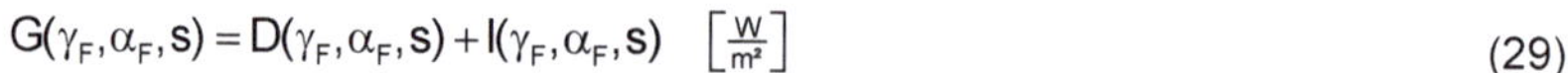

$$G(\gamma_F, \alpha_F, s) = D(\gamma_F, \alpha_F, s) + I(\gamma_F, \alpha_F, s) \quad \left[\frac{W}{m^2}\right] \tag{29}$$

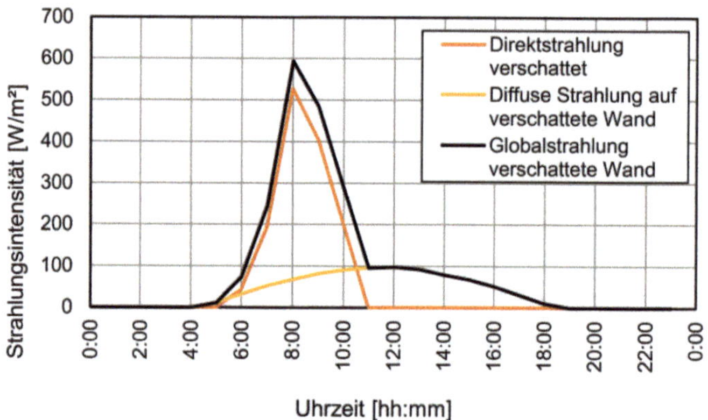

Bild 10-5: Ergebnis der Verschattungsberechnung für die Globalstrahlung auf die Zielfläche (Messbereich) des Objekts Nr. 1.1- Ostseite. Hier: Beispiel für den 25.08.2016

Langwellige Strahlungsintensität – Berücksichtigung des Sichtfelds zur Umgebung

Im Wetterdatensatz der Klimastationen ist für die langwellige Einstrahlung die atmosphärische Gegenstrahlung A enthalten. Sie beschreibt die von der in der Atmosphäre enthaltenen Materie ausgesendete langwellige Strahlungsdichte. Bei Betrachtung einer horizontalen Fläche, die als Strahlungspartner den Himmel hat, könnte diese Größe direkt verwendet werden. Für die Berechnung einer geneigten Wand, deren Strahlungspartner der Himmel nur teilweise ist, wird die empfangene langwellige Strahlungsdichte auch maßgeblich durch die Umgebung beeinflusst.

Die auf eine Zielfläche entfallende effektive langwellige Strahlungsdichte q ergibt sich gemäß *DIN EN ISO 13791 [25]* unter Bezugnahme auf das Stefan und Boltzmann´sche Strahlungsgesetz zu:

$$q = \varepsilon \cdot \sigma \cdot T_{fsky}^4 \quad \left[\frac{W}{m^2}\right] \tag{30}$$

Mit:
- q: effektive langwellige Strahlungsflussdichte [W/m²]
- ε: langwelliger Emissionsgrad der Außenoberfläche, zur bauteilunabhängigen Bestimmung wurde ε = 1 angesetzt [-]
- σ: Stefan-Boltzmann Konstante $\sigma = 5{,}67 \cdot 10^{-8}$ [W/(m²K⁴)]
- T_{fsky}: fiktive Himmelstemperatur [K]

Die fiktive Himmelstemperatur T_{fsky} beschreibt die Umgebungsstrahlertemperatur der mit der Zielfläche im Strahlungsaustausch stehenden Umgebung. Dabei wird das jeweils anteilige Sichtfeld zum Erdreich, Himmel und vorhandener Umgebung über Einstrahlzahlen F berücksichtigt.

$$T_{fsky} = F_{sky} \cdot T_{sky} + F_{bld} \cdot T_{bld} + F_{gnd} \cdot T_{gnd} \; [K] \tag{31}$$

Mit: F_{sky}: Einstrahlzahl zur Atmosphäre [-]

T_{sky}: absolute Himmelstemperatur [K]

F_{bld}: Einstrahlzahl zu angrenzenden Gebäuden oder Umgebung [-]

T_{bld}: absolute Außenoberflächentemperatur der Gebäude und der Umgebung [K] F_{gnd}: Einstrahlzahl zur Erdoberfläche [-]

T_{gnd}: absolute Temperatur der Erdoberfläche [K]

Für T_{bld} und T_{gnd} kann gemäß *DIN EN ISO 13791 [25]* vereinfachend die Außenlufttemperatur T_e angenommen werden. Die Einstrahlzahlen für F_{bld} und F_{gnd} können damit zusammengefasst werden und es gilt für F_{sky}:

$$F_{fsky} = 1 - (F_{bld} + F_{gnd}) \; [-] \tag{32}$$

Ansätze für gebräuchliche Einstrahlzahlen sind in *DIN EN ISO 13791 [25]* angegeben und in Tabelle 10-4 zusammengefasst.

Tabelle 10-4: Ansätze der Einstrahlzahlen entsprechend der Umgebung, nach DIN EN ISO 13791 [25]

Umgebung der Zielfläche	F_{sky}	F_{bld}	F_{gnd}
	90° geneigte Oberflächen (Wände)		
Stadtzentrum	0,33	0,34	0,33
Vorstadtgebiet	0,41	0,18	0,41
Ländliches Gebiet	0,45	0,10	0,45
	0° geneigte Oberflächen (Horizontal)		
Alle Umgebungen	1,0	0	0

Für die Berechnung der Untersuchungsobjekte ist die genaue Berücksichtigung der Sichtfelder zur Umgebung notwendig. Hierbei ist auch die durch die Belaubungsdichte der Bäume im Jahresverlauf schwankende Einstrahlzahl der Atmosphäre F_{sky} zu berücksichtigen. F_{sky} wird daher über die geometrische Strahlenbeziehung der Zielfläche zur Umgebung über das Programmsystem *Sombrero [90]* ermittelt. Exemplarisch ist für das Objekt Nr.1.1 (vgl. Bild 5-19) ermittelte Einstrahlzahl F_{sky} im Jahresverlauf für die

Ostseite, mit der Angabe der Phasen des Pflanzenwachstums (vgl. Abschnitt 7.3.3.2), dargestellt.

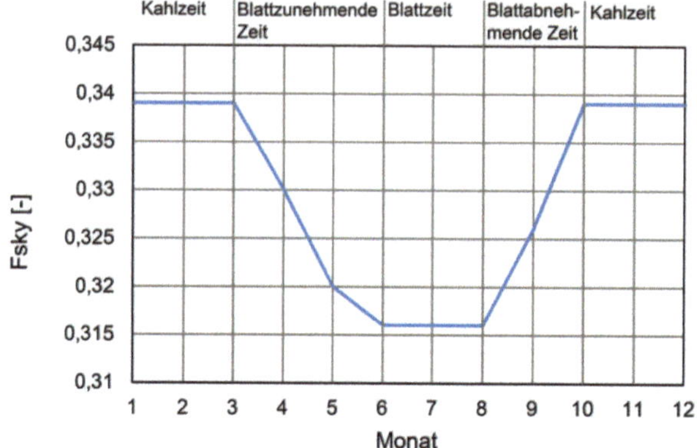

Bild 10-6: *Ergebnis der Bestimmung der Einstrahlzahl (Messbereich) des Untersuchungsobjekts Nr. 1.1- Ostseite. Zusätzlich sind die aus der Feuchteanalyse abgeleiteten Phasen des Pflanzenwachstums angegeben.*

10.2.1.2 Geometrische und materialspezifische Ansätze für den Wandaufbau

Der für die Untersuchungsobjekte 1 bis 3 der Rechnung zugrundeliegende konstruktive Wandaufbau wurde ausgehend von den Bauteiluntersuchungen an Untersuchungsobjekt Nr. 3 dimensioniert. Dabei wurde die festgestellte Geometrie der entnommenen Probe für die Definition der Lage und Ausprägung des Dübels im Wandaufbau verwendet.

Der Dübel besteht dabei aus den Bauteilen:

- Spreizelement: Nagel aus Stahl mit Kunststoff-Ummantelung
- Spreizhülse und Halteteller: Kunststoff aus Polymer-Werkstoff

Gemäß *ETAG 014 [35]* sollte die effektive Verankerungstiefe im Verankerungsgrund, bei einer Mauerwerkswand, mindestens h_{ef} = 25 mm betragen.

Durch den im Wandaufbau verankerten Dübel mit gegenüber dem ungestörten Wandaufbau abweichenden Materialien stellt sich ein dreidimensionales Temperaturfeld mit einer punktförmigen Wärmebrücke ein. Die Berechnung erfolgt daher mit dem Programm WUFI 2D als rotationssymmetrischer Körper mit der Rotationsachse im Mittelpunkt des Dübels. Das nachfolgende Bild 10-7 stellt die Eingabegeometrie für die numerische Berechnung mit Kennzeichnung der relevanten Materialien und Einzeichnung der Rotationsachse dar.

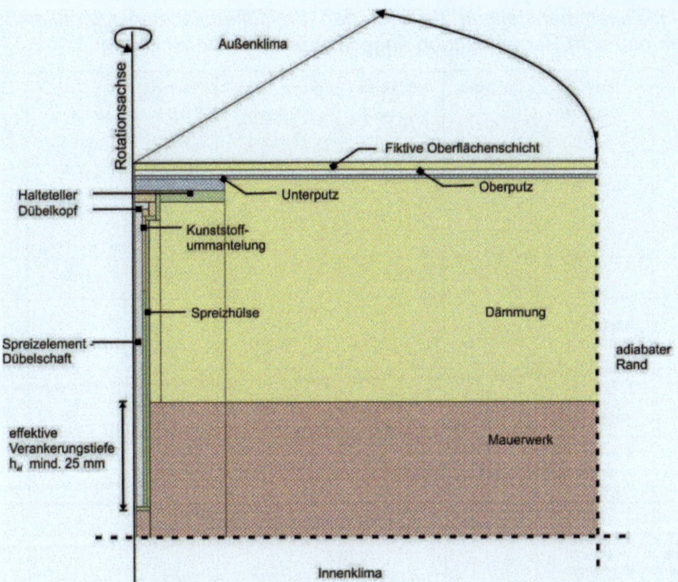

Bild 10-7: Darstellung der Eingabegeometrie des numerischen Simulationsmodells. Die Berechnung als dreidimensionaler Volumenkörper erfolgt über die Rotation der zweidimensionalen Geometrie um die Systemachse in Dübelmitte

Die für die Berechnung angesetzten Stoffparameter sind in Tabelle 10-5 aufgeführt. Die hygrothermischen Transportvorgänge sollen in der Oberflächenschicht nur senkrecht zur Bauteiloberfläche (in y-Richtung) ablaufen, da sonst das Berechnungsergebnis von der Schicht beeinflusst werden würde. Die Transportvorgänge parallel zur Bauteiloberfläche (x-Richtung) werden daher in der Oberflächenschicht durch Ansatz entsprechender Stoffparameter unterbunden.

Tabelle 10-5: Zusammenstellung der bei den dreidimensionalen (zweidimensional + rotationssymmetrisch) Berechnungen angesetzten Stoffeigenschaften

Bauteil	Material	Rohdichte ρ	Wärmeleitfähigkeit λ	Wasserdampfdiffusionswiderstand μ	spezifische Wärmespeicherkapazität c_p	Wasseraufnahmekoeffizient W_W	Quelle
Einheiten		[kg/m³]	[W/(mK)]	[-]	J/(kgK)	[kg/(m²h^{0,5})]	
Dübelnagel	Stahl (nichtrostend)	7900	30	unendl. (Ansatz in Programm $\mu = 1 \cdot 10^9$)	500	-	*DIN EN ISO 10456 [23]*
Kunststoffummantelung	Polyethylen (niedrige Rohdichte)	920	0,33	100000	2200	-	
Spreizhülse und Dübelteller	Polyethylen (hohe Rohdichte)	980	0,5	100000	1800	-	
Wandaufbau	entsprechend Wandaufbau des Untersuchungsobjekts						
Oberflächenschicht in x-Richtung (nur abweichende Angaben gegenüber eindimensionalem Ansatz in y-Richtung)		1	0,00001	1000	1000	-	

10.2.1.3 Ergebnisse im Untersuchungszeitraum

1. Schritt: Überprüfung der Annahmen zum Lokalklima durch Vergleich mit Messdaten

Die in Abschnitt 10.2.1.1 erläuterten Anpassungen zur Abbildung des Lokalklimas vor Ort wurden mit den Messwerten des Klimas an den Untersuchungsstandorten vergleichend untersucht. Zur Beurteilung wird der Verlauf der Taupunktunterschreitungskurven herangezogen. Exemplarisch ist in Bild 10-8 der Vergleich für das Untersuchungsobjekt Nr. 2 im Dübel- (rote Kurven) und Wandbereich (grüne Kurven) dargestellt. Außerdem ist der Verlauf der Taupunktunterschreitungskurve für das Referenzklima ohne Lokalklimaanpassung dargestellt (gestrichelte Kurve). Im Bild 10-8 ist zu erkennen, dass das angepasste Lokalklima sehr gut mit den Ergebnissen des gemessenen Klimas übereinstimmen.

Vergleich der Taupunktunterschreitungskurven : Messwerte zur Oberflächentemperatur im Wand- und Dübelbereich
Untersuchungsobjekt Nr. 2
Standort: Hannover Berenbostel, Bremer Straße
Ausrichtung:Nord-Ost (28°)

Bezug auf Messwerte im Vergleich zu Bezug auf erstelltes Lokalklima

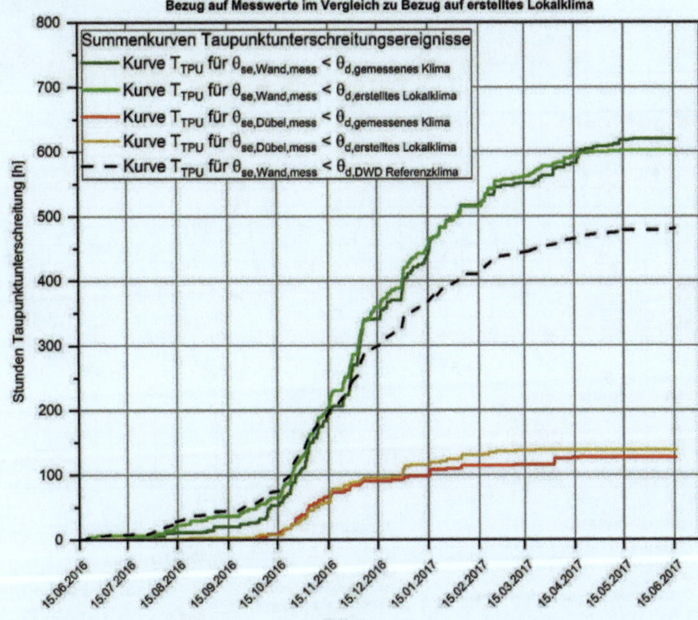

Bild 10-8: Darstellung des Vergleichs der Taupunktunterschreitung der Messwerte in Bezug auf das gemessene Außenklima und das erstellte Lokalklima, zusätzlich ist auch die Kurve für den Bezug auf das Referenzklima ohne Anpassung dargestellt

2. Schritt: Überprüfung der berechneten mit den gemessenen Oberflächentemperaturen

Die Ergebnisse der Simulationsberechnungen mit angepassten Klimarandbedingungen wurden anhand der Oberflächentemperaturverläufe der Messwerte $\theta_{se,mess}$ und den berechneten Werten $\theta_{se,rech}$ für alle Objekte verglichen. Exemplarisch ist für das Untersuchungsobjekt Nr. 1.1 – Ostseite in Bild 10-9 (Sommer) und Bild 10-10 (Herbst) der Vergleich zwischen den berechneten und gemessenen Oberflächentemperaturen dargestellt. Zusätzlich zu den Temperaturverläufen sind die berechneten und gemessenen Taupunktunterschreitungsdauern t_{TPU} für Dübel- und Wandbereich in einem Balkendiagramm (jeweils unteres Diagramm) gegenübergestellt.

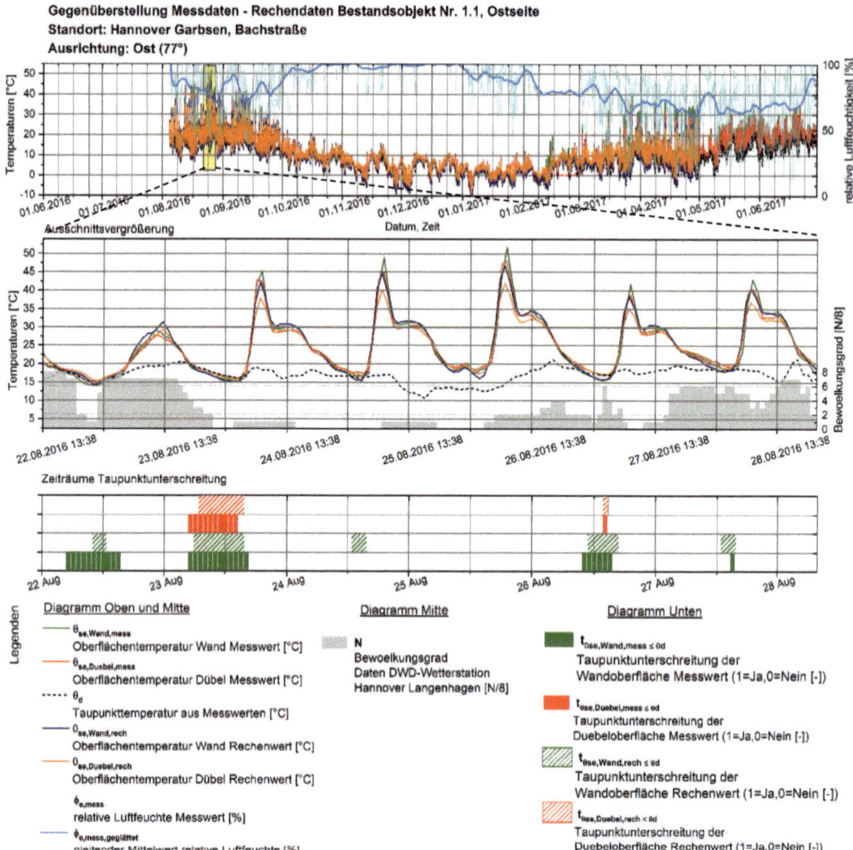

Bild 10-9: Darstellung der gemessenen und berechneten Temperaturverläufe zu Oberflächentemperaturen im Wand- und Dübelbereich des Untersuchungsobjekts Nr. 1.1 Ostseite, Vergrößerung ca. 7 Tage im Sommer

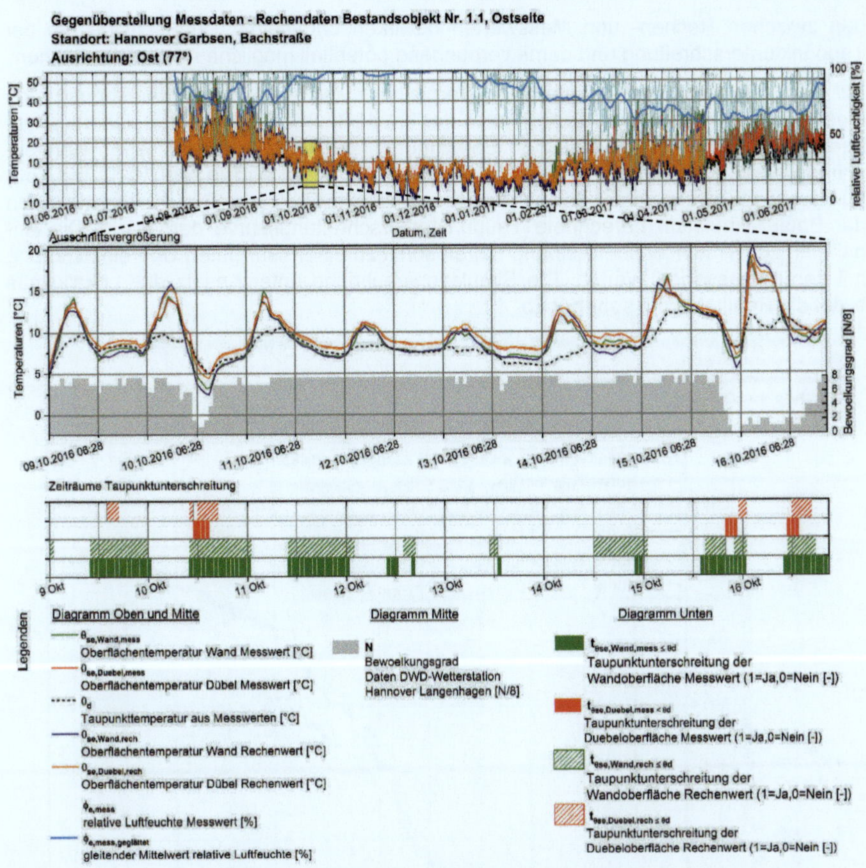

Bild 10-10: Darstellung der gemessenen und berechneten Temperaturverläufe zu Oberflächentemperaturen im Wand- und Dübelbereich des Untersuchungsobjekts Nr. 1.1 Ostseite, Vergrößerung ca. 7 Tage im Herbst

Die berechneten Oberflächentemperaturen stimmen mit den Messwerten sowohl bei voller Bewölkung (N = 6 bis 8), wie auch bei klaren Verhältnissen (N < 2) gut überein. Im Fall absoluter Höchstwerte im Jahresverlauf bei direkter Besonnung liegen die gemessenen mit bis zu $\Delta\theta = 4$ K oberhalb der berechneten Werte (vgl. Bild 10-10). Die Unterschiede können darin begründet sein, dass die Oberflächentemperaturfühler der Messgeräte sich bei Direktstrahlungseinfluss aufgrund ihrer geringen Masse selbst deutlicher erwärmen als die gemessene Oberfläche. In den für diese Arbeit besonders wichtigen Nachtzeiträumen und bei intensiver Bewölkung zeigen die berechneten mit den gemessenen Werten eine gute Übereinstimmung. Auch die berechneten Zeitdauern der Taupunktunterschreitung im Dübel- und Wandbereich zeigen etwa gleiche Größenordnungen und Zeitpunkte (siehe jeweils unteres Diagramm). An diesem Beispiel wird die Sensibilität der Größe der Taupunktunterschreitung deutlich. Feine Abweichungen zwischen Rechen- und Messwerten bewirken unmittelbar Unterschiede bei der Taupunktunterschreitung und damit verbundene potentiell mögliche nasse Oberflächen.

Für den ganzheitlichen, langfristigen Vergleich zwischen Simulationsrechnung und Messung wurde daher die Summenkurve der Taupunktunterschreitung im Jahresverlauf herangezogen und die angesetzten Berechnungsrandbedingungen für jedes Untersuchungsobjekt überprüft. Exemplarisch für dieses Vorgehen wird in Bild 10-11 die Taupunktunterschreitungskurve des Untersuchungsobjekts Nr. 2 (vgl. Bild 10-8) mit der von der Bauteilsimulation berechnete Taupunktunterschreitungskurve dargestellt. Die Annahmen zur Simulationsberechnung führen somit zu einer sehr guten Übereinstimmung mit den gemessenen Werten. Die Simulationsrechnung unter Ansatz des Lokalklimas bildet die Realität somit sehr gut ab.

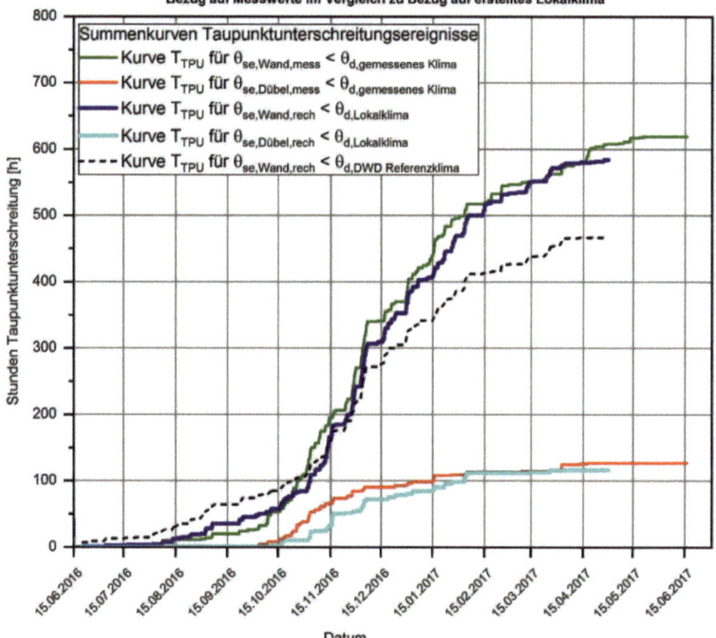

Bild 10-11: Darstellung des Vergleichs der Taupunktunterschreitung der Mess- und Simulationswerte für den Wand- und Dübelbereich

Oberflächenfeuchteverhalten

Auf einer Wand mit einem WDV-System und lokalen Dübelbereichen stellen sich unterschiedliche Oberflächenfeuchten ein. Im Bild 10-12 werden die berechneten und gemessenen Werte in einem zeitlichen Verlauf dargestellt.

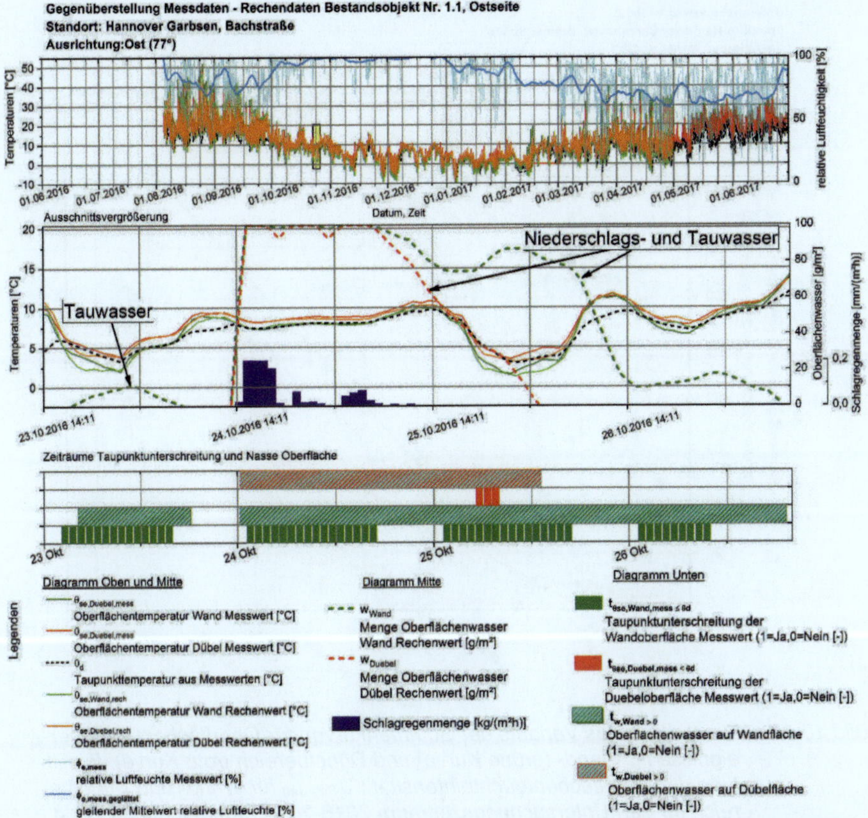

Bild 10-12: Darstellung der berechneten Temperatur- und Oberflächenfeuchteverläufe im Wand- und Dübelbereich des Untersuchungsobjekts Nr. 1.1 – Ostseite vom 23.10.2016 bis 27.10.2016 für ein Tau- und ein Schlagregenereignis

Erkennbar sind im Bild 10-12 die unterschiedlich langen Verweilzeiten des Oberflächenwassers im Wand- und Dübelbereich. Im Vergleich zum Tauwasserereignis (am 23.10.2016) ist die gesamte Oberfläche nach einem Regenereignis (am 24.10.2016) aufgrund der größeren aufgebrachten Wassermenge länger nass. Die Dübeloberfläche trocknet dann aufgrund ihres höheren Temperaturniveaus zur Wandoberfläche schneller ab als die Wandoberfläche. Über den Jahresverlauf drückt sich diese Feststellung auch über die Summenkurve zu den Oberflächenfeuchteereignissen aus und lässt sich über die Oberflächenfeuchteintensität $t'_{w,Sep\text{-}Jan}$ beschreiben, siehe Bild 10-13.

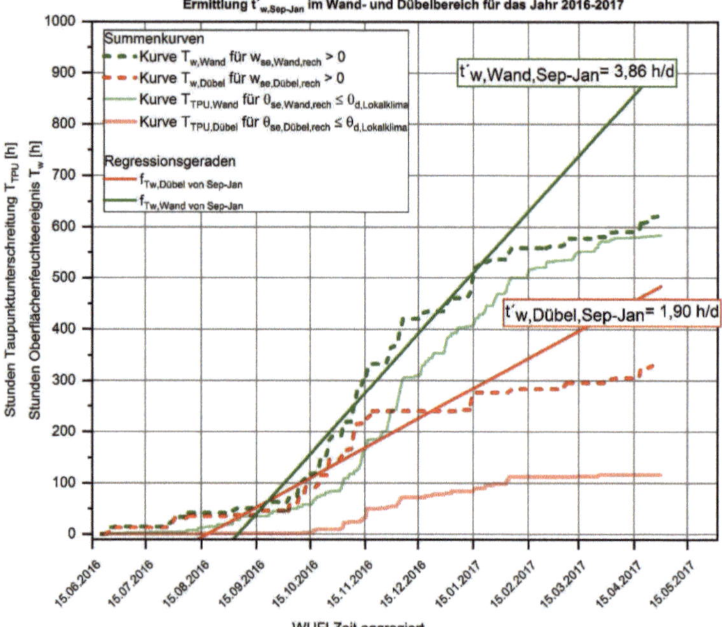

Bild 10-13: Darstellung des Verlaufs der Summenkurven für Oberflächenfeuchteereignisse im Wand- (grüne Kurve) und Dübelbereich (rote Kurve). Ermittlung der Oberflächenfeuchteintensität $t'_{w,Sep\text{-}Jan}$ für Wand- und Dübelbereich für den Untersuchungszeitraum 2016-2017 Untersuchungsobjekt Nr. 2

Der für die Summenkurve zu den Oberflächenfeuchteereignissen charakteristische sigmoide Verlauf in Bild 10-13 konnte auch am anderen etwa 300 km östlich gelegenen Standort an Untersuchungsobjekt Nr. 3 in Berlin und ebenso an allen übrigen Untersuchungsobjekten festgestellt werden. Im Diagramm in Bild 10-14 sind exemplarisch die Summenkurven für die Taupunktunterschreitungsereignisse T_{TPU} und die Oberflächenfeuchteereignisse T_w mit Ermittlung der Oberflächenfeuchteintensität $t'_{w,Sep\text{-}Jan}$ für das Objekt Nr. 3 dargestellt. Zusätzlich zu den Ergebnissen für den Wand- und den direkten Dübelbereich sind die Summenkurven auch für den Dübelrandbereich (20 mm von Dübelmitte entfernt) dargestellt.

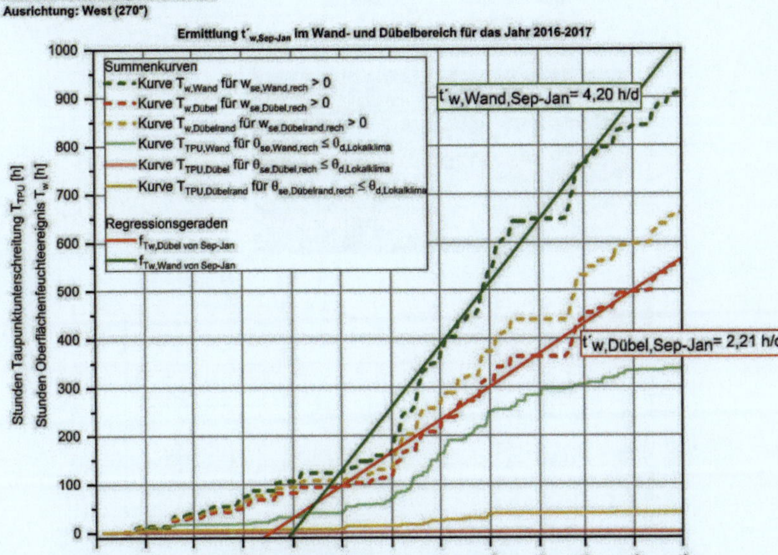

Bild 10-14: Darstellung des Verlaufs der Summenkurven für Oberflächenfeuchteereignisse im Wand- (grüne Kurve), Dübelbereich (rote Kurve) und in 20 mm Entfernung von Dübelmitte (gelbe Kurve). Ermittlung der Oberflächenfeuchteintensitäten $t'_{w,Wand,Sep\text{-}Jan}$ und $t'_{w,Dübel,Sep\text{-}Jan}$ für Wand- und Dübelbereich, Untersuchungsobjekt Nr. 3 - Berlin

Die Taupunkttemperatur wird im Dübelbereich im Jahresverlauf nicht unterschritten. Die Oberflächenfeuchteereignisse im Dübelbereich sind daher nur auf die Feuchteeinwirkung des Schlagregens auf die hier untersuchte Westfassade zurückzuführen. Erwartungsgemäß nehmen die Oberflächenfeuchteereignisse mit einem zunehmenden Abstand von der (wärmeren) Dübelmitte zu (siehe gelbe Kurven des Dübelrandbereichs). Begründet ist dies durch die zu den Regenereignissen hinzukommenden zusätzlichen Feuchtewirkungen durch die Taupunktunterschreitungen. Im ungestörten Wandbereich treten dann die meisten Oberflächenfeuchteereignisse auf, der Kennwert der Oberflächenfeuchteintensität $t'_{w,Wand,Sep\text{-}Jan}$ ist am größten.

Der Einflussbereich des Dübels wird bei Auswertung von $t'_{w,Sep\text{-}Jan}$ über die Zunahme der Entfernung vom Dübel deutlich. Das Diagramm in Bild 10-15 zeigt in Abhängigkeit der Entfernung von der Dübelmitte die Werte für $t'_{w,Sep\text{-}Jan}$. Zusätzlich sind das am Untersuchungsobjekt Nr. 3 in Berlin festgestellte Bewuchsbild und die entnommene Wandprobe im Dübelbereich abgebildet.

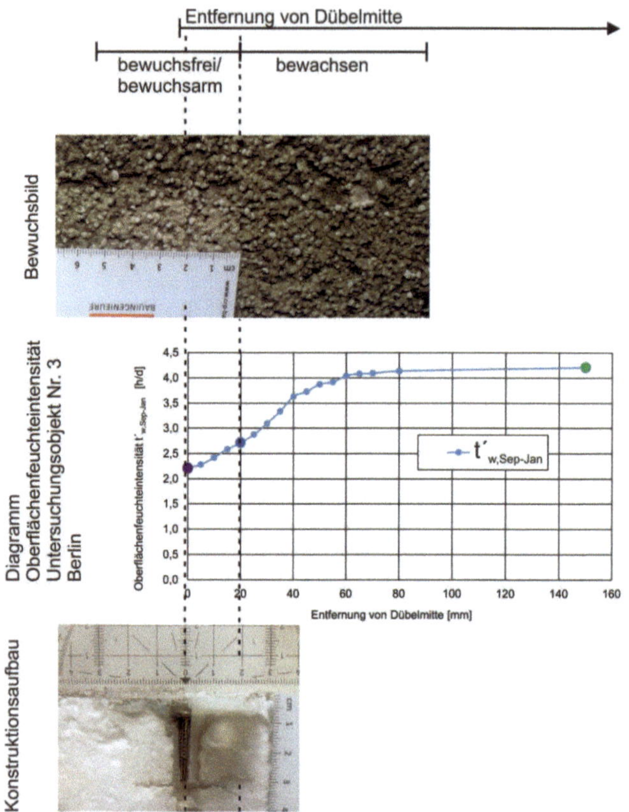

Bild 10-15: Darstellung der Oberflächenfeuchteintensität $t'_{w,Sep\text{-}Jan}$ in Abhängigkeit der Entfernung von der Dübelmitte. Zusätzlich sind das reale Bewuchsbild und die Konstruktion im Dübelbereich dargestellt

Auf dem Bild 10-15 ist zu erkennen, dass der Einflussbereich des Dübels auf die Oberflächenfeuchte- und Temperatur ab etwa einer Entfernung von 80 mm von der Dübelmitte vollständig abgeklungen ist.

Der Übergangsbereich von bewuchsfrei/bewuchsarm zu komplett bewachsen liegt bei ca. 20 mm Entfernung von der Dübelmitte, was in dem Fall etwa dem Abstand bis zum Haltetellerrand entspricht. Bis zu diesem Übergangsbereich liegt der Wert für $t'_{w,Sep\text{-}Jan}$ in unter 3 h/d. Die Größe für $t'_{w,Sep\text{-}Jan,20mm}$ in 20 mm Abstand von der Dübelmitte wurde zusätzlich ermittelt, da in den meisten untersuchten Fällen der bewuchsfreie Bereich bis zu diesen Radius sicher festgestellt wurde (vgl. Abschnitt 5.1.2.35.1.2).

In Bild 10-16 ist die Ermittlung von $t'_{w,Sep\text{-}Jan}$ für das Untersuchungsobjekt Nr. 1.2 – Nordseite über das Dübelprofil dargestellt. Das Objekt Nr. 1.2 zeigt mit $t'_{w,Sep\text{-}Jan}$ > 10 h/d ein deutlich höheres Feuchteniveau auf der auch vergleichsweise stärker bewachsenen Wandoberfläche (Abstand 150 mm) als Untersuchungsobjekt Nr. 3 (vgl. Bild 10-15). Im bewuchsfreien/bewuchsarmen Dübelbereich liegt $t'_{w,Sep\text{-}Jan}$ um 2 bis 3 h/d bei den verglichenen Objekten auf ähnlichem Niveau.

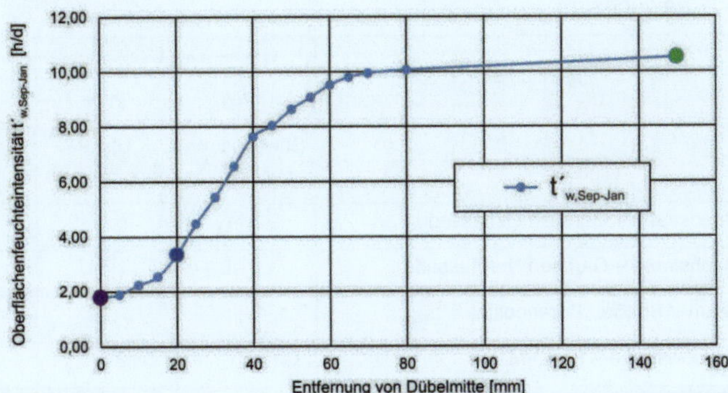

Bild 10-16: Darstellung der Oberflächenfeuchteintensität $t'_{w,Sep\text{-}Jan}$ in Abhängigkeit der Entfernung von der Dübelmitte für Untersuchungsobjekt Nr. 1.2 in Hannover Garbsen - Nordseite.

Die Abhängigkeit der in dieser Arbeit neu entwickelten Größe $t'_{w,Sep\text{-}Jan}$ von der aufgetretenen Bewuchsstärke ist an den untersuchten Beispielen eindeutig erkennbar.

Die gemäß dem beschriebenen Vorgehen ermittelten Werte zur Oberflächenfeuchteintensität $t'_{w,Sep\text{-}Jan}$ sind für alle Untersuchungsobjekte im Hauptmesszeitraum 05.2016-05.2017 zusammengestellt.

Tabelle 10-6: *Oberflächenfeuchteintensität $t'_{w,Sep-Jan}$ im Messzeitraum von 2016-2017 über 12 Monate für alle Untersuchungsobjekte. Grün markierte Zahlen: bewachsener Messbereich (Wandbereich), rot markierte Zahl: bewuchsfreier (Dübel-)bereich, blau markierte Zahl: Übergangsbereich bewachsen - bewuchsfrei*

Messobjekt Nr.	Messobjekt	$t'_{w,Dübel,Sep-Jan}$ [h/d]	$t'_{w,Sep-Jan,20mm}$ [h/d]	$t'_{w,Wand,Sep-Jan}$ [h/d]
Bewuchszustand		Bewuchsfrei, bewuchsarm	Übergangsbereich	Bewachsen
1.1	Bachstraße – Garbsen Ostfassade	2,44	5,95	12,93
1.2	Bachstraße – Garbsen Nordfassade	1,78	3,34	10,51
2	Bremer Straße - Berenbostel	1,90	2,22	3,86
3	Bredowstraße – Berlin Mitte	2,21	2,71	4,20
		$t'_{w,Wand,Sep-Jan}$		
4	Tiefer Kamp – Osterwald - Garbsen	0,86	-	-

10.2.1.4 Ergebnisse der Langzeitberechnung über 9 Jahre

In den bisherigen Berechnungen wurden die Simulationen für den erfassten Messzeitraum durchgeführt und validiert. Um die Auswirkungen von Klimaschwankungen auf die Kenngröße t'_w zu berücksichtigen wurden Langzeitberechnungen der Untersuchungsobjekte mit den Klimadatensatz von 2010 - 2018 der DWD-Wetterstationen *[54]* unter Berücksichtigung der in Abschnitt 10.2.1.1 erläuterten Lokalklimaanpassungen durchgeführt.

Zusätzlich wurde das für den jeweiligen Messstandort geltende Hygrothermische Referenzjahr (HRY) als einwirkendes Referenzklima herangezogen und nach demselben Prinzip auf das Lokalklima am Objekt umgerechnet.

Die Hygrothermische Referenzjahre wurden vom Fraunhofer Institut für Bauphysik (IBP, Holzkirchen) entwickelt, um hygrothermische Simulationen für die Auslegung und Beurteilung von Baukonstruktionen insbesondere bei feuchtesensitiven Fragestellungen (wie in dieser Arbeit zu mikrobiellen Bewuchs vorhanden) vorzunehmen *[109]*. Sie geben sowohl Außenlufttemperatur und Außenluftfeuchte, Strahlungsdaten, vor allem aber auch die Niederschlagsdaten für 11 unterschiedliche Klimaregionen in Deutschland repräsentativ wieder. Die Einteilung der Klimaregionen ist in Bild 10-17 mit Einzeichnung der Standorte der Untersuchungsobjekte dargestellt. Für die Standorte Hannover und Berlin werden die Hygrothermischen Referenzjahre 2 und 3 herangezogen.

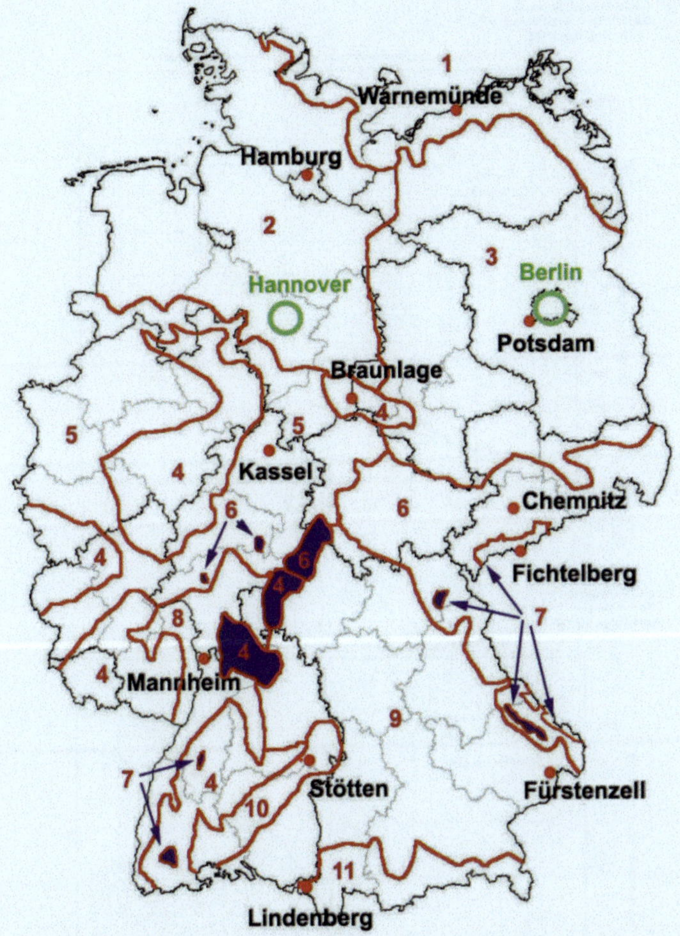

Bild 10-17: Klimazoneneinteilung für Hygrothermische Referenzjahre nach Zirkelbach et al. [109].

Quelle: Lokalklimagenerator für WUFI (URL: http://127.0.0.1:8888/) [70]

Zusätzliche Eintragung der Standorte der Untersuchungsobjekte.

Der charakteristische sigmoide Verlauf der Summenkurve der Oberflächenfeuchteereignisse wurde auch für die übrigen Jahre des Simulationszeitraums festgestellt. In Bild 10-18 sind exemplarisch die Summenkurven und die dazu ermittelten Oberflächenfeuchteintensitäten der bewachsenen Wandoberfläche $t'_{w,Sep\text{-}Jan,Wand}$ für das Untersuchungsobjekt Nr. 3 in Berlin für die Jahre 2010 - 2011 und 2012 - 2013 (oben) und für das Untersuchungsobjekt Nr. 1.2 in Garbsen-Nordseite (unten) dargestellt.

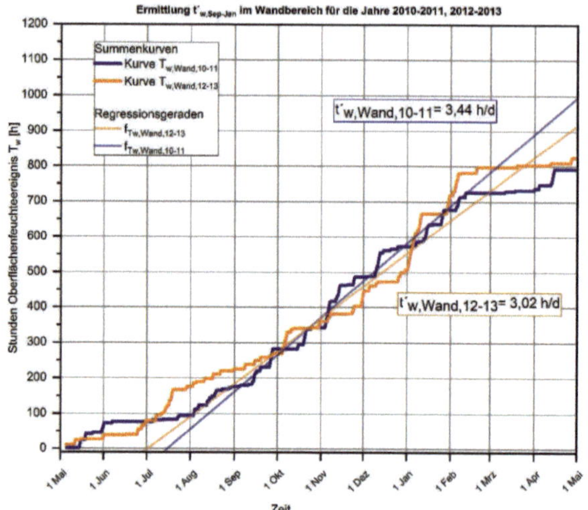

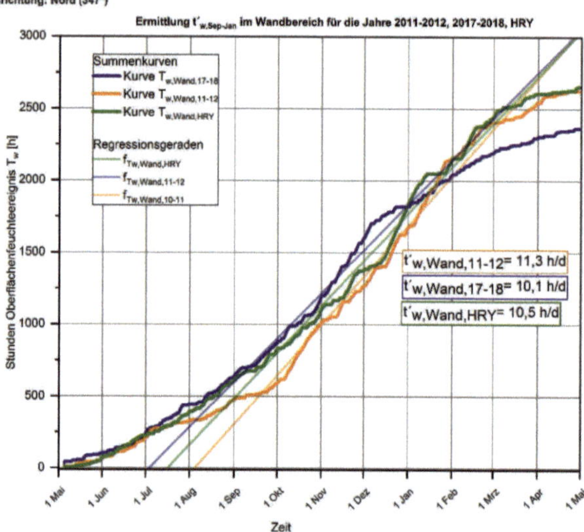

Bild 10-18: Oben: Darstellung des Verlaufs der Summenkurven für Oberflächenfeuchteereignisse für das Untersuchungsobjekt Nr. 3 in Berlin für die Jahre 2010-2011 und 2012-2013
Unten: Darstellung des Verlaufs der Summenkurven für Oberflächenfeuchteereignisse für das Untersuchungsobjekt Nr. 1 in Garbsen-Nordseite für die Jahre 2011-2012, 2017-2018 und HRY

Die Auswertung der Oberflächenfeuchteintensität $t'_{w,Sep\text{-}Jan}$ für bewachsene (Wand-), unbewachsene (Dübel-) und Übergangsbereiche für die Gesamtberechnungszeit von 2010-2018 und das jeweils für den Standort geltende Hygrothermische Referenzjahr (HRY) ist in den Diagrammen in Bild 10-19 dargestellt.

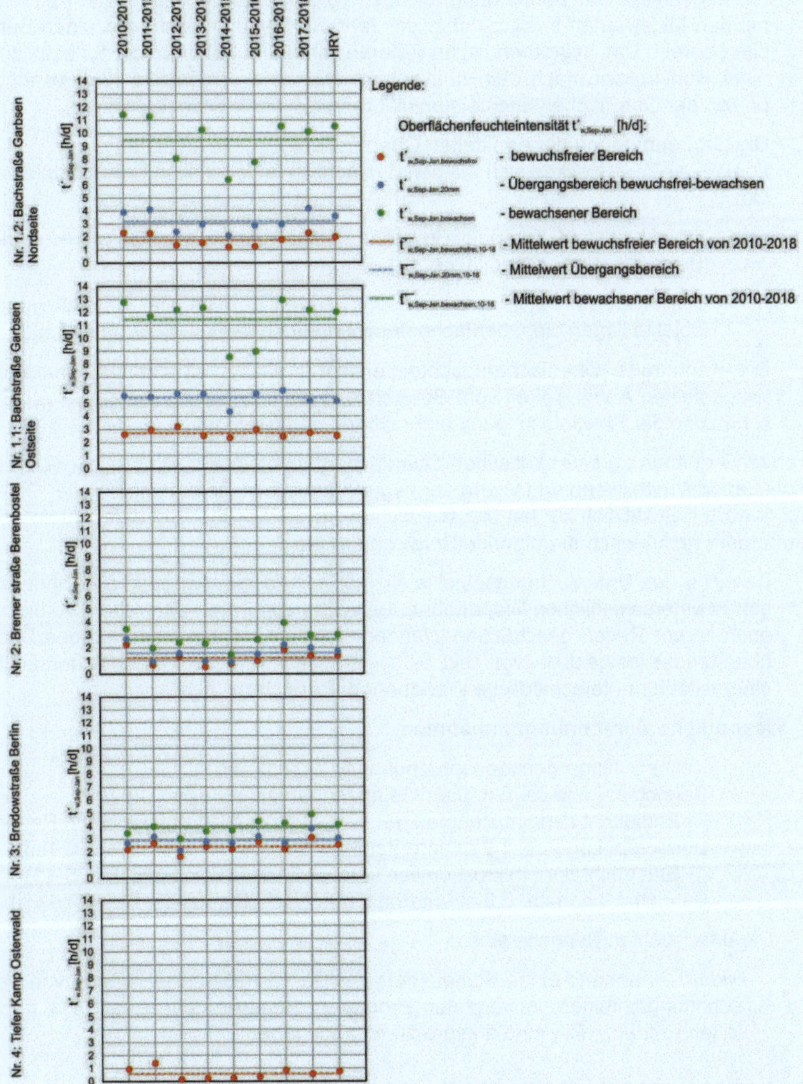

Bild 10-19: Darstellung der Oberflächenfeuchteintensitäten $t'_{w,Sep\text{-}Jan}$ aller Untersuchungsobjekte für die Jahre 2010-2018 und das HRY mit Darstellung der Mittelwerte für $t'_{w,Sep\text{-}Jan}$

Als Ergebnisse können im Einzelnen festgestellt werden:

- Die Streuung der Jahreseinzelwerte für $t'_{w,Sep\text{-}Jan}$ an den untersuchten Stellen (bewuchsfrei, bewachsen) ist als gering zu bewerten. Das Niveau kann daher gut über einen Mittelwert von $\overline{t'_{w,Sep\text{-}Jan}}$ beschrieben werden.
- Die Ergebnisse der Berechnung für das hygrothermische Referenzjahr stimmen mit den Mittelwerten $t'_{w,Sep\text{-}Jan}$ über die Jahre 2010-2018 für die einzelnen Bereiche überein. Das hygrothermische Referenzjahr kann daher für die Einschätzung einer Konstruktion nach dem neu entwickelten und vorgestellten Auswertungsprinzip der Oberflächenfeuchteintensität $t'_{w,Sep\text{-}Jan}$ herangezogen werden.
- Die Größenordnung der ermittelten Oberflächenfeuchteintensitäten $t'_{w,Sep\text{-}Jan,bewachsen}$ decken sich mit dem tatsächlich festgestellten Bewuchsbild vor Ort:
  - Objekte 2 und 3: wenig Bewuchs in der Wandfläche, Objekt 1: starker Bewuchs in der Wandfläche
  - Die Werte für $t'_{w,Sep\text{-}Jan}$ im unbewachsenen Bereich aller Untersuchungsobjekte liegen die Oberflächenfeuchteintensitäten $t'_{w,Sep\text{-}Jan}$ unter 3 h/d.

  Die Kenngröße Oberflächenfeuchteintensität $t'_{w,Sep\text{-}Jan}$ ist somit aufgrund der festgestellten Abhängigkeit vom Bewuchsbild als Beurteilungswerkzeug zur Einschätzung der Bewuchsneigung einer Oberfläche geeignet.

Zur ersten Annäherung einer kritischen Oberflächenfeuchteintensität $t'_{w,Sep\text{-}Jan,Grenz}$ wurden die Langzeitmittelwerte und Werte der hygrothermischen Referenzjahre aller Objekte ausgewertet. Zusätzlich zu den Messbereichen wurde die Oberflächenfeuchteintensität außerdem rechnerisch für folgende Bereiche ermittelt:

1. Bereiche des Untersuchungsobjekts Nr. 1.2 – Nordseite (vgl. Bild 5-8) ohne Regen in unterschiedlichen Wandhöhen: Bewuchs von Pilzen und Algen wurde hier auch im vor Regen geschützten Wandbereich (etwa 1,2 m unterhalb des Dachüberstands) festgestellt (vgl. Bild 5-11). Ermittelt wurde die Oberflächenfeuchteintensität für unterschiedliche Wandhöhen (Bereiche a, b, c).

   Wesentliche Berechnungsannahmen

   - Keine Schlagregenbeanspruchung: r_{bv} = 0 kg/(m²h)
   - Bereich a: Lage ca. 2 m über Geländeoberkante, F_{sky} = 0,25 [-]
     → Entspricht dem im Rahmen der Langzeitmessung untersuchten Bereich
   - Bereich b: Lage ca. 1,2 m unterhalb des Dachüberstands, F_{sky} = 0,18 [-]
     → Entspricht dem mikroskopisch untersuchten Bereich (vgl. Bild 5-11)
   - Bereich c: Lage ca. 0,5 m unterhalb des Dachüberstands, F_{sky} = 0,07 [-]

   Die untersuchten Bereiche sind in

   Bild 10-20 anhand eines Screenshots aus dem zur Berücksichtigung von Verschattungseffekten verwendeten Programm Sombrero dargestellt. Die ermittelten Werte für F_{sky} sind entsprechend angegeben.

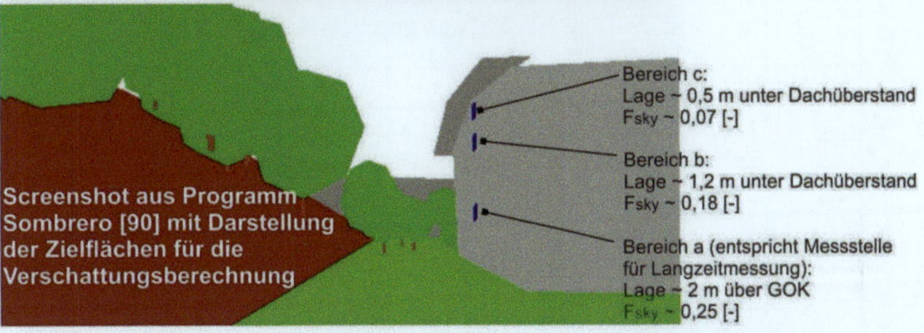

Bild 10-20: Klarbild und Screenshot des erstellten Geländemodells aus dem Programm Sombrero mit Kennzeichnung der untersuchten Wandbereiche in unterschiedlichen Höhen und Angabe der Simulationsergebnisse zu F_{sky}

Die Berechnungsergebnisse sind im Anhang D dokumentiert.

2. Für eine gemauerte Fensterbank am Untersuchungsobjekt Nr. 4 (vgl. Bild 5-27): Simulation für horizontale, bewachsene Fläche.
   - Wesentliche von der Ursprungsberechnung abweichende Berechnungsannahmen:
     - Auf die Untersuchungsstelle entfallende Regenmenge entspricht Normalregen auf die horizontale Empfangsfläche: $r_{bv} = r_h$ [kg/(m²h)]
     - Sichtfaktor zur Atmosphäre: im Jahresmittel $F_{sky} = 0{,}41$ [-]

In Bild 10-21 ist im Diagramm das Ergebnis der Langzeitauswertung aller untersuchten Bereiche der Untersuchungsobjekte dargestellt. Die Größenordnung der Werte für $t'_{w,Sep\text{-}Jan}$ im Vergleich der Objekte untereinander entspricht dabei dem vor Ort festgestellten Bewuchs (Nr. 1 am stärksten bewachsen, Nr. 2 und Nr. 3 sehr wenig Bewuchs).

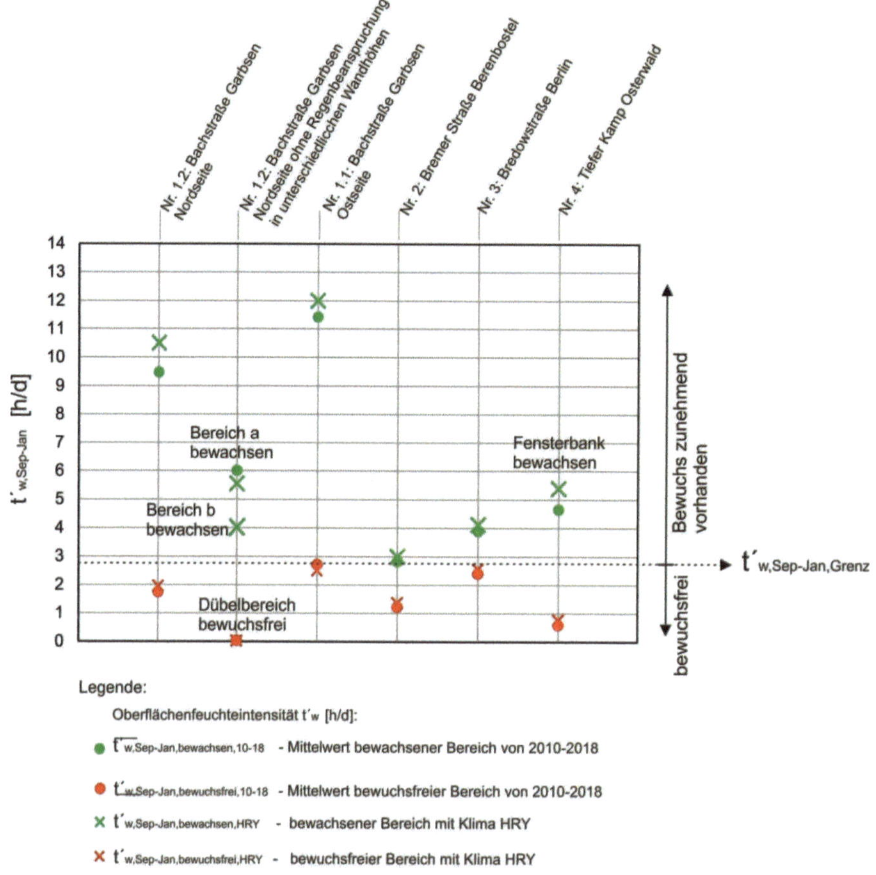

Bild 10-21: Darstellung der Oberflächenfeuchteintensitäten $t'_{w,Sep\text{-}Jan}$ aller Untersuchungsobjekte für die Jahre 2010-2018 und das HRY mit Darstellung der Mittelwerte für $t'_{w,Sep\text{-}Jan}$

Eine Ableitung und Angabe eines global gültigen Grenzniveaus nach der vorgestellten Methodik, ab wann mit mikrobiellem Bewuchs zu rechnen ist, kann aufgrund des in dieser Arbeit eingeschränkten Untersuchungsumfangs (4 Gebäude an 2 Standorten in Deutschland) als allgemeingültige Regel nicht erfolgen.

Als eine erste Arbeitshypothese bei den dokumentierten Untersuchungsobjekten würde sich unter Anwendung der vorgestellten Untersuchungsmethodik eine kritische Oberflächenfeuchteintensität ableiten zu rund:

$$t'_{w,Sep-Jan,Grenz} \sim 3{,}0 \left[\frac{h}{d}\right] \qquad (33)$$

11 Parametervariationen zur Ermittlung geeigneter Konstruktionsaufbauten

11.1 Vorgehen

Die Auswirkungen verschiedener klimatischer und baukonstruktiver Einflussparameter auf die anfallende Oberflächenfeuchte wurden für unterschiedliche Einzelaufbauten untersucht. Als vergleichende Beurteilungsgröße wurde die Oberflächenfeuchteintensität $t'_{w,Sep\text{-}Jan}$ bestimmt.

11.2 Angesetzte Parameter für die Variationsrechnungen

Ausgehend von den in der Tabelle 11-1 aufgeführten Ausgangsrandbedingungen wurden im Einzelnen die in Tabelle 11-2 aufgeführten klimatischen Einflüsse für die Untersuchung variiert.

Tabelle 11-1: Klimatische und materialtechnische Ausgangseinstellungen für die Variationsrechnungen

Variationsgröße	Ausgangsrandbedingung	Angesetzte Berechnungsparameter
Angaben zu Ausgangseinstellungen und Varianten für das Außenklima und Gebäude		
Wandausrichtung	West	Wandausrichtung: α_F= 270° (West)
Konstruktive Ausbildung Gebäude: Steildach, Flachdach, Dachüberstand	Flachdach, kein Dachüberstand	Regendepositionsfaktor: F_D= 0,5 (Flachdach)
Umgebungsbebauung	Windgeschwindigkeit Langwellige Strahlung	Rauhigkeitshöhe: z_0= 1,0 (Stadt), Höhe: 3 m Einstrahlzahl der Atmosphäre: F_{sky}=0,41 (Vorstadtgebiet)
Vegetation	Umgebungsluftfeuchte	Korrekturkurven für die absolute Feuchte: $\Delta\rho$=0 (keine Feuchtekorrektur, Vegetation wie bei Wetterstation, nur Rasen)
Lage Klimazone	Umgebungsluftfeuchte Außenlufttemperatur	Feuchtereferenzjahr: HRY 2 – Standort Hamburg
Innenklima	Sinusfunktion	θ_i=21 °C ±1 K (Tag des Maximums 03. Juni)

Fortsetzung Tabelle 11-1: Materialtechnische Angaben zu Ausgangseinstellungen und Varianten		
Bauteilaufbauten	Variable Putz- und Dämmstoffdicken	Mauerwerk mit WDVS siehe Bild 11-1 (Darstellung Schichten mit variabler Dicke)
Wärmeleitfähigkeit relevanter Materialschichten	konstant	λ_{MW} = 1,0 W/(mK) $\lambda_{Dä}$ = 0,04 W/(mK) $\lambda_{Oberputz}$ = 0,4 W/(mK) $\lambda_{Armierungsputz}$ = 0,7 W/(mK)
Rohdichte Putzschichten	konstant	$\rho_{Oberputz}$ = 850 kg/m³ (d =2 mm) $\rho_{Armierungsputz}$=1400 kg/m³ (d =0 - 6,8 mm)
Wasseraufnahme Putzsystem	Variante A: Hydrophob eingestelltes Putzsystem Variante B: Hydrophil eingestelltes Putzsystem	$W_{w,Oberputz}$=0,02 kg/(m²h^{0,5}) (organischer, hydrophober Putz, Variante A) $W_{w,Oberputz}$=0,8 kg/(m²h^{0,5}) (mineralischer, hydrophiler Putz, Variante B) $W_{w,Armierungsputz}$=0,15 kg/(m²h^{0,5}) (Armierungsputz für hydrophobe Variante A) $W_{w,Armierungsputz}$=0,8 kg/(m²h^{0,5}) (Armierungsputz für hydrophile Variante B)
Wasserdampfdiffusionswiderstand Putzschichten	Variante A: Hydrophob eingestelltes Putzsystem Variante B: Hydrophil eingestelltes Putzsystem	$\mu_{Oberputz,\ Ww=0,02}$=100 (organischer, hydrophober Putz, Variante A) $\mu_{Oberputz,\ Ww=0,8}$=20 (mineralischer, hydrophiler Putz, Variante B) $\mu_{Armierungsputz,\ Ww=0,15}$=25 (Armierungsputz für hydrophobe Variante A) $\mu_{Armierungsputz,\ Ww=0,8}$=25 (Armierungsputz für hydrophile Variante B)

Tabelle 11-2: Klimatische Einflussparameter für die Variationsrechnungen

Variationsgröße	Primäre Auswirkung auf	Angesetzte Variationsparameter in der Simulation
Ausrichtung	Schlagregenmenge Windanströmung Strahlung	Wandausrichtung: α_F= 0° (Nord) 90° (Ost) 180° (Süd) 270° (West)
Konstruktive Ausbildung des Gebäudes: Steildach, Flachdach, Dachüberstand	Regenbeanspruchung	Regendepositionsfaktor: F_D= 0,5 (Flachdach) 0,35 (Steildach) 0 (Dachüberstand)
Umgebungsbebauung	Windgeschwindigkeit Langwellige Strahlung	Rauhigkeitshöhe: z_0= 1,0 (Stadt) 0,1 (freies Feld) F_{sky}=0,33 (Stadtzentrum) 0,41 (Vorstadtgebiet) 0,50 (maximal mögliche Einstrahlzahl; komplett unverbaut)
Vegetation	Umgebungsluftfeuchte	Korrekturkurven für die absolute Feuchte: Δρ für starke Vegetation (Kurven gemäß Bild 7-18) Δρ für normale Vegetation (Kurven gemäß Bild 7-19)

Für die Untersuchung verschiedener Bauteilaufbauten wurde der in Abschnitt 5.2.1 vorgestellte Außenwandaufbau verwendet und für jeden Einflussparameter an relevanten Untersuchungsstützstellen ausgewertet. Die Auswahl der Stützstellen erfolgte anhand der Berechnungsergebnisse in Abschnitt 8.3.3.3 (vgl. Bild 9-6 und Bild 9-7). Demnach ergaben sich die größten Änderungsraten der Oberflächenfeuchteintensität im Bereich bis zu einer Dämmstoffdicke von $d_{Dä}$ = 8 cm. Die Abstände der für die Berechnung ausgewählten 12 Stützstellen sind daher in dem Bereich enger gestaffelt. Für die Berechnung wurden die in Bild 11-1 markierten Schichtenaufbauten herangezogen. Zusätzlich sind die Größenordnungen der Wärmedurchlasswiderstände des Wärmedämmverbundsystems R_{WDVS} und die Flächenbezogene Masse m_{Pu} der Putzschicht angegeben.

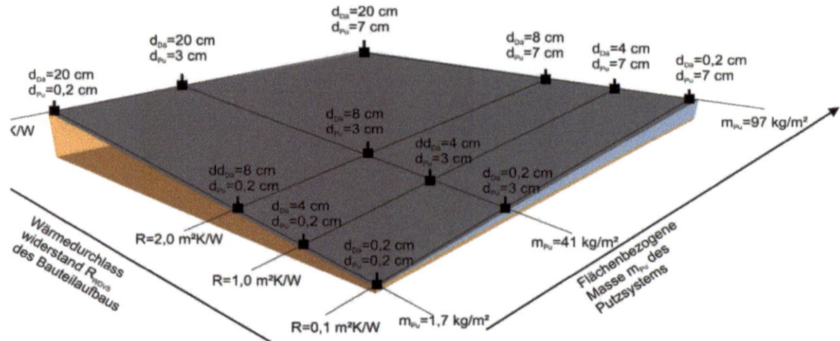

Bild 11-1: Darstellung des für die Untersuchung verwendeten gedachten Körpers mit variablem Schichtenaufbau. Für die Variationsberechnungen wurde der entsprechende Schichtenaufbau an 12 ausgewählten (im Bild gekennzeichneten) Untersuchungsstützstellen herangezogen.

11.3 Ergebnisse der Variationsrechnungen

11.3.1 Einfluss der Wandausrichtung

In Bild 11-2 sind die Ergebnisse in Form von Einflussflächen für ein hydrophob eingestelltes Putzsystem (vgl. Tabelle 11-1: Variante A) in Abhängigkeit der Ausrichtung dargestellt. Zusätzlich ist die auf die Wand gerichtete Schlagregensumme r_{bv} und die mittlere relative Luftfeuchtigkeit φ über das gesamte Jahr angegeben. Die in Abschnitt 11 angenäherte kritische Oberflächenfeuchteintensität $t'_{w,Sep\text{-}Jan,Grenz}$ ~ 3 h/d ist auf der Ergebnisebene als gestrichelte Linie eingezeichnet.

Tabelle 11-3: Zusammenstellung wesentlicher angesetzter Berechnungsparameter zur Untersuchung des Einflusses der Wandausrichtung

Variationsgröße: Wandausrichtung	α_F	**0°, 90°, 180°, 270°**
Schlagregenbeanspruchung	r_{bv}	F_D = 0,5 [-] (Flachdach, kein Regenschutz)
Einstrahlzahl zur Atmosphäre	F_{sky}	0,41 [-]
Einfluss der Vegetation auf die Umgebungsluftfeuchte	$\Delta\rho$	0 [g/m³]
Wasseraufnahme des Putzsystems	W_W	0,02 [kg/(m²h^{0,5})] (hydrophob)
Rauhigkeitshöhe	z_0	1,0 (Stadt)

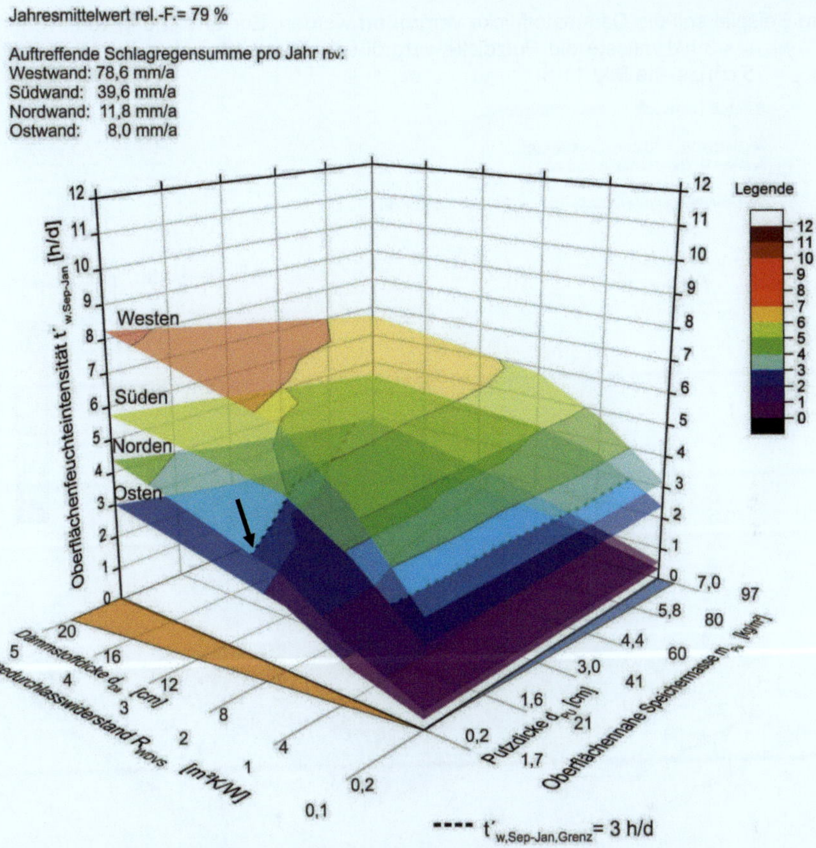

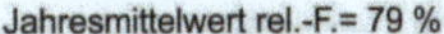

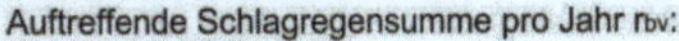

Bild 11-2: Berechnungsergebnis für unterschiedliche Wandausrichtungen

Aus den Ergebnissen wird erkennbar, dass die Westseite als Hauptschlagregenseite die höchsten Werte für $t'_{w,Sep-Jan}$ liefert. Sie ist dadurch im Vergleich zu den übrigen Wandausrichtungen am stärksten bewuchsgefährdet. Die Südwand zeigt rechnerisch ebenfalls durch die einwirkende Schlagregenmenge ein insgesamt hohes Feuchteniveau. Die Bewuchsgefährdung auf der Südseite ist aber durch die vergleichsweise sehr lange Kontaktzeit mit UV-Licht nicht sehr groß (vgl. Abschnitt 2.3.2.2). Sie wird daher an der Stelle nur der Vollständigkeit halber angeführt. Die Nord- und Ostausrichtung sind insgesamt entsprechend der auf sie wirkenden Schlagregenmenge (etwa 1/10 der Westschlagregensumme) am wenigsten bewuchsgefährdet.

Im vorliegenden Beispiel wäre unter Annahme einer kritischen Oberflächenfeuchteintensität von $t'_{w,Sep-Jan} \sim 3$ h/d bei einer Ausführung des WDVS auf der Nordseite mit einer Dämmstoffdicke von $d_{Dä} = 10$ cm bei einer Putzdicke von $d_{Pu} = 0,2$ cm nicht mit Bewuchs zu rechnen (siehe Pfeil). Mit Hilfe der Einflussflächen kann abgelesen werden, wieviel Zuwachs des Wärmedurchlasswiderstandes R (z.B. Dicke der Wärmedämmung) noch zugelassen werden kann, um Werte unterhalb der kritischen Oberflächenfeuchteintensität zu erreichen.

Im Beispiel soll die Dämmstoffdicke vergrößert werden. Zur Erreichung von Werten für $t'_{w,Sep\text{-}Jan} < 3$ h/d müsste die Putzdicke vergrößert werden (Beispiel: $d_{Pu} = 3$ cm mit ca. $d_{Dä} = 15$ cm), siehe Bild 11-3.

Beispiel Dimensionierung Wandaufbau:

Aufbau A: $d_{Dä}$=10 cm; d_{Pu}= 0,2 cm
Aufbau B: $d_{Dä}$=15 cm; d_{Pu}= 3 cm

Verbesserung des R-Werts von ca. 2,5 auf 3,8 m²K/W

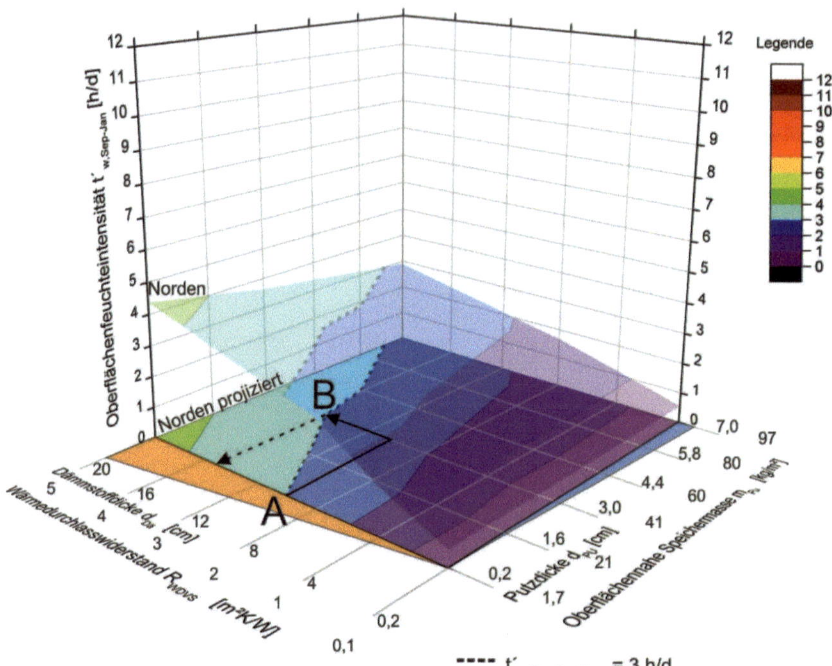

Bild 11-3: Beispiel zur Auslegung eines Wandaufbaus in Abhängigkeit der einer kritischen Oberflächenfeuchteintensität $t'_{w,Sep\text{-}Jan,Grenz} = 3$ h/d, hier: Nordwand (ohne Dachüberstand, Flachdach, Wind für Stadtgebiet mit $z_0 = 1$, HRY2, F_{sky}=0,41)

In Bild 11-4 ist dem Ausgangsmodell mit hydrophob eingestelltem Putz das Berechnungsergebnis für ein hydrophil eingestelltes Putzsystem gegenübergestellt. Beim Vergleich der unterschiedlich saugfähigen Putzsysteme (W_W = 0,02 kg/(m²h^{0,5}) und W_W = 0,8 kg/(m²h^{0,5})) für die am stärksten durch Schlagregen belastete Westseite zeigt sich, dass bei vorliegender berechneter Schlagregenmenge im Jahr von ca. r_{bv} = 80 mm/a eine saugfähige (hydrophile) Konstruktion im Berechnungsbeispiel erst ab einer Putzdicke $d_{Pu} > 1{,}5$ cm vorteilhaft ist. In Bild 11-4 ist die Grenze mit der in weiß dargestellten Strichlinie dargestellt (Schnittlinie der Ebenen). Der Grund für dieses Verhalten kann damit begründet werden, das aufgenommenes Wasser bei größeren Putzdicken in tiefere Bauteilschichten transportiert werden kann und dann verzögert durch

Diffusion wieder abgegeben wird. Bei kleineren Putzdicken liegt hingegen der Wassergehalt des gesamten Putzes über die Dicke dauerhaft im Bereich des Maximalwassergehalts, kann nicht mehr in tiefere Schichten verteilt werden und daher ist entsprechend freies Wasser an der Oberfläche vorhanden. Im Vergleich zu einem hydrophoben System ergeben sich beim hydrophilen System bei geringen Putzdicken Nachteile, da der Abtrocknungsprozess der Oberfläche aufgrund der insgesamt geringeren aufgenommenen Wassermenge bei hydrophoben Putzen vergleichsweise schneller geht (vgl. auch Laborversuche zwischen unterschiedlich saugfähigen Putzen in Abschnitte 6.6.4 und 8.3.2.3)

Tabelle 11-4: Zusammenstellung wesentlicher angesetzter Berechnungsparameter zur Untersuchung des Einflusses der Wasseraufnahmefähigkeit des Oberputzes

Wandausrichtung	α_F	270° (Westen)
Schlagregenbeanspruchung	r_{bv}	F_D = 0,5 [-] (Flachdach,kein Regenschutz)
Einstrahlzahl zur Atmosphäre	F_{sky}	0,41 [-]
Einfluss der Vegetation auf die Umgebungsluftfeuchte	$\Delta\rho$	0 [g/m³]
Variationsgröße: Wasseraufnahmefähigkeit des Putzsystems	$\mathbf{W_W}$	**0,02 [kg/(m²h^0,5)] (hydrophob)** **0,8 [kg/(m²h^0,5)] (hydrophil)**
Rauhigkeitshöhe	z_0	1,0 (Stadt)

Jahresmittelwert rel.-F.= 79 %

Auftreffende Schlagregensumme pro Jahr r_{bv}:
Westwand: 78,6 mm/a

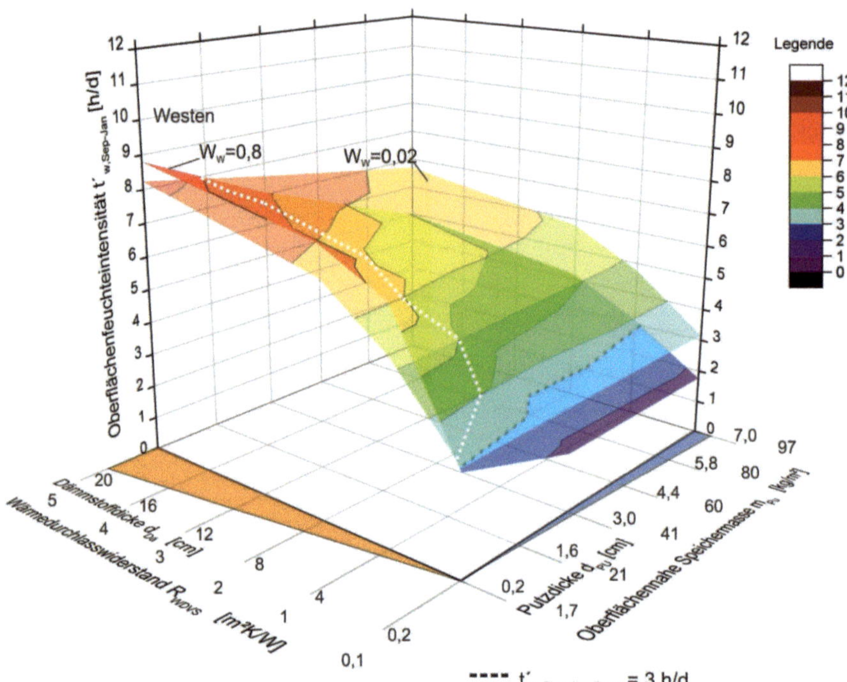

Bild 11-4: *Vergleich eines hydrophoben (W_w = 0,02 kg/(m²$h^{0,5}$)) und hydrophilen (W_w = 0,8 kg/(m²$h^{0,5}$)) Putzsystems. hier Westwand (ohne Dachüberstand, Flachdach, Wind für Stadtgebiet mit z_0=1, HRY2, F_{sky}=0,41)*

Für geringere Schlagregenbeanspruchung kann ein saugfähiges, hydrophiles (Ww = 0,8) System wiederum Vorteile bringen. Exemplarisch sind in Bild 11-5 die Ergebnisse der Auswertung für die zwei Putzsysteme für die schlagregenärmere Nordwand dargestellt.

Tabelle 11-5: Zusammenstellung wesentlicher angesetzter Berechnungsparameter zur Untersuchung des Einflusses der Wasseraufnahmefähigkeit des Oberputzes

Wandausrichtung	α_F	0° (Norden)
Schlagregenbeanspruchung	r_{bv}	F_D = 0,5 [-] (Flachdach,kein Regenschutz)
Einstrahlzahl zur Atmosphäre	F_{sky}	0,41 [-]
Einfluss der Vegetation auf die Umgebungsluftfeuchte	$\Delta\rho$	0 [g/m³]
Variationsgröße: Wasseraufnahme des Putzsystems	**W_W**	**0,02 [kg/(m²h^{0,5})] (hydrophob)** **0,8 [kg/(m²h^{0,5})] (hydrophil)**
Rauhigkeitshöhe	z_0	1,0 (Stadt)

Jahresmittelwert rel.-F.= 79 %

Auftreffende Schlagregensumme pro Jahr r_{bv}:
Nordwand: 11,8 mm/a

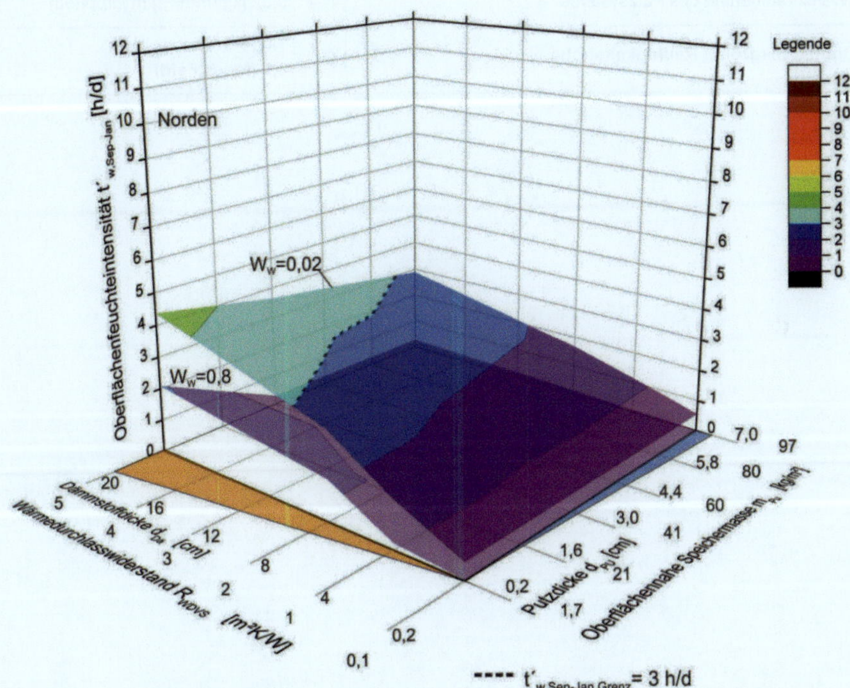

Bild 11-5: *Vergleich eines hydrophoben (W_w = 0,02 kg/(m²h^{0,5})) und hydrophilen (W_w = 0,8 kg/(m²h^{0,5})) Putzsystems. hier: Nordwand (ohne Dachüberstand, Flachdach, Wind für Stadtgebiet mit z_0 = 1, HRY2, F_{sky}=0,41)*

Das saugfähige Putzsystem wirkt sich somit positiv aus und wäre im vorliegenden Beispiel einem hydrophob eingestellten System vorzuziehen.

11.3.2 Einfluss der Rauigkeit des Geländes

Die Rauigkeit des Geländes beeinflusst maßgeblich die Windgeschwindigkeit im Höhenprofil. Daraus ergibt sich eine veränderte Schlagregenbelastung und eine Veränderung des konvektiven Wärme- und Wasserdampfübergangskoeffizienten. In Bild 11-6 ist der Vergleich zwischen unterschiedlich rauen Geländeprofilen (Stadtgebiet z_0 = 1 m und freies Feld z_0 = 0,1 m) dargestellt.

Tabelle 11-6: Zusammenstellung wesentlicher angesetzter Berechnungsparameter zur Untersuchung des Einflusses der Geländeform

Wandausrichtung	α_F	270° (Westen)
Schlagregenbeanspruchung	r_{bv}	F_D = 0,5 [-] (Flachdach,kein Regenschutz)
Einstrahlzahl zur Atmosphäre	F_{sky}	0,41 [-]
Einfluss der Vegetation auf die Umgebungsluftfeuchte	$\Delta\rho$	0 [g/m³]
Wasseraufnahme des Putzsystems	W_W	0,02 [kg/(m²h^{0,5})] (hydrophob)
Variationsgröße: Rauhigkeitshöhe	z_0	**1,0 (Stadt)** **0,1 (freies Feld)**

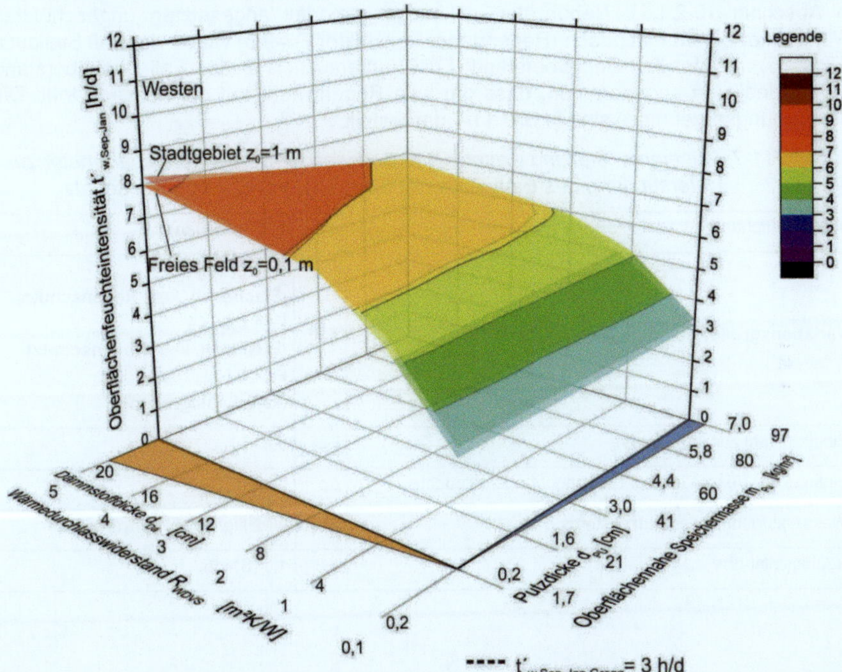

Bild 11-6: *Vergleich des Einflusses unterschiedlicher Geländeprofile. hier Westwand (ohne Dachüberstand, Flachdach, Wind für Stadtgebiet mit z_0 = 1 m und freies Feld mit z_0 = 0,1 m, HRY2, F_{sky}=0,41)*

Unterschiede zwischen den beiden Varianten sind kaum erkennbar. Die reine Schlagregenmenge erhöht sich zwar, wird aber von System nicht aufgenommen.

11.3.3 Einfluss der Gebäudeform in Zusammenhang mit der Schlagregenbeanspruchung

Die Dachform beeinflusst über die sich einstellenden Strömungszustände an der Fassade maßgeblich die auf die Wand auftreffende Schlagregenmenge (vgl. Ausführungen in Abschnitt 10.2.1.1). Neben der im Ausgangsmodell angesetzten ungeschützten Wand unter einem Flachdach (Regendepositionsfaktor F_D=0,5) wurde der Fall Steildach (F_D=0,35) und der Fall Dachüberstand (F_D=0) untersucht. Für den Fall Dachüberstand wurde idealisiert angenommen, dass gar kein Regen mehr auf die Fassade trifft. Die Berechnungsergebnisse sind in Bild 11-7 dargestellt.

Tabelle 11-7: Zusammenstellung wesentlicher angesetzter Berechnungsparameter zur Untersuchung des Einflusses der Gebäudeform/Schlagregenschutz

Wandausrichtung	α_F	270° (Westen)
Variationsgröße: Schlagregenbeanspruchung	r_{bv}	**F_D = 0,5 [-] (Flachdach, kein Regenschutz)** **F_D = 0,35 [-] (Steildach, kein Regenschutz)** **F_D = 0 [-] (kein Schlagregen)**
Einstrahlzahl zur Atmosphäre	F_{sky}	0,41 [-]
Einfluss der Vegetation auf die Umgebungsluftfeuchte	$\Delta\rho$	0 [g/m³]
Wasseraufnahme des Putzsystems	W_W	0,02 [kg/(m²h^{0,5})] (hydrophob)
Rauhigkeitshöhe	z_0	1,0 (Stadt)

Jahresmittelwert rel.-F.= 79 %

Auftreffende Schlagregensumme pro Jahr r_{bv}:
Westwand,Flachdach: 78,6 mm/a (F_D=0,5)
Westwand,Steildach: 55,0 mm/a (F_D=0,35)
Westwand,Dachüberstand: 0,0 mm/a (F_D=0)

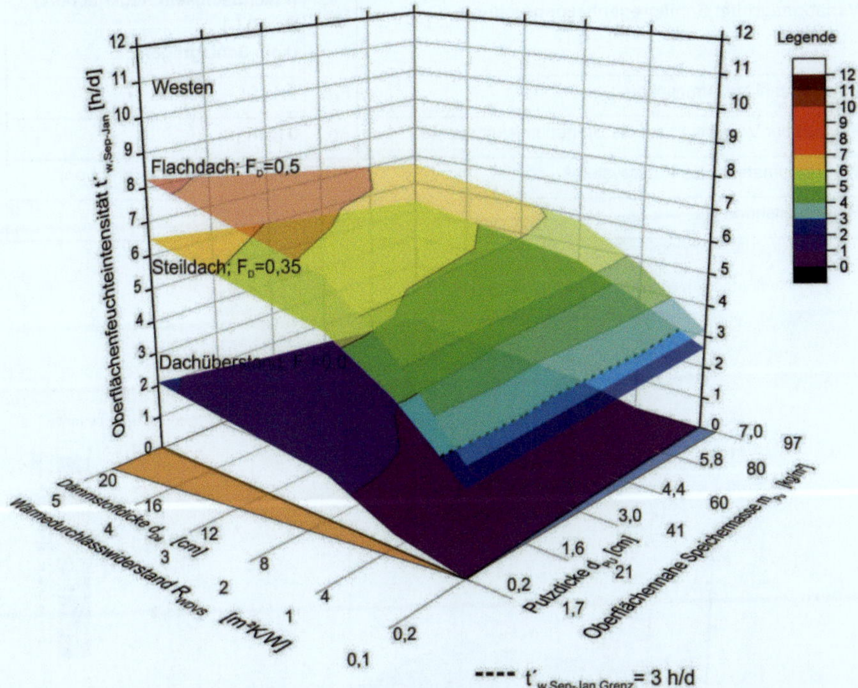

Bild 11-7: *Vergleich des Einflusses unterschiedlicher Gebäudeformen hinsichtlich der Schlagregenbeanspruchung (Ansatz Regendepositionsfaktoren $F_{D,\,Flachdach}$=0,5, $F_{D,Steildach}$=0,35, $F_{D,Dachüberstand}$=0). hier: Westwand (Wind für Stadtgebiet mit z_0=1, HRY2, F_{sky}=0,41)*

Eine durch die Dachform verringerte Gesamtschlagregensumme um etwa 30% (Unterschied von F_D = 0,5 zu F_D = 0,35) bewirkt im Berechnungsbeispiel eine Verringerung der Oberflächenfeuchteintensität bis zu $\Delta t'_{w,Sep\text{-}Jan}$ = 2 h/d. Wird der Regen infolge des Dachüberstands komplett von der Fassade ferngehalten, ist im Beispiel der Westwand nur noch die Tauwasserbeanspruchung für die Oberflächenfeuchteereignisse verantwortlich. Unter Ansatz des Ausgangsklimas wäre mit einer kompletten Ausschaltung des Regeneinflusses ein übliches WDVS auf der Westseite als unkritisch zu bewerten.

Bei Änderung der Ausrichtung nach Norden sinkt bei einer insgesamt geringeren Schlagregenmenge auch das Niveau der Oberflächenfeuchteintensität (siehe Bild 11-8). Wird die nach Norden ausgerichtete Außenwand durch einen Dachüberstand vor Regen geschützt (F_D=0), ist auch hier eine deutliche Reduktion von $t'_{w,Sep\text{-}Jan}$ festzustellen..

Tabelle 11-8: Zusammenstellung wesentlicher angesetzter Berechnungsparameter zur Untersuchung des Einflusses der Gebäudeform/Schlagregenschutz

Wandausrichtung	α_F	0° (Norden)
Variationsgröße: Schlagregenbeanspruchung	r_{bv}	**F_D = 0,5 [-]** **(Flachdach,kein Regenschutz)** **F_D = 0 [-]** **(kein Schlagregen)**
Einstrahlzahl zur Atmosphäre	F_{sky}	0,41 [-]
Einfluss der Vegetation auf die Umgebungsluftfeuchte	$\Delta\rho$	0 [g/m³]
Wasseraufnahme des Putzssystems	W_W	0,02 [kg/(m²h^{0,5})] (hydrophob)
Rauhigkeitshöhe	z_0	1,0 (Stadt)

Jahresmittelwert rel.-F.= 79 %

Auftreffende Schlagregensumme pro Jahr r_{bv}:
Nordwand,Flachdach: 11,8 mm/a (F_D=0,5)
Nordwand,Dachüberstand: 0,0 mm/a (F_D=0)

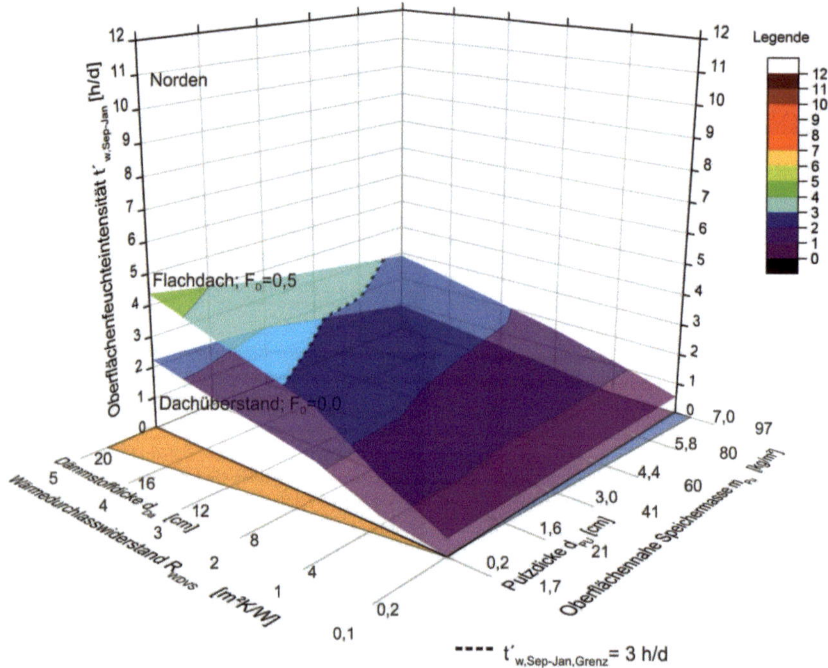

Bild 11-8: Vergleich des Einflusses unterschiedlicher Gebäudeformen hinsichtlich der Schlagregenbeanspruchung (Ansatz Regendepositionsfaktoren $F_{D,Flachdach}$=0,5, $F_{D,Dachüberstand}$=0). hier Nordwand (Wind für Stadtgebiet mit z_0=1, HRY2, F_{sky}=0,41)

Die Nordseite ist hinsichtlich der durch Tauwasserereignisse induzierten Feuchteereignisse der kritischere Fall (vgl. Einflussebene für $F_D = 0$, Bild 11-7 und Bild 11-8) und wird daher für die weitere Betrachtung ohne Schlagregen genauer betrachtet.

11.3.4 Einfluss der Einstrahlzahl zur Atmosphäre F_{sky}

Je nach Umgebungsbebauung wird die langwellige Strahlungsbilanz der Fassade beeinflusst. Für die Untersuchung wurde die Einstrahlzahl zur Atmosphäre F_{sky} entsprechend der Angaben in *DIN EN ISO 13791 [25]* für Stadtzentrum ($F_{sky} = 0,33$) und Vorstadtgebiet ($F_{sky} = 0,41$) variiert. Außerdem wurde der rechnerisch kritischstmögliche Fall mit $F_{sky} = 0,5$ für ein komplett unverbautes und damit freies Sichtfeld untersucht. Die Ergebnisse der Berechnung sind in Bild 11-9 dargestellt.

Tabelle 11-9: Zusammenstellung wesentlicher angesetzter Berechnungsparameter zur Untersuchung des Einflusses der Einstrahlzahl zur Atmosphäre

Wandausrichtung	α_F	0° (Norden)
Schlagregenbeanspruchung	r_{bv}	$F_D = 0$ [-] (kein Schlagregen)
Variationsgröße: Einstrahlzahl zur Atmosphäre	F_{sky}	**0,33 [-]** **0,41 [-]** **0,5 [-]**
Einfluss der Vegetation auf die Umgebungsluftfeuchte	$\Delta\rho$	0 [g/m³]
Wasseraufnahme des Putzssystems	W_W	0,02 [kg/(m²h^{0,5})] (hydrophob) 0,8 [kg/(m²h^{0,5})] (siehe Bild 11-10)
Rauhigkeitshöhe	z_0	1,0 (Stadt)

Jahresmittelwert rel.-F.= 79 %

Einstrahlzahl der Atmosphäre:
F_{sky} = 0,33 (Stadtzentrum)
F_{sky} = 0,41 (Vorstadtgebiet)
F_{sky} = 0,5 (komplett unverbaut)

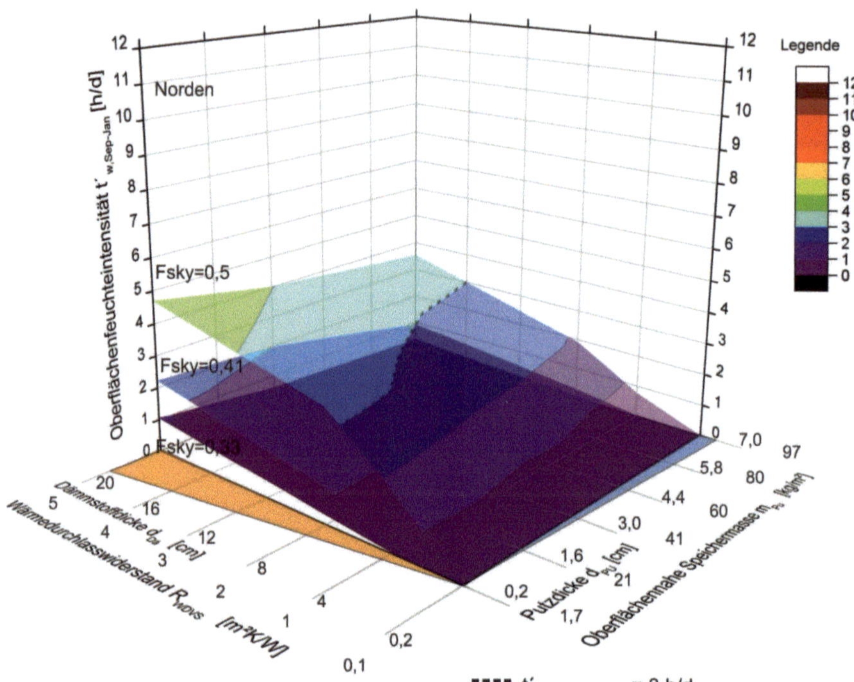

Bild 11-9: *Vergleich unterschiedlicher Einstrahlzahlen der Atmosphäre F_{sky} (F_{sky}=0,33, F_{sky}=0,41 und F_{sky}=0,5). hier: Nordwand (kein Schlagregen, Wind für Stadtgebiet mit z_0=1, HRY2)*

Durch den Einfluss der Einstrahlzahl ist unter Ansatz einer kritischen Oberflächenfeuchteintensität von $t'_{w,Sep-Jan}$ ~ 3 h/d bei entsprechend unverbautem Sichtfeld zum Himmel mit einem Bewuchs zu rechnen.

In Bild 11-10 ist das Ergebnis für eine hydrophob und hydrophil eingestellte Putzoberfläche für die Einstrahlzahl F_{sky} = 0,5 dargestellt. Die Oberflächenfeuchteintensität kann in diesem Fall durch den Einsatz eines hydrophoben Putzsystems deutlich gesenkt werden.

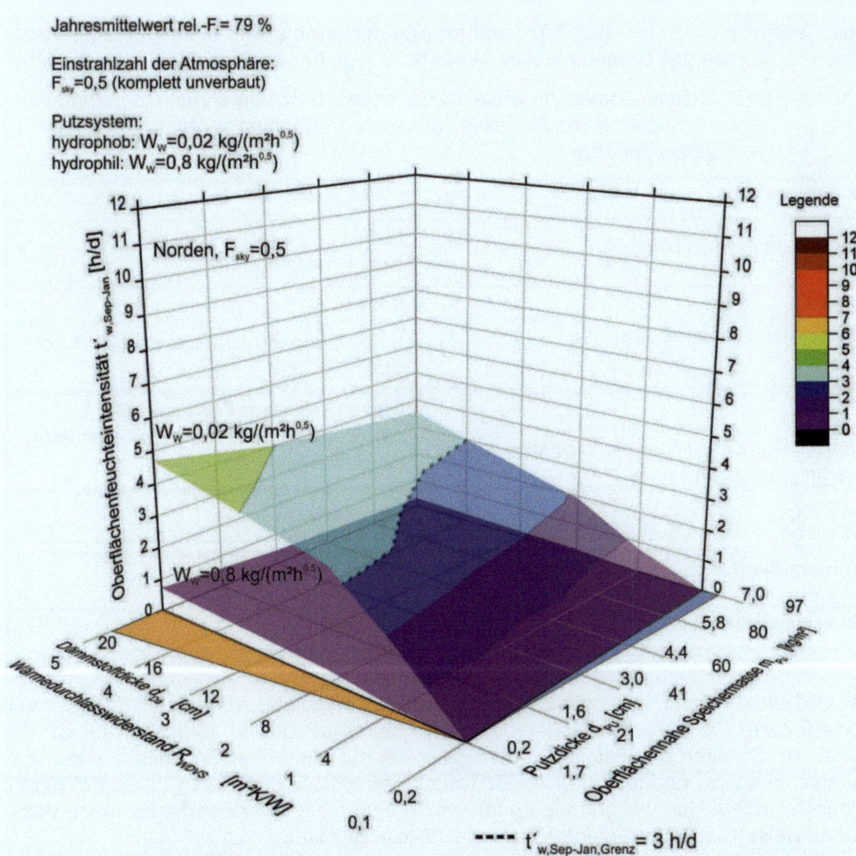

Bild 11-10: Vergleich eines hydrophoben und hydrophilen Putzsystems. hier: Nordwand (für F_{sky} = 0,5, ohne Dachüberstand, Flachdach, Wind für Stadtgebiet mit z_0=1, HRY2)

11.3.5 Einfluss der durch Vegetation veränderten Umgebungsluftfeuchte

Die Auswirkung des durch die Vegetation veränderten Feuchteniveaus der Umgebungsluft wurde bei der Analyse der in dieser Arbeit untersuchten Objekte deutlich (vgl. Abschnitt 10.2.1). Dabei wurde auch im vor Regen geschützten Bereich (Wirkbereich des Dachüberstands) sichtbarer Bewuchs festgestellt. Die Auswertung der Oberflächenfeuchteintensität in den Bereichen zeigte ebenfalls erhöhte Werte an (vgl. Bild 10-21).

Für die Untersuchung unterschiedlich stark ausgeprägter Vegetation wurden die aus den Messwerten abgeleiteten Korrekturkurven für die Umgebungsluftfeuchte herangezogen. Die Klimadaten der absoluten Feuchte des hygrothermischen Referenzklimas (HRY 2) wurden entsprechend mit den ermittelten Korrekturwerten $\Delta\rho$ angepasst. Dabei wurden für eine starke Ausprägung der Vegetation die Kurven für $\Delta\rho$ des Untersuchungsobjekts Nr. 1 (vgl. Bild 7-18) und für eine mittlere bis normal ausgeprägte Vegetation die Kurven des Untersuchungsobjekts Nr. 3 (vgl. Anhang Bild 14-20) verwendet.

Tabelle 11-10: Zusammenstellung wesentlicher angesetzter Berechnungsparameter zur Untersuchung des Einflusses der durch Vegetation veränderten Umgebungsluftfeuchte

Wandausrichtung	α_F	0° (Norden)
Schlagregenbeanspruchung	r_{bv}	$F_D = 0$ [-] (kein Schlagregen)
Einstrahlzahl zur Atmosphäre	F_{sky}	0,41 [-] (keine Abdeckung durch Überstände z.B. Vordach)
Variationsgröße: Einfluss der Vegetation auf die Umgebungsluftfeuchte	$\Delta\rho$	**0 [g/m³] – Referenz Feuchteniveau** **normal ausgeprägte Vegetation – mittleres Feuchteniveau** **stark ausgeprägte Vegetation – hohes Feuchteniveau**
Wasseraufnahme des Putzssystems	W_W	0,02 [kg/(m²h^{0,5})] (hydrophob) 0,8 [kg/(m²h^{0,5})] (siehe Bild 11-14)
Rauhigkeitshöhe	z_0	1,0 (Stadt)

In Bild 11-11 sind exemplarisch für einen Wandaufbau (R_{WDVS} = 5 m²K/W und d_{Pu} = 0,2 cm) die Berechnungsergebnisse im Jahresverlauf und vergrößert für ca. 10 Tage im Oktober dargestellt. Neben dem Verlauf der Oberflächentemperatur θ_{se} (schwarze Kurve) sind die Verläufe der Taupunkttemperaturen θ_d, die sich einstellenden Oberflächenfeuchten w_{se} und die Zeiträume, in denen die Wandoberfläche freies Wasser aufweist (Diagramm unten), für die drei Fälle abgebildet.

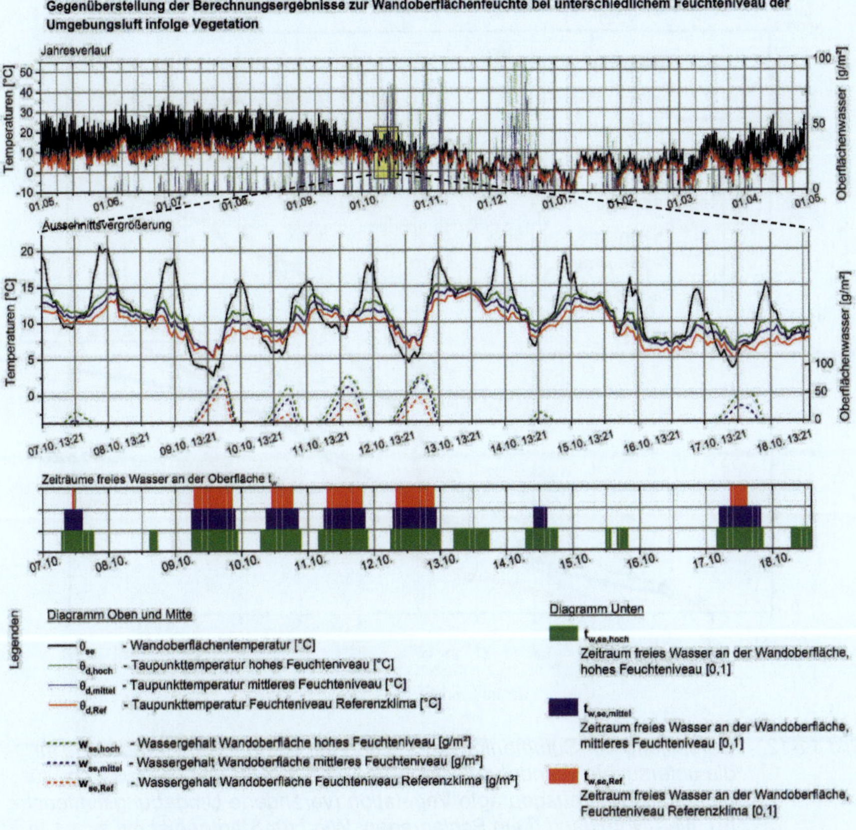

Bild 11-11: Darstellung des Temperatur- und Feuchteverlaufs der Wandoberfläche (R_{WDVS} = 5 m²K/W und d_{Pu} = 0,2 cm) und der Taupunkttemperaturen für unterschiedlich ausgeprägte Vegetation (veränderte Umgebungsluftfeuchte). hier: Nordwand (kein Schlagregen, Wind für Stadtgebiet mit z_0 = 1 m, HRY2, hydrophobes Putzsystem mit W_w = 0,02 kg/(m²h^{0,5}))

Es ist gut erkennbar, dass die Taupunkttemperatur θ_d für den Fall des Referenzklimas (rote Kurve) mit vergleichsweise geringem Feuchteniveau auch unterhalb der Taupunkttemperaturverläufe bei mittlerem (blaue Kurve) und hohem Feuchteniveau (grüne Kurve) verläuft. Entsprechend geringer sind auch die Wassergehalte der Oberfläche. Die Unterschiede lassen sich auch bei Betrachtung der Zeiträume mit freiem Wasser an der Oberfläche t_w erkennen. Hier sind die Oberflächen häufiger und länger bei mittlerem und hohem Feuchteniveau gegenüber der Berechnung mit Referenzklima feucht.

In nachfolgendem Bild 11-12 ist die zugehörige Auswertung der Oberflächenfeuchteereignisse mit Ermittlung der Oberflächenfeuchtintensität $t'_{w,Sep\text{-}Jan}$ dargestellt.

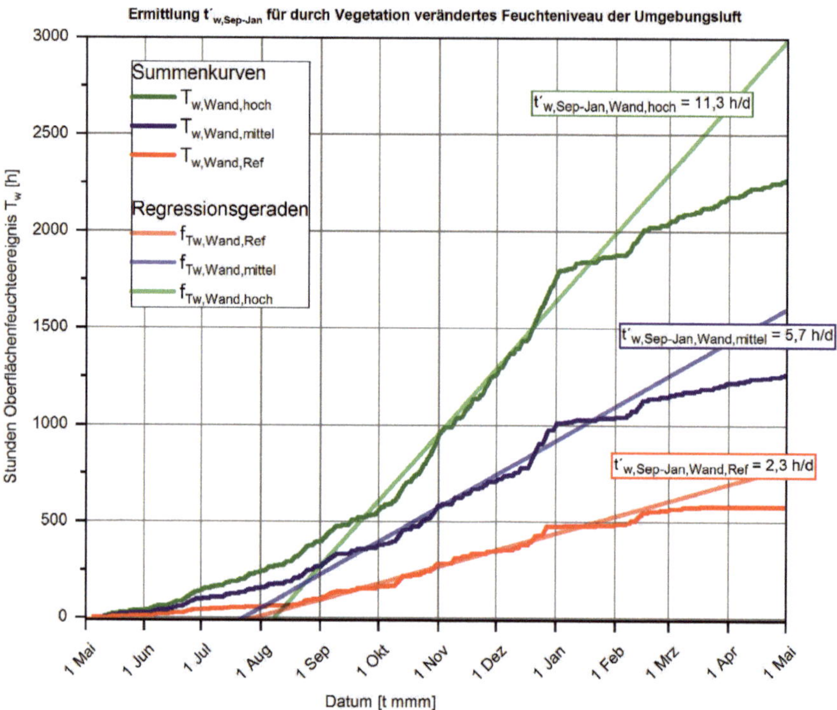

Bild 11-12: Darstellung der Summenkurven T'_w und der Regressionsgeraden f_{Tw} für die untersuchte Wandoberfläche (R_{WDVS} = 5 m²K/W und d_{Pu} = 0,2 cm) für unterschiedlich ausgeprägte Vegetation (veränderte Umgebungsluftfeuchte). hier: Nordwand (kein Schlagregen, Wind für Stadtgebiet mit z_0 = 1 m, HRY2, hydrophobes Putzsystem mit W_w = 0,02 kg/(m²h^{0,5}))

Die Auswertung zeigt für die drei untersuchten Fälle deutliche Unterschiede im Jahresverlauf hinsichtlich der Anzahl der Feuchteereignisse und der Oberflächenfeuchteintensität für $t'_{w,Sep\text{-}Jan}$.

Die Ergebnisse der Untersuchung für unterschiedliche Wandaufbauten sind in Bild 11-13 dargestellt.

Vegetation:
Wie Referenzklima (Rasen, kleine Büsche) - Feuchteniveau Referenzklima
Jahresmittelwert rel.-F.= 79 %

Normale Vegetation (Bäume, Büsche Vorstadt) - mittleres Feuchteniveau
Jahresmittelwert rel.-F.= 80,3 %

Starke Vegetation (Starker Bewuchs, viel Büsche und Bäume) - hohes Feuchteniveau
Jahresmittelwert rel.-F.= 88 %

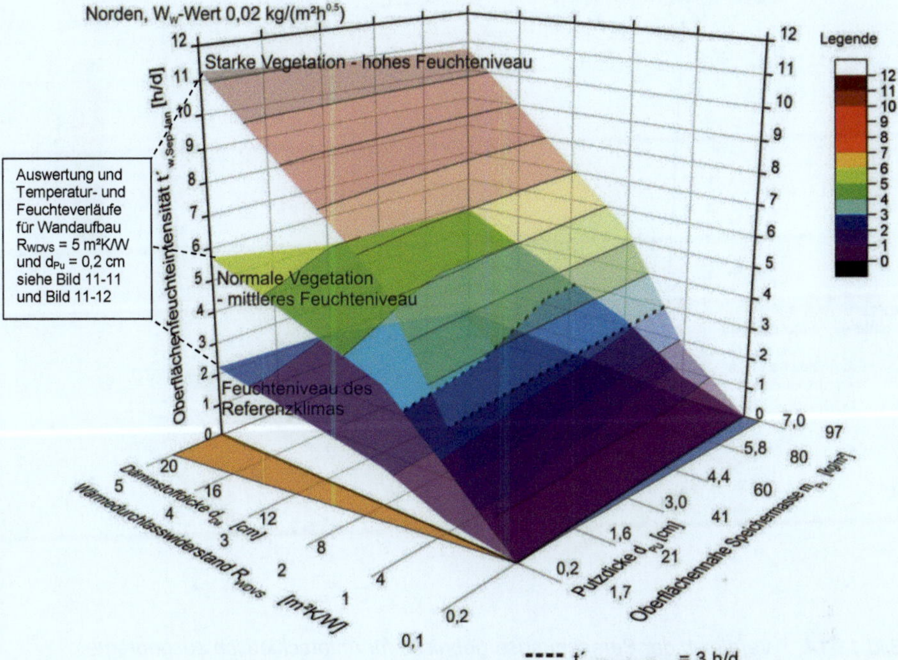

Bild 11-13: Vergleich der Berechnungsergebnisse für unterschiedlich ausgeprägte Vegetation (veränderte Umgebungsluftfeuchte). hier: Nordwand (kein Schlagregen, Wind für Stadtgebiet mit z_0 = 1 m, HRY2, hydrophobes Putzsystem mit W_w = 0,02 kg/(m²h^{0,5}), kein Vordach F_{sky}=0,41)

Der Einfluss der Vegetation wird am vorliegenden Beispiel deutlich. Die Oberflächenfeuchteintensität wird bei starker Vegetation entsprechend der dadurch erhöhten Umgebungsluftfeuchte deutlich erhöht.

Die Berechnungen zur Berücksichtigung erhöhter Umgebungsluftfeuchte wurden auch für ein hydrophiles Putzsystem durchgeführt. Die Ergebnisse der Berechnung sind in Bild 11-14 dargestellt.

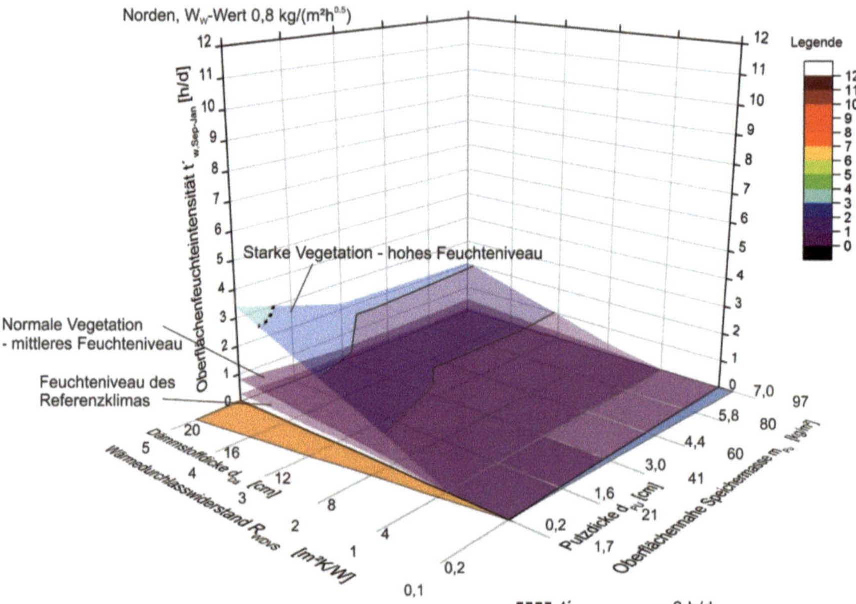

Bild 11-14: Vergleich der Berechnungsergebnisse für unterschiedlich ausgeprägte Vegetation (veränderte Umgebungsluftfeuchte). hier: Nordwand (kein Schlagregen, Wind für Stadtgebiet mit z_0 = 1 m, HRY2, hydrophiles Putzsystem mit W_w = 0,8 kg/(m²h^{0,5}), kein Vordach F_{sky}=0,41)

Das Niveau der Oberflächenfeuchteintensität ist für das hydrophile Putzsystem insgesamt deutlich geringer als bei hydrophoben Systemen (vgl. Bild 11-13). Hydrophile Putzsysteme würden unter diesen Voraussetzungen besser einen mikrobiellen Bewuchs verhindern.

11.3.6 Schlussfolgerungen aus der Parametervariation

Aus den einzelnen Berechnungsergebnissen lassen sich folgende Ergebnisse ableiten

- Die Westseite wird durch die Regenbeanspruchung am größten belastet. Kritisch würde unter Annahme einer kritischen Oberflächenfeuchteintensität von $t'_{w,Sep-Jan}$ = 3 h/d für gut gedämmte Konstruktionen bereits über das Jahr verteilt eine Schlagregenmenge größer r_{bv} = 10 mm/a (Annahme der Regenereignisverteilung des Feuchtereferenzjahrs). (vgl. Bild 11-2)

- Ist mit einer starken Regenbeaufschlagung zu rechnen, verhalten sich bei geringen Putzdicken saugfähige Systeme kritischer als hydrophob eingestellte Systeme. Der Grund liegt in der großen Wasseraufnahme und der langen Trockenzeit bei hohen Mengen aufgenommenen Wassers.
- Wird die Regenbelastung außen vor gelassen, verhält sich die dann nur noch durch Tauwasserereignisse beaufschlagte Nordseite am kritischsten, der Grund liegt in der im Vergleich am geringsten positiv eingetragenen Energiemenge durch kurzwellige Strahlung.
- Bei Konstruktionen die frei exponiert und dadurch einen großen Sichtfaktor zur Atmosphäre F_{sky} aufweisen, wird der Einfluss des langwelligen Strahlungsaustausches auf die Gesamtenergiebilanz der Wand größer. Derartige Flächen können durch den insgesamt höheren Energieabfluss eher unterkühlen und einen Tauwasseranfall an der Oberfläche aufweisen. Das angefallene Tauwasser kann von hydrophilen Systemen von der Oberfläche besser aufgenommen werden als von hydrophoben. Die Oberflächenfeuchteintensität kein daher bei Einsatz hydrophober Putzsysteme auf ein nicht bewuchsförderndes Niveau gesenkt werden.
- Die Abschwächung oder Verstärkung der Windgeschwindigkeit und daraus folgenden Einflüsse auf die Schlagregenmenge sind nicht sehr bedeutsam. Die an der Wand anhaftende Regenmenge ist begrenzt und zusätzlich eingetragener Schlagregen wird ablaufen und bleibt nicht haften.
- Konstruktionen, die in der näheren Umgebung eine dominante Vegetation aufweisen, werden durch die sich einstellenden Evapotranspirationseffekte der Vegetation eine lokale Feuchteerhöhung der Umgebungsluft erfahren. Die Auswirkungen der lokal erhöhten Luftfeuchte auf den identifizierten Kennwert der Oberflächenfeuchteintensität sind sehr stark.
- Die Auswirkungen der durch Vegetation lokal erhöhten Feuchte kann durch ein saugfähiges Putzsystem deutlich verbessert werden. Die im Vergleich zu Schlagregen bei Tauwasserbildung geringere Oberflächenwassermenge kann vom hydrophilen Putzsystem aufgenommen und zeitverzögert abgegeben werden.

Insgesamt kann geschlussfolgert werden, dass bei hoher Umgebungsluftfeuchte durch vor allem Vegetation und bei gering durch Regen beanspruchten, gedämmten Wänden ein saugfähiges Putzsystem hilft, Bewuchs zu vermeiden. In diesen Bereichen kann so ein höherer Wärmeschutz durch größere außenseitige Wärmedämmung auch ohne Bewuchskonsequenz erreicht werden.

Steigt die Menge der Wasserbeanspruchung durch direkt auf die Wandfläche gerichtete Niederschläge stark an, sollte ein hydrophobes Putzsystem bei gleichzeitig geringer Wärmedämmung eingesetzt werden, um Bewuchs zu vermeiden.

Generell kann bei Tauwasserbelastung zu hydrophilen und bei regendominierter Beanspruchung zu hydrophoben Putzsystemen geraten werden. Durch den selektiven Einsatz der Putzsysteme auf verschiedene Ausrichtungen eines Gebäudes kann das Wärmedämmniveau ebenfalls selektiv eingestellt werden. Dabei kann dem Grundsatz gefolgt werden, dass das Dämmniveau an den schwächer feuchtebelasteten Seiten mit hydrophiler Putzoberfläche höher und entsprechend geringer an der durch Niederschläge belasteten, dann aber hydrophob eingestellter Wandoberfläche ausgelegt wird.

12 Zusammenfassung und Ausblick

Das Auftreten von mikrobiellem Bewuchs an Außenwandkonstruktionen wird von den Hauseigentümern und Nutzern der Gebäude vielfach als Einschränkung des gewünschten Erscheinungsbildes und der erwarteten Bauqualität empfunden.

Als Hauptursache für einen mikrobiellen Bewuchs auf Bauteiloberflächen, der meistens zusammen als Algen- und Pilzbewuchs auftritt, ist ein hohes Feuchteniveau allgemein bekannt. Ein erhöhtes Feuchteniveau ist bei modernen Konstruktionsaufbauten auf die gegenüber früheren Errichtungsjahren gesteigerte Wärmedämmqualität und der damit verbundenen wärmetechnischen Entkopplung der Außenoberfläche von der wärmeren Innenseite zurückzuführen. Infolge der damit allgemein kälteren Außenoberfläche entsteht auf der Oberfläche mehr Tauwasser und vorhandenes Niederschlagswasser trocknet langsamer ab.

In der Forschung und Entwicklung von Außenwandkonstruktionen wurden bereits vielfältige Methoden untersucht, Oberflächenwasseranfall zu reduzieren. Die bislang angewandte Methode besteht darin, den Bewuchs von Mikroorganismen durch biozide Wirkstoffe zu hemmen. Da das Wirkprinzip der eingesetzten Stoffe nur bei sukzessiver Auswaschung der Biozide funktioniert, ist die Verhinderung von mikrobiellem Bewuchs durch diese Maßnahme zeitlich begrenzt. Eine weitere, schärfere Anwendung der Biozide wird durch strengere Umweltauflagen in naher Zukunft nicht mehr oder nur eingeschränkt möglich sein. Die Suche nach alternativen Vermeidungsstrategien steht damit im Hauptfokus auch weiterer Forschungsaktivitäten.

Hinsichtlich einer gezielten Weiterentwicklung und Bewertung von Vermeidungsstrategien kommt aus vorgenannten Gründen der Suche nach einem Niveau, ab welcher Feuchtebelastung es zu mikrobiellen Bewuchs kommen kann, eine besondere Bedeutung zu. Auch könnte es bei Vorhandensein eines derartigen Niveaus möglich sein, gezielt Wandaufbauten je nach Feuchtebeanspruchung so auszulegen, dass sich kein mikrobieller Bewuchs an der Oberfläche ausbildet. Diese thematische Frage wurde in der vorliegenden Arbeit angenommen.

Im Rahmen dieser Arbeit wurde einer phänomenologisch-rechnerischen Untersuchungsweise folgend, eine neue Methode zur Definition einer Beurteilungskenngröße entwickelt. Diese neue Größe wurde als Oberflächenfeuchteintensität $t'_{w,Sep\text{-}Jan}$ benannt und beschreibt die durchschnittliche Anzahl der Stunden am Tag, in denen auf der Bauteiloberfläche eine Feuchtigkeit größer $\varphi = 99\ \%$ herrscht. Die Auswertung für diese neue Kenngröße erfolgt in der Hauptwachstumszeit, die in der Arbeit für einen Zeitraum von September bis Januar bestimmt wurde.

Die Ableitung und Berechnung der Kenngröße erfolgte mit einem zur Oberflächenfeuchteberechnung erweiterten, instationären numerischen Rechenmodell zum gekoppelten Wärme- und Feuchtetransport, dessen Vergleichs- und Eingangsgrößen aus Versuchsdaten zum Temperaturverhalten von real bewachsenen und unbewachsenen Bestandsfassadenoberflächen stammten. Diese Größen wurden mit Hilfe von eigenen Langzeitmessungen an mehreren Untersuchungsobjekten erfasst.

Mit Hilfe der neuen Kenngröße wurde ein Verfahren zu einer ersten Annäherung eines kritischen Feuchteniveaus entwickelt. Als Grundidee zur Eingrenzung eines kritischen Feuchteniveaus wurde die Beobachtung an gedübelten WDV-Systemen genutzt, bei denen an unbewachsenen Dübelbereichen Randbedingungen vorherrschen müssen, die offenbar nicht bewuchsbegünstigend sind. Demgegenüber sind an derselben Außenwand mit den gleichen äußeren Randbedingungen mit mikrobiellen Bewuchs bewachsene Bereiche außerhalb der Dübel vorhanden, in denen bewuchsfördernde Randbedingen vorherrschen. Aus diesem Grund wurden an den Untersuchungsobjekten realer ausgeführter Gebäude immer diese zwei Bereiche gleichzeitig in die Datenaufnahme mit einbezogen und vergleichend ausgewertet.

Bei der Datenaufnahme, die im Großraum Hannover (4 Objekte) und Berlin (1 Objekt) stattfanden, wurden an den Untersuchungsobjekten Langzeittemperaturmessungen vorgenommen. Die kontinuierliche Aufnahme von Feuchtezuständen auf den Bestandswänden war bei diesen Objekten nicht möglich, da bisher noch keine minimal invasiven Messwertaufnehmer für diese Fragestellung vorhanden waren. So wird bei den bisher angewandten Messfühlern für Feuchte bereits durch die Messmethodik und die installierte Technik das hygrothermische Verhalten der Oberfläche selbst beeinflusst.

Aus diesem Grund wurde im Rahmen dieser Arbeit eine neue Methode der Detektion von flüssigem Wasser auf Oberflächen entwickelt, verifiziert und angewandt. Das Verfahren beruht auf der Anwendung eines hydrochromatischen Farbmesssystems (Farbumschlag bei Feuchteanfall). Durch die Beobachtung des Farbumschlages von außen mit optischen Kameras wird so fast keine Beeinflussung des Feuchteverhaltens auf der Oberfläche erzielt. Die praktische Anwendung des Feuchtedetektionssystems erfolgte dabei direkt an einem ebenfalls im Rahmen dieser Arbeit neu aufgebauten Teststand. An diesem Teststand, der durch eine definierte Variation des Materialaufbaus kritische Bewuchsrandbedingungen provoziert, konnte so die Feuchteverteilung bei realen Außenrandbedingungen dokumentiert werden. Ebenso wurden bei diesem Teststand mit Hilfe der Thermografie die Temperaturfeldverteilungen und mit der Methode der Bauforensik die zeitliche Bewuchsentwicklung bestimmt. Zusammenfassend dienten die hierbei aufgenommen und generierten Messwerte am Teststand der umfassenden Validierung und Überprüfung des numerischen Rechenmodells zur Bestimmung der Oberflächenfeuchte unter Außenklimarandbedingungen.

Mit dem dadurch validierten Berechnungsmodell konnten im Nachgang die Feuchtezustände der Prüfwandoberflächen und der untersuchten Bereiche an den Bestandsobjekten über den gesamten Untersuchungszeitraum von bis zu zwei Jahren unter Berücksichtigung lokalklimatischer Aspekte simuliert werden. Aus den Berechnungsergebnissen wurde die bereits angesprochene Korrelation zwischen der Häufigkeit der Oberflächenfeuchteereignisse und dem verstärkten mikrobiellen Wachstum in der Zeit von September bis Januar erkannt. Mit diesem Zusammenhang wurde die neue Kenngröße Oberflächenfeuchteintensität abgeleitet und für die Untersuchungsobjekte die für die letzten 8 Jahre und für das am Standort gültige hygrothermische Referenzjahr bestimmt.

Aus dem Vergleich zwischen den Zonen der bewachsenen und nicht bewachsenen Bereiche und dem ermittelten Wert der Oberflächenfeuchteintensität war es damit möglich, für unterschiedliche Standorte und Konstruktionsaufbauten in erster Annäherung ein kritisches Feuchteniveau mit einer Oberflächenfeuchteintensität von $t'_{w,Sep\text{-}Jan,Grenz}$ = 3 h/d abzuleiten. Per Definition wäre bei Erreichen dieses Wertes bei einer üblichen Oberfläche davon auszugehen, dass sich ein mikrobieller Bewuchs langfristig einstellen wird.

Die einheitliche Beurteilungssystematik ermöglichte es, unter Zugrundelegung eines in dieser Arbeit in erster Näherung identifizierten kritischen Feuchteniveaus, den Einfluss signifikanter Konstruktionsmerkmale bzw. Standortmerkmale numerisch zu bewerten und die Sensitivität auf das Auftreten von Bewuchs zu bestimmen. Im Einzelnen wurden materialparametrische Eigenschaften der Außenwandkonstruktion wie der Wärmedurchgang, die oberflächennahe Speichermasse und die Wasseraufnahme der Wandoberfläche variiert. Alle Varianten der Außenwandkonstruktionen wurden zudem hinsichtlich der Auswirkung standortabhängiger Einflussgrößen untersucht. Diese waren im Einzelnen die Ausrichtung (kurzwellige Einstrahlung, Schlagregen, Windanströmung), Vegetationseinfluss (Veränderung der Umgebungsluftfeuchte), Umgebungsbebauung (langwellige Einstrahlung, Windgeschwindigkeit) und Gebäudekonstruktion wie z.B. Gebäudeform, Überstände (Schlagregenbeanspruchung).

Aus den Ergebnissen wurden grafisch aufbereitete Einflussflächen erzeugt, die es ermöglichen, die Auswirkung unterschiedlicher Parameter hinsichtlich ihres Bewuchsrisikos einzuschätzen.

Als Kernaussage der Untersuchungen lässt sich zusammenfassend festhalten, dass die Regenbelastung bei der Einschätzung des Bewuchsrisikos eine entscheidende Rolle spielt. Bereits ab einer geringen Jahresschlagregenmenge (unter Annahme einer üblichen zeitlichen Jahresverteilung) von nur r_{bv} = 10 mm/a wird die in dieser Arbeit vorgeschlagene kritische Oberflächenfeuchteintensität bei mit WDVS wärmegedämmten Konstruktionen überschritten. Eine in die Hauptschlagregenrichtung exponierte, mit WDVS gedämmte Außenwandfläche ist somit immer als kritisch bezüglich des Auftretens von mikrobiellem Bewuchs zu bewerten.

Eine weitere Erkenntnis der Arbeit ist, dass saugfähige Putzsysteme nur eine Verbesserung bei geringer oder keiner Schlagregenbeaufschlagung erzielen können. Bei höherer Schlagregenbelastung wirken sie sich durch die höhere Wassereinspeicherung gegenüber hydrophoben Putzsystemen negativ auf das Bewuchsrisiko aus.

Als eine weitere Haupteinflussgröße wurde das Vorhandensein ausgeprägter Vegetation im unmittelbaren Umfeld der Außenwandkonstruktionen erkannt. Grund dafür ist eine durch die Evapotranspiration der Pflanzen deutlich veränderte tageszeitliche Verteilung und Erhöhung der Umgebungsluftfeuchte. Grundsätzlich kann davon ausgegangen werden, dass die Vegetation die Luftfeuchte und damit die Tauwasserereignisse erhöht (Diese Feststellung wurde auch durch eigene Messungen belegt).

Ausblick, weiterer Forschungsbedarf

Durch das in dieser Arbeit geschaffene Bewertungsmodell mit Verifizierung an mehreren Objekten sind die Grundlagen einer systematischen Beurteilung des Phänomens des mikrobiellen Bewuchses geschaffen worden. Unter Berücksichtigung der am Standort vorherrschenden klimatischen Einwirkungsparameter kann das Bewuchsrisiko auf der „Bauteilseite, quasi der „Widerstandsseite" über Rechnungen eingeschätzt werden.

Künftiges Ziel sollte es sein, aufbauend auf den in dieser Arbeit erlangten Erkenntnissen, eine Planungshilfe zu erarbeiten, die ohne Berechnung hilft, in Abhängigkeit der klimatischen Einwirkung das Bauteil so zu dimensionieren, dass das Bewuchsrisiko deutlich gemindert wird. Dazu müsste analog zu der in dieser Arbeit vorgeschlagenen Bewertungsgröße ein Kennwert für die klimatische Einwirkung bestimmt werden, mit dem sich die „Einwirkungsseite" abbilden und einschätzen lässt. Für eine solche Planungshilfe müsste dann die Auswirkung einzelner Bauteilparameter bei jeweiliger klimatischer Beanspruchung untersucht werden. Als interdisziplinäres Forschungsprojekt könnte auch die Einbindung von Geoinformationssystemen in einer kleinskaligen Auflösung zur Abbildung des Lokalklimas untersucht werden.

Die in dieser Arbeit in erster Näherung vorgeschlagene kritische Oberflächenfeuchteintensität für mikrobiellen Bewuchs wurde aus Untersuchungen an insgesamt 4 Gebäuden und 13 Auswertungsstellen abgeleitet. Für eine Ableitung eines global gültigen Grenzwerts nach der vorgestellten Methodik, ab wann mit mikrobiellem Bewuchs zu rechnen ist, ist eine größer angelegte Studie auch in weiteren Klimazonen im Rahmen eines Forschungsprojekts nötig.

Bei den in dieser Arbeit betrachteten Objekten wurden schon seit langer Zeit bewachsene Bereiche untersucht. Das Alter der Gebäude betrug überwiegend über 20 Jahre. Für Neubauten oder Ertüchtigungen kann es hilfreich sein, zu wissen, bei welchem Feuchteniveau sich mikrobieller Bewuchs nach 5 oder 10 Jahren einstellt. Um die Bewuchsentwicklung in diesen kürzeren Zeiträumen einzuschätzen, wäre es sinnvoll an dem für diese Arbeit aufgebauten Teststand die Untersuchungen zur Bewuchsentwicklung fortzusetzen. So kann ein kritisches Feuchteniveau für kurzfristigen Bewuchs, zum Beispiel innerhalb der Gewährleistungszeit, bestimmt werden.

13 Quellenverzeichnis

[1] Adan, O.O.: On the fungal defacement of interior finishes. Technische Universität Eindhoven, 1994

[2] ASHRAE Standard 160-2016, Ausgabe 2016, Criteria for Moisture-Control Design Analysis in Buildings, American National Standards Institute, Atlanta, 2016

[3] Barreira, E., de Freitas, V., Ramos, N.: Risk of ETICS defacement - A sensitivity analysis of the demand parameters. Proceedings of the 4th International Building Physics Conference, Istanbul, 2009

[4] Becker. R.: Patterned Staining of Rendered Facades: Hygro-Thermal Analysis as a Means for Diagnosis. Journal of Thermal Envelope and Building Science, 26.2003, Sage Publications Ltd. London, 2003

[5] Bendix, J., Geländeklimatologie. Gebrüder Borntraeger Verlagsbuchhandlung, Stuttgart, 2004

[6] Boué, A., Vogel, W.. Veralgung von Wärmedämmverbundsystemen, Bauphysikalische und rechtliche Beurteilung, Der Bausachverständige 5, 2005

[7] BSI 5250:2011: Control of condensation in buildings. BSI - British Standards Institution, London, 2011

[8] Bundesausschuss Farbe und Sachwertschutz e.V., Deutscher Stuckgewerbebund im Zentralverband des Deutschen Baugewerbes, Fachverband Wärmedämm-Verbundsysteme e.V., Gemeinsamer Technischer Ausschuss der Verbände (GTA), Hauptverband Farbe Gestaltung Bautenschutz, Industrieverband WerkMörtel e. V. (IWM), Mit Beteiligung des: Fraunhofer-Institut für Bauphysik Holzkirchen: Technische Information Algen und Pilze auf Fassaden.

[9] Bundesministerium für Umwelt; Naturschutz; Bau und Reaktorsicherheit: Anhang G: Stoffdatenblätter der neuen prioritären Stoffe. Felix Tettenborn, Thomas Hillenbrand. 2014

[10] Burkhardt, M., Zuleeg, S., Marti, T., Vonbank, R., Simmler, H., Boller, M. Lamani, X., Bester, K.: Auswaschung aus Fassaden versus nachhaltiger Regenwasserversorgung? In: Helmuth Venzmer (Hg.): Biofilme und funktionale Baustoffoberflächen. 8. Dahlberg-Kolloquium vom 25. bis 26. September 2008 im Zeughaus Wismar ; Vorträge. 1. Aufl. Berlin [u.a.], Stuttgart: Beuth; Fraunhofer IRB-Verlag (Forum Bauwesen, 2), 2008

[11] Cerman, Z., Barthlott, W., Neinhuis, C.: Der Lotus-Effekt: Selbstreinigende biologische Oberflächen und Möglichkeiten ihrer technischen Nutzung. In: Algen an Fassadenbaustoffen II. Berlin: Huss-Medien, Verl. Bauwesen (Altbauinstandsetzung, 5/6). 2003

[12] Cerman, Zdenek: Superhydrophobie und Selbstreinigung: Wirkungsweise, Effizienz und Grenzen bei der Abwehr von Mikroorganismen. Dissertation. 2007

[13] Clarke, J.A., Johnstone, C. M., Kelly, N.J., McLean, R.C., et al: A technique for the prediction of the conditions leading to mould growth in buildings. Building and Environment. Nr. 34, 1999

[14] Cond: Programm zur hygrothermischen Beurteilung von Umfassungskonstruktionen, Institut für Bauklimatik Dresden

[15] Das europäische Parlament und der Rat der europäischen Union: Verordnung (EU) Nr. 528/2012 des Europäischen Parlaments und des Rates vom 22. Mai 2012 über die Bereitstellung auf dem Markt und die Verwendung von Biozidprodukten. 2012

[16] Delgado J., de Freitas, V., Ramos, N.: Numerical Simulation of Exterior Condensations on Facades: The Undercooling Phenomenon. ASHRAE Transactions, vol. 116, part 2, Atlanta, 2010

[17] Delphin: Simulationsprogramm für den gekoppelten Wärme-, Luft-, Feuchte-, Schadstoff- und Salztransport, Institut für Bauklimatik Dresden

[18] DIN 4108-3. Ausgabe 11.2014, Wärmeschutz und Energie-Einsparung in Gebäuden - Teil 3: Klimabedingter Feuchteschutz - Anforderungen, Berechnungsverfahren und Hinweise für Planung und Ausführung. Beuth Verlag, Berlin

[19] DIN 4108-4, Ausgabe 03.2017.Wärmeschutz- und Energieeinsparung von Gebäuden Teil 4: Wärme und feuchteschutztechnische Bemessungswerte. DIN Deutsches Institut für Normung e.V.. Beuth Verlag, Berlin

[20] DIN EN 1062, Ausgabe 08.2004.Beschichtungsstoffe und Beschichtungssysteme für mineralische Substrate und Beton im Außenbereich. DIN Deutsches Institut für Normung e.V.. Beuth Verlag, Berlin

[21] DIN EN 15026, Ausgabe 07.2007; Wärme- und feuchtetechnisches Verhalten von Bauteilen und Bauelementen - Bewertung der Feuchteübertragung durch numerische Simulation. Beuth Verlag, Berlin

[22] DIN EN 998-1, Ausgabe 02.2017.Festlegungen für Mörtel im Mauerwerksbau Teil 1: Putzmörtel. DIN Deutsches Institut für Normung e.V.. Beuth Verlag, Berlin

[23] DIN EN ISO 10456, Ausgabe 05.2010, Baustoffe und Bauprodukte - Wärme- und feuchtetechnische Eigenschaften - Tabellierte Bemessungswerte und Verfahren zur Bestimmung der wärmeschutztechnischen Nenn- und Bemessungswerte, DIN Deutsches Institut für Normung e.V.. Beuth Verlag, Berlin

[24] DIN EN ISO 13788, Ausgabe: 11.2001, Wärme- und feuchtetechnisches Verhalten von Bauteilen und Bauelementen – Oberflächentemperatur zur Vermeidung von kritischer Oberflächenfeuchte und Tauwasserbildung im Bauteilinneren – Berechnungsverfahren, Beuth Verlag Berlin, 2001

[25] DIN EN ISO 13791, Ausgabe 05.2005, Wärmetechnischen Verhalten von Gebäuden – Sommerliche Raumtemperaturen bei Gebäuden ohne Anlagentechnik – Allgemeine Kriterien und Validierungsverfahren, DIN Deutsches Institut für Normung e.V.. Beuth Verlag, Berlin

[26] DIN EN ISO 15148, Ausgabe 12.2016, Wärme- und feuchtetechnisches Verhalten von Baustoffen und Bauprodukten – Bestimmung des Wasseraufnahmekoeffizienten bei teilweisem Eintauchen. DIN Deutsches Institut für Normung e.V.. Beuth Verlag, Berlin

[27] DIN EN ISO 6946, Ausgabe 03.2018, Bauteile - Wärmedurchlasswiderstand und Wärmedurchgangskoeffizient - Berechnungsverfahren, DIN Deutsches Institut für Normung e.V.. Beuth Verlag, Berlin

[28] DIN V 18599 Teil 2, Ausgabe 10.2016, Energetische Bewertung von Gebäuden – Berechnung des Nutz-, End- und Primärenergiebedarfs für Heizung, Kühlung, Lüftung, Trinkwarmwasser und Beleuchtung – Teil 2: Nutzenergiebedarf für Heizen und Kühlen von Gebäudezonen, Berlin

[29] Dipl.-Biol. Nicole Krueger, Dr.-Ing. Regina Schwerd, Dr. rer. nat. Wolfgang Hofbauer: Verbesserung der Umwelteigenschaften von Wärmedämmverbundsystemen (WDVS). 2015.

[30] Dokumentation Produktdaten zu Datenlogger testo 177-H1. rs-elektronic. 2002

[31] Dokumentation Produktdaten zu Datenloggerserie „rugged“. Firma Driesen und Kern GmbH, Bad Bramstedt

[32] Dokumentation zu WUFI – Programm zur Berechnung des hygrothermischen Verhaltens von Baukonstruktionen unter realen Bedingungen. Version 5.3. Fraunhofer Institut für Bauphysik.

[33] Eixler, S., Schumann, S., Görs, S., Karsten, U.: Leben außerhalb des Wassers - atmophytische Algen, Cyanobakterien und Flechten. In: Algen an Fassadenbaustoffen. Berlin: Huss-Medien, Verl. Bauwesen (Altbauinstandsetzung, 5/6), S. 59–68. 2003

[34] ETAG 004, Ausgabe 2000, überarbeitet 02.2013, Guideline for european technical approval of external thermal insulation composite systems (etics) with rendering, Copyright © 2013 EOTA, Brüssel

[35] ETAG 014, Ausgabe 02.2011- Leitlinie für die europäische technische Zulassung für Kunststoffdübel zur Befestigung von außenseitigen Wärmedämm-Verbundsystemen mit Putzschicht, Deutsches Institut für Bautechnik - DIBt

[36] EU-Parlament: Richtlinie 2013/39/EU des Europäischen Parlaments und des Rates vom 12. August 2013 zur Änderung der Richtlinien 2000/60/EG und 2008/105/EG in Bezug auf prioritäre Stoffe im Bereich der Wasserpolitik. In Kraft getreten am 13.09.2013. 2013

[37] F. Schmidt-Döhl, Die WA-Prüfplatte nach Franke zur Beurteilung der Wasseraufnahme von Fassaden, Institut für Baustoffe, Bauphysik und Bauchemie, Hamburg

[38] Fitz, Cornelia, Hofbauer, Wolfgang, Krüger, Nicole, Krus, Martin, Scherer, Christian, Schwerd, Regina: Energieoptimiertes Bauen. Entwicklung innovativer Produkte zur Vermeidung von Algenbewuchs auf Bauteiloberflächen, Fraunhofer IBP-Bericht, 2010

[39] Fraunhofer IST, Fraunhofer Allianz Photokatalyse: Photokatalytische und Photokatalytische und photohydrophile Titandioxid-Schichten.

[40] Freystein, K.; Reisser, W.: Algenbesiedlungen von Fassaden - Einfluss von Pilzen auf Besiedlung, Widerstandsfähigkeit und Bekämpfung von Algenüberzügen. In: Helmuth Venzmer (Hg.): Fassadensanierung. Praxisbeispiele, Produkteigenschaften, Schutzfunktion ; [mit Normen auf CD]. 1. Aufl. Köln, Berlin, Wien, Zürich: R. Müller; Beuth (Bauwesen), S. 9–16. 2011

[41] Genaust, Helmut: Etymologisches Wörterbuch der botanischen Pflanzennamen. Zweite, verbesserte Auflage. Basel: Birkhäuser Basel; Imprint; Birkhäuser. 1983

[42] Grant, C. Bravery,, A.F. laboratory evaluation of algicidal biocides for use on constructional materials. In: International Biodeterioration Bulletin 17 (4), S. 125-131- 1981

[43] Häubner, N., Schumann, R., Karsten, U., Aeroterrestrial Microalgae Growing in Biofilms on facades – Response to Temperature and Water Stress, Microbial Ecology, Volume 51, 2006

[44] Hofbauer, W., Fitz, C., Krus, M., Sedlbauer, K., Breuer K.: Prognoseverfahren zum biologischen Befall durch Algen, Pilze und Flechten an Bauteiloberflächen. Auf Basis bauphysikalischer und mikrobieller Untersuchungen. Stuttgart: Fraunhofer-IRB-Verl. (Bauforschung für die Praxis, 77). 2006

[45] http://www.stocolordryonic.de/index.html. Aufruf am 16.1.2016

[46] Hukka, A., Viitanen, H.A.: A mathematical model of mould growth on wooden material. Wood Science and Technology. Nr. 33, 1999

[47] Hydro Chromic White C-1224- Produktdatenblatt, MATSUI SHIKISO CHEMICAL CO., LTD.64,Kamikazan Sakuradanicho, Yamashina-ku, Kyoto, 607-8466, Japan

[48] Illig, W., Die Größe der Wasserdampfübergangszahl bei Diffusionsvorgängen in Wänden von Wohnungen, Stallungen und Kühlräumen. Gesundheits-Ingenieur 73, 1952

[49] IRBIS 3 plus, Software zur Auswertung von Thermogrammen, Version 3.0.0 (Build:150), verwendet zur Auswertung von Thermogrammen mit der Infrarotkamera Variocam HD 900, Firma Infratec, Dresden

[50] Jatzek, M.: Eine Untersuchung der Häufigkeit des Algenbefalls auf nachträglich wärmegedämmten Bauten der Insel Rügen. In: Algen an Fassadenbaustoffen II. Berlin: Huss-Medien, Verl. Bauwesen (Altbauinstandsetzung, 5/6), S. 23–30. 2003

[51] K. Haindl, T. Schöner, D. Zirkelbach, C. Fitz, Was ist bei Karsten & Co zu beachten? Beurteilung des Regenschutzes einer Fassade, Bautenschutz + Bausanierung, Verlagsgesellschaft Rudolf Müller GmbH & Co KG, 2016

[52] Kalwoda, F.: Algen im Fassadenbereich: Indikator guter Luftqualität und/oder Baumangel. In: Algen an Fassadenbaustoffen. Berlin: Huss-Medien, Verl. Bauwesen (Altbauinstandsetzung, 5/6), S. 31–49. 2003

[53] Karsten, U., Schumann R., Häubner, N., Friedl, T.. Aeroterrestrische Mikroalgen – Lebensraum Fassade, Biologie unserer Zeit Nr. 1, 2005

[54] Klimadaten des Deutschen Wetterdiensts-DWD. Bezug stündlicher gemessener Parameterdaten der Stationsstandorte über das Climate data center. Online-Link: FTP-Server ftp://ftp-cdc.dwd.de/pub/CDC/. Letzter Aufruf am 07.08.2018

[55] Korjenic, A., Steuer R., Šťastnik, S., Vala, J., Bednar, T.: Beitrag zur Lösung des Problems der Algenbildung auf Außenwänden mit Wärmedämmverbundsystemen (WDVS). Bauphysik 31, Heft 6, Ernst & Sohn Verlag GmbH & Co. KG, Berlin, 2009

[56] Krus, M., Lengsfeld, K.: Neuer Ansatz zur Vermeidung mikrobiellen Fassadenbewuchses. In: Mitteilung des Fraunhofer Instituts für Bauphysik (42). 2015

[57] Krus, M., Rösler, D., Sedlbauer, K: Mikrobielles Wachstum auf Fassaden - Hygrothermische Modellierung. Altbauinstandsetzung 11 (Herausgeber: H. Venzmer), HUSS-Medien GmbH, Verlag Bauwesen, Berlin, 2006

[58] Krus, M., Rösler, D.: Hygrothermische Berechnung der Einsatzgrenzen unterschiedlicher Systeme bei der Aufdopplung von Wärmedämmverbundsystemen.
Bauphysik 33, Heft 3, 2011

[59] Krus, M., Sedlbauer K., Lenz, K.: Einfluss unterschiedlicher Maßnahmen auf die Taupunktunterschreitungen an Außenoberflächen. Altbauinstandsetzung 5/6 (Herausgeber: H. Venzmer), HUSS-Medien GmbH, Verlag Bauwesen, Berlin, 2003

[60] Krus, M.: Feuchtetransport- und Speicherkoeffizienten poröser mineralischer Baustoffe. Theoretische Grundlagen und neue Meßtechniken. Diss. Universität Stuttgart (1995)

[61] Krus, M.: Vermeidung mikrobiellen Bewuchses auf Fassaden. Tagungsband zur Tagung EIPOS-Sachverständigentag Bauschadensbewertung am 11. und 12. Juni 2015. Stuttgart: Fraunhofer IRB Verlag (Beiträge aus Praxis, Forschung und Weiterbildung). 2015

[62] Krus, M.; Rößler, D.; Fitz, C.: Oberflächenfeuchte als Voraussetzung für mikrobiellen Befall. In: Michael Hladik (Hg.): Gebäudehülle im Fokus. Planung, Konstruktion, Ausführung, Technologie, Bauschäden. Stuttgart: Fraunhofer-IRB-Verl., S. 333–342. 2012

[63] Künzel, H, Verfahren zur ein- und zweidimensionalen Berechnung des gekoppelten Wärme- und Feuchtetransports in Bauteilen mit einfachen Kennwerten, Dissertation, 1994

[64] Künzel, H. M., Schmidt, T., Holm, A.: Exterior Surface Temperature of Different Wall Constructions: Comparison of Numerical Simulation and Experiment. Proceedings of the 11th Symposium for Building Physics, TU Dresden, 2002

[65] Künzel, Helmut: Schäden an Fassadenputzen. 3., überarb. und erw. Aufl. Stuttgart: Fraunhofer-IRB-Verl. (Schadenfreies Bauen, 9), 2011

[66] Künzel. H. M.: Heat and moisture surface conditions. Report T2-D-95(02), Contribution to IEA-Annex 24 meeting, Leuven 1995

[67] Lerch, Gerhard: Pflanzenökologie. 1. Aufl. Berlin: Akademie Verlag. 1991

[68] Littmann, K., Mengel, U., Herrmann, U., Hydrophobierungen – über die Kunst, Wasser von mineralischen Baustoffen fernzuhalten in: Leibniz Universität Hannover, uni-magazin, 2002

[69] LOGO! Soft Comfort, Version 7.1.5, Software zur Programmierung und Steuerung von Siemens LOGO-Komponenten

[70] Lokalklimagenerator, Zusatzprogramme WUFI, Programm zur Anpassung von Referenzklimadatensätzen auf lokale Gegebenheiten, Fraunhofer Institut für Bauphysik, 2016

[71] Matthau, J., Fluoreszenz, in: Repp Lexikon Chemie, Georg Thieme Verlag, 2008

[72] Messal, C. Wann und warum hydrophile Oberflächen Befalls mindernd wirken. In: Helmuth Venzmer (Hg.): Biofilme und funktionale Baustoffoberflächen. 8. Dahlberg-Kolloquium vom 25. bis 26. September 2008 im Zeughaus Wismar ; Vorträge. 1. Aufl. Berlin [u.a.], Stuttgart: Beuth; Fraunhofer IRB-Verl. (Forum Bauwesen, 2), S. 157–165. 2008

[73] Michael Burkhardt, Ralf Kai, Brian Sinnet, Steffen Zuleeg, Hans Simmler, Roger Vonbank, Samuel Brunner, Andrea Ulrich, Adrian Wichser, Markus Boller: Biozide – Suche nach Alternativen Nanopartikel in Fassadenbeschichtungen. In: Covics 2008 (4).

[74] Munk, Katharina; Dorsch, Petra (Hg.): Mikrobiologie. Stuttgart: Thieme (Taschenlehrbuch Biologie). 2008

[75] Laszlo, J., Deutscher Wetterdienst, Merkblatt – Bestimmung der in AUSTAL2000 anzugebenden Anemometer Höhe, Offenbach, 2014

[76] Nay, M, Algen und Pilze an Fassaden – Forschung an der EMPA St. Gallen, Altbauinstandsetzung 5/6, Verlag Bauwesen, Huss-Medien GmbH, Berlin, 2003

[77] Niewienda, A., Heist, F.A.: Sombrero: A PC-Tool to Calculate Shadows on Arbitrarily Oriented Surfaces, Solar Energy, Vol. 58, S. 253-263, 1996

[78] OpenStreetMap – Deutschland: Ausschnitt Hannover Stadtgebiet.

https://www.openstreetmap.de/karte.html. Aufgerufen am 28.09.2016

[79] Pfluger, R., Hasper, W., Wissenschaftliche Analyse eines auf vorgefertigten Vakuum-Paneel-Verbundplatten beruhenden Innendämmsystems, Forschungsbericht des Passivhausinsituts, 2011

[80] Programmsystem Ansys inklusive Hilfesystem und Elementbeschreibungen, Version 18.2. Southpointe 275, Technology Drive, Canonsburg USA.

[81] Rapp, A.O., Methoden der optischen Bauforensik für die Schimmelpilzdetektion; in: Kraus-Johnsen, I. (Herausgeber): Schimmelpilzhandbuch. Köln: Bundesanzeiger Verlag. 1. Auflage 2018

[82] Raschle, Paul; Büchli, Roland: Algen und Pilze an Fassaden. Ursachen und Vermeidung. 3., durchgesehene Aufl. Stuttgart: Fraunhofer IRB Verlag, 2015

[83] Recknagel, H., Sprenger, E., Schramek, E.-R.: Taschenbuch für Heizung und Klimatechnik, 69. Auflage, R. Oldenbourg Verlag, München 2000

[84] Reißer, W.: Algae living on Tree. Symbiosis Mechanisms and Model Systems, Springer Verlag Niederlande, 2006

[85] Richtlinie - Automatische nebenamtliche Wetterstationen im DWD (externe Ausgabe). Ausgabe 06.2017, Deutscher Wetterdienst - DWD, Abteilung Messnetze und Daten, Offenbach am Main

[86] Richtlinie VDI 6007 Blatt 3, Berechnung des instationären thermischen Verhaltens von Räumen und Gebäuden – Modell der solaren Einstrahlung, Ausgabe 06.2015, Verein Deutscher Ingenieure, Düsseldorf, 2015

[87] Scherer, S. Anpassungen von Cyanobakterien in Wüsten. In: Extremophile Mikroorganismen in ausgefallenen Lebensräumen, K. Hausmann, BP Kremer (eds), Verlag Chemie, Weinheim, pp. 179-193. 1994

[88] Schumann, R., Messal, C., Carsten, U. et al (2002): Die Spuren der Sporen. Mikroalgen auf Häuserfassaden - bauphysikalische und biologische Betrachtungen. In: BAUTENSCHUTZ UND BAUSANIERUNG (25), S. 27–31.

[89] Sedlbauer, Klaus: Vorhersage von Schimmelpilzbildung auf und in Bauteilen. Stuttgart, Univ., Dissertation, 2001

[90] Sombrero, Programm zur zeitabhängigen Berechnung des Schattenwurfes von Objekten auf eine beliebig orientierte Fläche, Universität Siegen, Fachgebiet Bauphysik und Solarenergie, Version 4.01b

[91] Sonnewald, U.,Teil IV Physiologie, in Strasburger – Lehrbuch der Pflanzenwissenschaften, 37. Auflage, Springer Spektrum, Heidelberg 2014

[92] Spiegel online: Treibhausgase Die Welt wird grüner. April 2016

online verfügbar unter:

http://www.spiegel.de/wissenschaft/natur/co2-macht-die-welt-gruener-a-1089850.html

[93] Stocker, O.: Pflanze und Wasser / Water Relations of Plants: Springer Berlin Heidelberg. 2013

[94] Stopp, H., Strangfeld, P., Mendes, N.: Energy Saving and the Hygrothermal Performance of Envelope Parts of Buildings. Conference Proceedings Conforto e eficiencia energetica na arquitetura latino-americano, Curitiba, Brasilien, 2003

[95] v. Werder, J. WDVS-Algenwachstum. Vortrag: Hanseatische Sanierungstage am 05.11.2016

[96] VDI/VDE 3511 Teil 4, Ausgabe 12.2011, Technische Temperaturmessung Strahlungsthermometrie, Verein deutscher Ingenieure, Verband der Elektrotechnik Elektronik Informationstechnik, Düsseldorf

[97] VDI-Richtlinie 3789: Umweltmeteorologie: Blatt 2: Wechselwirkungen zwischen Atmosphäre und Oberflächen. Berechnung der kurz- und der langwelligen Strahlung. Verein Deutscher Ingenieure. Oktober 1994

[98] Venzmer, H., Messal, C.: Algen im Norden - Pilze im Süden? Verbreitung und Intensität der Algenbesiedlung auf thermisch sanierte Fassaden - Semiquantitative Analysen und Beispiele aus Nordostdeutschland. In: Algen an Fassadenbaustoffen II. Berlin: Huss-Medien, Verl. Bauwesen (Altbauinstandsetzung, 5/6), S. 11–22. 2003

[99] Venzmer, H.; N. Lesnych; Kots, L.: Nicht bestellt und dennoch frei Haus: Grüne Fassaden nach der Instandsetzung durch Wärmedämmverbundsysteme? In: Helmuth Venzmer (Hg.): Mikroorganismen und Bauwerksinstandsetzung. Veralgung von Fassaden und Mauerwerksentsalzung mit denitrifizierenden Bakterien ; Vorträge ; [Sonderheft Dahlberg-Kolloquium]. Berlin: Verl. Bauwesen (Altbauinstandsetzung, 3), S. 48–58. 2001

[100] Verordnung über energiesparenden Wärmeschutz und energiesparende Anlagentechnik bei Gebäuden. Energieeinsparverordnung vom 24. Juli 2007 (BGBl. I S. 1519), die zuletzt durch Artikel 3 der Verordnung vom 24. Oktober 2015 (BGBl. I S. 1789) geändert worden ist. 2007

[101] Warscheid, T. Die lebendige Fassade. Vortrag: Hanseatische Sanierungstage am 04.11.2016

[102] Weber, P.D.H.: Mikrobiologie der Lebensmittel: Band 1: Grundlagen: Behr. Keller. 2010

[103] Weirich, G.: Untersuchungen über Mikroorganismen von Wandmalereien. In: Sonderdruck aus: Material und Organismen (Jg. 24, Nr. 2), S. 139–159. 1989

[104] Werder, J. von; Kogan, D.; Sack, M.; Venzmer, H.; Malorny, W.: Algenvermeidung durch Fassadentemperierung. In: Helmuth Venzmer (Hg.): Fassadensanierung. Praxisbeispiele, Produkteigenschaften, Schutzfunktion ; [mit Normen auf CD]. 1. Aufl. Köln, Berlin, Wien, Zürich: R. Müller; Beuth (Bauwesen), S. 79–95. 2011

[105] Werder, J. von; Venzmer, H.; Messal, C.: Verbreitung und Intensität der Algenbesiedlung auf Bauwerksoberflächen - Eine semiquantitative Analyse von 162 nachträglich gedämmten Wohnblöcken in Thüringen, Sachsen-Anhalt und Brandenburg. In: Algen an Fassadenbaustoffen II. Berlin: Huss-Medien, Verl. Bauwesen (Altbauinstandsetzung, 5/6), S. 129–136. 2003

[106] WTA-Arbeitsgruppe, Hydrophobierende Imprägnierung von mineralischen Baustoffen. WTA-Merkblatt 3-17, Ausgabe 06.2010, Wissenschaftliche technische Arbeitsgemeinschaft für Bauwerkserhaltung und Denkmalpflege e.V.

[107] WTA-Merkblatt 6-3-05/D, Ausgabe 2006; Rechnerische Prognose des Schimmelpilzwachstumsrisikos, WTA-publications, 2006

[108] WUFI. Programmsystem zur Berechnung des hygrothermischen Verhaltens von Baukonstruktionen unter realen Bedingungen. Fraunhofer Institut für Bauphysik (IBP). WUFI 1D: Version 6.1, Release 6.1.1.2115; WUFI 2D: Version 4.1, Release: 4.1.1.191

[109] Zirkelbach, D., Schöner, T.,Tanaka, E., et al., Energieoptimiertes Bauen, Klima- und Oberflächenübergangsbedingungen für die hygrothermische Bauteilsimulation, Kurztitel: Klimamodelle, IBP-Bericht, 2016

[110] Göbelsmann, M.: Schimmelpilzbildung im Bereich der Untersicht hölzerner Dachüberstände – Ursachen und Vermeidung, Bauphysik, Jahrgang 30, Heft 2, 2008

14 Anlagen

Anlage A – Produktdatenblätter

Anlage B – Numerische Untersuchung zur Berechenbarkeit keilförmiger Geometrien

Anlage C – Feuchtekorrekturkurven der Untersuchungsobjekte

Anlage D – Dokumentation der Berechnungsergebnisse zur Bestimmung der Oberflächenfeuchteintensität in unterschiedlichen Wandhöhen an Untersuchungsobjekt Nr. 1.2

Anlage E – Lebenslauf und Selbstständigkeitserklärung

14.1 A – Produktdatenblätter und Zertifikate

Produktdatenblatt Alsilite F - Aero | Seite 1 von 3 | PD 0392/0117/003

Alsilite F - Aero

Silikatischer Mineral-Leichtputz mit Feinputzstruktur

ANWENDUNGSGEBIETE

Silikatischer Mineral-Leichtputz nach DIN EN 998-1 in alsecco Fassadensystemen, sowie allen mineralischen Wand- und Deckenflächen im Innen- und Außenbereich.

Nicht an mechanisch extrem stark beanspruchten Flächen einsetzen.

PRODUKTEIGENSCHAFTEN

- Extrem sichere und leichte Verarbeitung durch Leichtzuschlagstoffe
- Frei von Fungiziden und Algiziden
- Wirtschaftlich, da geringer Materialverbrauch und schnelle Verarbeitung
- Hervorragende Haftung auf allen mineralischen Untergründen
- Hoch wasserdampfdurchlässig
- Hohe Rissicherheit
- Witterungsbeständig

TECHNISCHE DATEN

Angegebene Festwerte stellen Durchschnittswerte dar, die bedingt durch den Einsatz natürlicher Rohstoffe, von Lieferung zu Lieferung geringfügig abweichen können.

Bindemittelbasis	Mineralische Bindemittel nach DIN EN 197-1 und DIN EN 459-1 mit Silikatzusätzen
Festmörtelrohdichte	γ: ca. 0,8 g/cm³
Diffusionsäquivalente Luftschichtdicke	s_d < 0,1 m nach DIN EN ISO 7783 Klasse V_1 (hoch) nach DIN EN 1062
Wasserdampfdurchlässigkeit μ	≤ 20 nach DIN EN 998-1
Wasserdurchlässigkeit	w: ca. 0,8 kg/(m²h$^{1/2}$) nach DIN EN 1062 Klasse W_1 nach DIN EN 1062
Wasseraufnahme	Klasse W_1 nach DIN EN 998-1

Bild 14-1: Produktdatenblatt Alsilite F Aero, Seite 1

VERARBEITUNGSHINWEISE

Vorbereitende Arbeiten	Fensterbänke und Anbauteile abkleben. Glas, Keramik, Klinker, Naturstein, lackierte, lasierte und eloxierte Flächen sorgfältig abdecken.
Untergrundvorbehandlung	Alle Untergründe müssen tragfähig, eben, sauber, trocken und frei von haftmindernden Rückständen sein. Alle Untergründe, insbesondere Unterputze, müssen gleichmäßig abgetrocknet sein, um dadurch bedingte Farbabweichungen im Oberputz zu vermeiden. Vor Auftrag des Dekorputzes empfehlen wir zur besseren Verarbeitbarkeit eine Grundierung mit Haftgrund P.
Anmischung	25 kg Material (ein Sack) in ca. 10 l Wasser. Anmischung mit Elektrorührwerk oder Zwangsmischer.
Verarbeitung	Mit Schwammscheibe abreiben oder Kellenschlagstrukturvarianten erstellen. Durch Auftrag von Alsicolor Carbon lässt sich das Risiko eines Befalls durch Mikroorganismen deutlich verringern. Durch das Filzen von Alsilite F - Aero mittels Schwammscheibe können sich an der Putzoberfläche unregelmäßig Bindemittel und/oder Feinteile aus der Putzmatrix anreichern, die sich haftmindernd auf nachfolgende Beschichtungen auswirken können. Zur Sicherstellung einer ausreichenden Haftung ist vor dem Aufbringen von nachfolgenden Beschichtungen, eine dem geplanten Anstrichsystem entsprechende Grundierung zu empfehlen.
Verbrauch	3,0 mm ca. 2,4 kg/m²
Schichtdicke	3 - 5 mm
Witterungshinweise	Während der Verarbeitung und Trocknung dürfen Temperaturen von +3 °C nicht unterschritten werden. Nicht unter direkter Sonneneinstrahlung verarbeiten. Bei Wind kürzere Abbindezeit beachten. Frischen Putz vor Beregnung und zu rascher Austrocknung schützen.
Trocknungszeit	ca. 2 - 5 Tage Abhängig von Temperatur, relativer Luftfeuchtigkeit und Auftragsmenge.
Reinigung der Werkzeuge	In frischem Zustand mit Wasser.
Maschinelle Verarbeitung	Bitte Sonderinformationen zur maschinellen Verarbeitung anfordern.

LAGERUNG

Trocken, vor Feuchtigkeit geschützt, kühl, haltbar in original verschlossener Verpackung mindestens 1 Jahr.

Bild 14-2: Produktdatenblatt Alsilite F Aero, Seite 2

Produktdatenblatt Armatop A	Seite 1 von 5	PD 0018/0816/002

Armatop A

Klebe- und Armierungsmasse für alsecco-Fassadensysteme

ANWENDUNGSGEBIETE

Anwendungsgebiet	
Verklebung	Verklebung von Mineralwolle-, Polystyrol- und Kork-Fassadendämmplatten
Armierung	Mittelschichtige Armierung (4 - 7 mm bei einlagigem, max. 10 mm bei zweilagigem Auftrag) für alsecco Fassadensysteme und auf gestrichenen tragfähigen Untergründen

PRODUKTEIGENSCHAFTEN

- Ein Material für Dämmplatten-Verklebung und Armierung
- Witterungsbeständig
- Wasserabweisend
- Hoch wasserdampfdurchlässig
- Leichte Verarbeitung
- Gute Haftung auf allen mineralischen Untergründen, auf PS-Hartschaum und Mineralwolle-Dämmplatten
- Erhöhte mechanische Belastbarkeit
- Normalputzmörtel nach DIN EN 998-1

TECHNISCHE DATEN

Angegebene Festwerte stellen Durchschnittswerte dar, die bedingt durch den Einsatz natürlicher Rohstoffe, von Lieferung zu Lieferung geringfügig abweichen können.

Bindemittelbasis	Mineralische Bindemittel nach DIN EN 197-1 und DIN EN 459-1 Kunstharzdispersionspulver
Festmörtelrohdichte	ca. 1,4 g/cm³ nach DIN EN 998-1
Haftzugfestigkeit	≥ 0,08 N/mm² nach DIN EN 998-1
Haftzugfestigkeit auf Polystyrol	≥ 0,08 N/mm²

Bild 14-3: Produktdatenblatt Armatop A, Seite 1

Produktdatenblatt Armatop A	Seite 2 von 5	PD 0018/0816/002

Wasserdampfdurchlässigkeit µ	≤ 25 nach DIN EN 998-1
Wasserdurchlässigkeit	w ≤ 0,15 kg/(m²h$^{1/2}$) nach DIN EN 1062
Brandverhalten	A2-s1, d0 nach DIN EN 13501
Wasseraufnahme	Klasse W_2 nach DIN EN 998-1
Druckfestigkeit	Klasse CS III nach DIN EN 998-1
Diffusionsäquivalente Luftschichtdicke (4,0 mm)	s_d < 0,1 m nach DIN EN ISO 7783

VERARBEITUNGSHINWEISE

Vorbereitende Arbeiten

Fensterbänke und Anbauteile abkleben.

Glas, Keramik, Klinker, Naturstein, lackierte, lasierte und eloxierte Flächen sorgfältig abdecken.

Untergrundvorbehandlung

Alle Untergründe müssen tragfähig, trocken, eben (DIN 18202 bzw. 18203), sauber und frei von haftmindernden Rückständen sein.

Untergründe nach folgenden Vorgaben vorbehandeln:

Untergrund	Behandlung
Mineralische Untergründe Neubaugleich	Reinigen
Putze MG PII, PIII, tragfähig, fest	Keine
Putze MG PII, PIII, oberflächig sandend	Hydro-Tiefgrund
Tragfähige Altanstriche oder -beschichtungen nicht kreidend	Reinigen mit Hochdruckwasserstrahl
Tragfähige Altanstriche oder -beschichtungen kreidend	Reinigen mit Hochdruckwasserstrahl Hydro-Tiefgrund
Nichttragfähige Altanstriche oder -beschichtungen	Anstrich / Beschichtung entfernen, Hydro-Tiefgrund
Polystyrol- Fassadendämmplatten neuwertig	Dicken- oder Höhenversetzungen durch Schleifen entfernen, Schleifstaub entfernen
Polystyrol- Fassadendämmplatten bewittert	Nicht tragfähige Oberflächenzone abschleifen, Schleifstaub entfernen

Anmischung

25 kg Material (ein Sack) in ca. 5,8 l Wasser.

Anmischung mit Elektrorührwerk oder Zwangsmischer.

Nicht mehr Material anmischen, als innerhalb von 2 h verarbeitet werden kann.

Bild 14-4: Produktdatenblatt Armatop A, Seite 2

Verarbeitung als Kleber

Mineralwolle-Platten vor Auftrag des Armatop A im Klebebereich vorspachteln.

Nach Punkt-Wulst- oder Zahnbett-Methode verkleben.

Mindestklebefläche: 40 %.

Stoßbereiche der Dämmplatten müssen kleberfrei bleiben.

Fugen zwischen Dämmplatten nie mit Kleber, sondern mit Dämmstoffstreifen oder PU-Füllschaum verschließen.

Dämmplatten versetzt im Verband verlegen und dicht stoßen.

Punkt-Wulst-Methode

Umlaufenden Wulst angeschrägt am Plattenrand auftragen, damit beim Anschlagen der Platten kein Kleber in die Stoß- oder Lagerfuge gepresst wird.

Bei 0,5 m² Dämmplattenfläche 3-6 Klebepunkte setzen.

Dämmplatten niemals nur durch Punkt-Verklebung befestigen.

Zahnbett-Methode

Nur bei ebenen Untergründen anwenden.

Unmittelbar nach Kleberauftrag Dämmplatten am Untergrund ansetzen und anschlagen.

Maschineller Kleberauftrag

Material mit geeigneter Mörtelpumpe und Klebepistole auf die Dämmplattenrückseite auftragen.

Nach Kleberauftrag Dämmplatten am Untergrund ansetzen und anschlagen.

Hinweis

Bei Abweichung von der Regelverklebung bitte Produktdatenblatt des jeweiligen Dämmstoffes beachten!

Metalle, z. B. Titanzink, können bei direktem Kontakt mit alkalischen Mörteln verätzt werden.

Verarbeitung als Armierungsmasse

Anbringen von Eckschienen oder Gewebewinkel

Vor dem Armieren vollflächig in Armatop A einlegen und ausrichten.

Armierungsschicht 4-6 mm	Gewebewinkel 10/15 bzw. 10/23 Eckschiene Alu mit Gewebe Eckschiene Edelstahl mit Gewebe Eckschiene KU mit Gewebe
Armierungsschicht ≥ 7 mm	Eckschiene 1023
Armierungsschicht 10 mm	Eckschiene 1020
Bei Kratzputz 1,5 mm	Eckschiene 1023 auf Armierungsschicht

Bild 14-5: Produktdatenblatt Armatop A, Seite 3

Bei Kratzputz 3,0 mm	Eckschiene 1020 auf Armierungsschicht

Erstellen der Armierung

Material entsprechend gewünschter Schichtstärke maschinell oder manuell mit rostfreier Stahltraufel auftragen, mit Zahntraufel R durchkämmen und mit Kartätsche egalisieren.

Bei Schichtstärken > 7 mm ist eine zweilagige Verarbeitung notwendig. Dabei muss die Dicke der zweiten Lage kleiner als die der ersten sein.

Vor Auftrag der zweiten Lage muss die erste Lage erstarrt, jedoch nicht durchgetrocknet sein.

Glasfasergewebe (32, universal - Aero, K) in offenes Mörtelbett 10 cm überlappend einlegen und planspachteln.

Das Armierungsgewebe so einbetten, dass es bei Armierungsschichtdicken bis zu 4 mm mittig, oberhalb 4 mm Dicke in der oberen Hälfte, bei Dickschichtarmierungen im oberen Drittel liegt.

Im Eckbereich von Gebäudeöffnungen zusätzlich Diagonal-Armierungsstreifen oder Gewebestreifen (25 x 25 cm) diagonal in Armierung einbetten.

Erstellen der Armierung bei Kratzputz A als Endbeschichtung

Armierungsschichtdicke mit ca. 7 mm einstellen.

Gewebewinkel verwenden oder Gewebe um die Ecken herumführen, da die Eckschienen auf die Armierungsschicht gesetzt werden.

Armierung mittels Zahntraufel 5 x 5 mm waagerecht aufrauhen.

Erstellen der Armierung bei Keramik als Endbeschichtung

Bitte weitere Informationen zu diesen Systemvarianten anfordern!

Verbrauch

Verklebung

ca. 4,5 - 6,0 kg/m²

Armierung

ca. 1,4 kg je mm Schichtdicke pro m²

Exakten Materialbedarf durch Probebeschichtung am Objekt ermitteln.

Schichtdicke der Armierung

	Schichtdicke
Minimum:	4 mm
Maximum einlagig:	7 mm
Maximum zweilagig:	10 mm

Witterungshinweise

Während der Verarbeitung und Trocknung dürfen Temperaturen von +3 °C nicht unterschritten werden.

Vor zu rascher Austrocknung schützen, nicht unter direkter Sonneneinstrahlung verarbeiten.

Bei Wind kürzere Abbindezeit beachten.

Bild 14-6: Produktdatenblatt Armatop A, Seite 4

Bei Kratzputz 3,0 mm	Eckschiene 1020 auf Armierungsschicht

Erstellen der Armierung

Material entsprechend gewünschter Schichtstärke maschinell oder manuell mit rostfreier Stahltraufel auftragen, mit Zahntraufel R durchkämmen und mit Kartätsche egalisieren.

Bei Schichtstärken > 7 mm ist eine zweilagige Verarbeitung notwendig. Dabei muss die Dicke der zweiten Lage kleiner als die der ersten sein.

Vor Auftrag der zweiten Lage muss die erste Lage erstarrt, jedoch nicht durchgetrocknet sein.

Glasfasergewebe (32, universal - Aero, K) in offenes Mörtelbett 10 cm überlappend einlegen und planspachteln.

Das Armierungsgewebe so einbetten, dass es bei Armierungsschichtdicken bis zu 4 mm mittig, oberhalb 4 mm Dicke in der oberen Hälfte, bei Dickschichtarmierungen im oberen Drittel liegt.

Im Eckbereich von Gebäudeöffnungen zusätzlich Diagonal-Armierungsstreifen oder Gewebestreifen (25 x 25 cm) diagonal in Armierung einbetten.

Erstellen der Armierung bei Kratzputz A als Endbeschichtung

Armierungsschichtdicke mit ca. 7 mm einstellen.

Gewebewinkel verwenden oder Gewebe um die Ecken herumführen, da die Eckschienen auf die Armierungsschicht gesetzt werden.

Armierung mittels Zahntraufel 5 x 5 mm waagerecht aufrauhen.

Erstellen der Armierung bei Keramik als Endbeschichtung

Bitte weitere Informationen zu diesen Systemvarianten anfordern!

Verbrauch

Verklebung

ca. 4,5 - 6,0 kg/m²

Armierung

ca. 1,4 kg je mm Schichtdicke pro m²

Exakten Materialbedarf durch Probebeschichtung am Objekt ermitteln.

Schichtdicke der Armierung

	Schichtdicke
Minimum:	4 mm
Maximum einlagig:	7 mm
Maximum zweilagig:	10 mm

Witterungshinweise

Während der Verarbeitung und Trocknung dürfen Temperaturen von +3 °C nicht unterschritten werden.

Vor zu rascher Austrocknung schützen, nicht unter direkter Sonneneinstrahlung verarbeiten.

Bei Wind kürzere Abbindezeit beachten.

FASSADENKOMPETENZ

Bild 14-7: Produktdatenblatt Armatop A, Seite 5

Imprägnierung Mi

Lösungsmittelfreies Hydrophobierungsmittel

ANWENDUNGSGEBIETE

Nachträgliche Hydrophobierung für mineralische Putze, saugfähige keramische Bekleidungen und Kalksandstein.

PRODUKTEIGENSCHAFTEN

- Konzentrat
- Gutes Eindringvermögen
- Umweltverträglich
- Rasche Ausbildung der Hydrophobie
- Hoch alkalibeständig
- Nach Verdünnung lagerstabil

TECHNISCHE DATEN

Spezifisches Gewicht	ca. 0,95 g/cm³
Wirkstoffbasis	Silan / Siloxan
Wirkstoffgehalt	50 Gew%

VERARBEITUNGSHINWEISE

Untergrundvorbehandlung	Alle Untergründe müssen frei von Ölen, Fetten und losen Teilen sein.
Verdünnung	Wird als Konzentrat geliefert und ist ja nach Saugfähigkeit des Untergrundes auf einen Wirkstoffgehalt von 5-10 % zu verdünnen. Imprägnierung MI wird dazu im Verhältnis 1 : 4 bis 1 : 9 mit Wasser verdünnt. Anhaltswerte: Mineralische Putze 1 : 6 bis 1 : 7 Verblendklinker: 1 : 4 bis 1 : 5 Kalksandsteinverblender: 1 : 8 bis 1 : 9
Verarbeitung	Durch Streichen, Rollen, Spritzen oder Fluten auftragen.
Verbrauch	ca. 300-500 ml/m² bei mineralischen Putzen und Kalksandsteinen

Bild 14-8: Produktdatenblatt Imprägnierung MI, Seite 1

	ca. 100-150 ml/m² bei Verblendklinkern
	Speziell bei schwach saugenden Untergründen ist die Auftragsmenge und Verdünnung so zu wählen, dass eine Filmbildung vermieden wird, da ansonsten für nachfolgende Beschichtungen Haftungsstörungen nicht ausgeschlossen werden können.
	Exakten Materialbedarf durch Probebeschichtung am Objekt ermittlen.
Witterungshinweise	Während der Verarbeitung und Trocknung dürfen Temperaturen von +5 °C nicht unterschritten werden.
Trocknungszeit	ca. 2-6 Stunden
	Niedrigere Temperatur und/oder höhere Luftfeuchtigkeit verlängern die Trocknungszeit.
Reinigung der Werkzeuge	In frischem Zustand mit Wasser.

LAGERUNG

Kühl, frostgeschützt, haltbar in original verschlossener Verpackung mind. 9 Monate bei Temperaturen von 0-30 °C.

LIEFERFORM

Farbe	Opak weiss, transparent auftrocknend
Verpackungseinheit	Flasche ca. 1 l

SONSTIGE HINWEISE

Transport	Kein Gefahrgut

alsecco GmbH
Kupferstraße 50
D-36208 Wildeck
Telefon 03 69 22 / 88-0
Telefax 03 69 22 / 88-330
Internet: www.alsecco.de

Die vorgenannten Informationen entsprechen dem heutigen Stand unseres Wissens, basierend auf langjährigen Erfahrungen und Prüfungen. Sie gelten in Ergänzung zu unseren Verarbeitungsrichtlinien. Eine Verbindlichkeit für die grundsätzliche Gültigkeit unserer Empfehlungen kann wegen der verschiedenartigen Beschaffenheit des Untergrundes und der Vielseitigkeit in der Anwendung und Verarbeitung, die außerhalb unseres Einflußbereiches liegen, nicht übernommen werden. Empfehlungen unserer Mitarbeiter, die von den Angaben unserer Unterlagen abweichen, bedürfen der Schriftform. Wir behalten uns Änderungen aus technischen oder baurechtlichen Gründen vor. Bitte erkundigen Sie sich bei Ihrem Fachberater nach den jeweils gültigen Produktdatenblättern.

Bild 14-9: Produktdatenblatt Imprägnierung MI, Seite 2

MATSUI SHIKISO CHEMICAL CO., LTD.
64,Kamikazan Sakuradani-cho, Yamashina-ku, Kyoto, 607-8466, Japan
Tel : 81-75-594-5612 Fax : 81-75-594-0829
E-mail : msc-jp@mbox.kyoto-inet.or.jp
INTERNATIONAL DEPARTMENT

T-2-05-980-31
Mar. 23, 2016

Hydro Chromic White C-1224

1. Summary

Hydro Chromic White C-1224 is a water-based binder to be used for Screen Printing onto cotton, polyester, nylon, other blended fabric or nonwoven fabric. The printed design with this product changes repeatedly from white to nearly transparent when wetted with water and changes back to the original white when dried.

Therefore, having some image underneath and over-printing Hydro Chromic White on top, you may have a special effect that hides the image with white when dried and shows the image when wetted.

Also, the coating is soft to the touch and excellent in water resistance and rubbing strength so the binder is suitable for toys such as a diaper of a baby doll.

Furthermore, you may add Neo Color (our pigment color) into the binder to obtain reversible color change from colored opaque to colored transparent with water, which can increase the hiding power of the preprinted design.

2. Characteristics

Appearance:	White paste
Component:	A mixture of acrylic resin, white pigment and water etc.
Viscosity:	30,000-40,000mPa·s (BH Type viscometer at 25°C)
pH:	9.5 +/- 0.5
Specific gravity:	1.06 +/- 0.05g/cm³
Ionicity:	mildly anionic

3. Usage

(Standard recipe)			
	Hydro Chromic White C-1224	100	100
	Fixer WF*F	2	2
	Neo Color	-	~1
	Total	102	103

*Adjustment of the ink viscosity

For increasing the viscosity, add Emacol R600E (within 0.5%).

For decreasing the viscosity, add a small amount of water (within 5%).

Bild 14-10: Produktdatenblatt Hydro.Chromic-White-C-1224, Seite 1

64,Kamikazan Sakuradani-cho, Yamashina-ku, Kyoto, 607-8466, Japan
Tel : 81-75-594-5612 Fax : 81-75-594-0829
E-mail : msc-jp@mbox.kyoto-inet.or.jp
INTERNATIONAL DEPARTMENT

Please note that a stirring machine should be used for increasing the viscosity.

* Fixer WF-F should be added into the binder. The paste should be used up within 8 hours. Please do not use the paste after 8 hours or the fastness becomes weak.

* Please do not add too much amount of Neo Color or the color change property becomes dull.

* Please check appropriate additive amount before actual use.

(Process)

Screen print with 70~120mesh → Dry → Baking 140°C x 3~5min.

(Screen Plate)

Polyester mono-filament 80~120mesh bias should be used for a screen plate. The tension should be set high.

Emulsion for water-resistance or water & oil resistance should be used as photosensitive film.

Strengthen the screen if necessary.

(Printing Operation)

The ink has lower hiding power compared to general white ink, therefore softer squeegee (hardness: 55~65°) should be used and the printed layer should be as thick as possible. In case the hiding power is not sufficient enough with one layer, printing should be done again. However, excess printing layers cannot obtain enough transparency when wetted with water. In case the ink viscosity increases after a long time printing operation, please add fresh ink or a small amount of water.

(Cleaning of a screen plate)

After printing, clean a screen plate immediately with water or soapsuds. When "clogging" is generated on the screen plate due to a long time printing operation or drying, butyl acetate, xylol, etc. should be used to wipe it off. Please note that cleaning with solvent might damage the screen.

(Dry & Heat treatment)

After printing, sufficient dry and heat treatment should be needed. Insufficient heat treatment may cause poor fastness.

Bild 14-11: Produktdatenblatt Hydro.Chromic-White-C-1224, Seite 2

MATSUI SHIKISO CHEMICAL CO., LTD.
64,Kamikazan Sakuradani-cho, Yamashina-ku, Kyoto, 607-8466, Japan
Tel : 81-75-594-5612 Fax : 81-75-594-0829
E-mail : msc-jp@mbox.kyoto-inet.or.jp
INTERNATIONAL DEPARTMENT

4. Note

① The fastness of Hydro Chromic White C-1224 will differ depending on kinds of fabric. Please do pre-test before use. The binder is not suitable for water-repellent fabric since it doesn't adhere to it.
Due to its poor elasticity, the binder is not suitable for stretchable knit (tricot, etc.).

② The product is designed for avoiding ring stains (stains caused by a touch of water). However, slight stain might be seen on the area where water contacts. The ring stain might be more remarkable when the binder contacts a lot of water.

③ For storage, seal tight and avoid freeze. Store in a dark place below 30°C, away from direct sunlight.
Shelf life: 6 months below 30°C

④ After long time storage, the viscosity might decrease or the ink might settle out. In that case, please stir well before use.

Bild 14-12: Produktdatenblatt Hydro.Chromic-White-C-1224, Seite 3

Bundesrepublik Deutschland

Urkunde

über die Eintragung des
Gebrauchsmusters Nr. 20 2017 106 043

Bezeichnung:
Feuchtedetektor zur Erkennung von flüssigem Wasser auf einer zu untersuchenden Oberfläche

IPC:
G01N 21/78

Inhaber/Inhaberin:
Gottfried Wilhelm Leibniz Universität Hannover, 30167 Hannover, DE

Tag der Anmeldung:
05.10.2017

Tag der Eintragung:
11.10.2017

Die Präsidentin des Deutschen Patent- und Markenamts

Cornelia Rudloff-Schäffer

Deutsches Patent- und Markenamt

München, 11.10.2017

Die Voraussetzungen der Schutzfähigkeit werden bei der Eintragung eines Gebrauchsmusters nicht geprüft.
Den aktuellen Rechtsstand und Schutzumfang entnehmen Sie bitte dem DPMAregister unter www.dpma.de.

Bild 14-13: Urkunde zur Eintragung des Gebrauchsmusters für die Feuchtedetektoren

14.2 B – Numerische Untersuchungen zur Berechenbarkeit keilförmiger Geometrien

Tabelle 14-1: Kurzzusammenfassung zur Untersuchung

Zweck und Ziel der Untersuchung	Untersuchungsmethodik	Technische Umsetzung
Rechnerische Vereinfachung keilförmiger Geometrie (3D-Fall) auf 1D-Betrachtung an entsprechenden Stützstellen des Wandaufbaus für die spätere hygrothermische Simulation mit dem Programmsystem WUFI	Untersuchung von thermischen Querleitungseffekten aufgrund des Einflusses der keilförmigen Geometrie	Vergleich der Oberflächentemperaturen an verschiedenen Modelltypen bei schräger, keilförmiger und paralleler Geometrie an 5 ausgewählten Stützstellen einer Wand mit dem Programm *ANSYS Workbench [80]* (3D-Fall) und *WUFI [108]* (1D-Fall)

Zur Prüfung der in Abschnitt 8.3.3 beschriebenen Problematik werden die über ein Jahr berechneten Oberflächentemperaturen zunächst an dem geplanten Wandaufbau mit schrägen Geometrien an 5 ausgewählten Referenzpunkten der Außenoberfläche ermittelt (Auswahl der Punkte 1 bis 5 siehe Bild 14-14 (a)). Diese werden mit Temperaturverläufen an Wandaufbauten mit konstant dicken Schichten (Aufbau entsprechend der Referenzpunkte) verglichen (siehe Bild 14-14 (b)). Zur Optimierung der Rechenzeit wird jeweils im Einflussbereich eines Auswertepunkts ein Einzelkörper (Größe 35 cm x 35 cm) aus dem Gesamtmodell herausgeschnitten. Für die klimatische Beanspruchung wurden Wetterdaten aus Messwerten des Deutschen Wetterdienstes, Messstation Hannover-Langenhagen [54] für den Zeitraum Mai 2015 - April 2016 verwendet.

Die für die Berechnung verwendete geometrische Auflösung wurde vorab über Parametervariation (Elementgröße) festgelegt.

(a) FE-Modellkörper mit schrägen Flächen, Auswahlbereiche mit Markierung der Referenzpunkte 1 bis 5

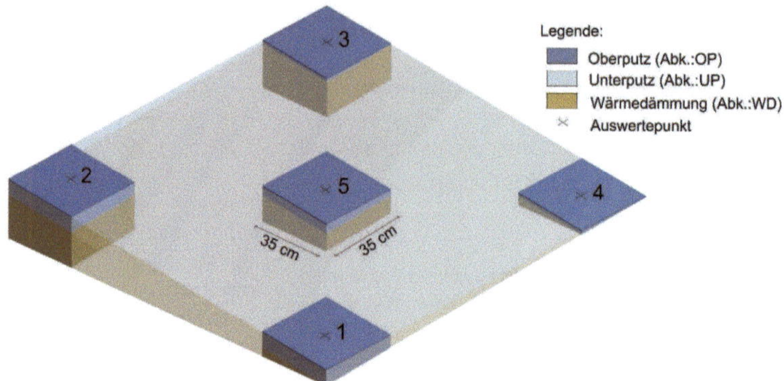

(b) FE-Modellkörper mit parallelen Flächen, Aufbau analog zu Referenzpunkten 1 bis 5 aus (a)

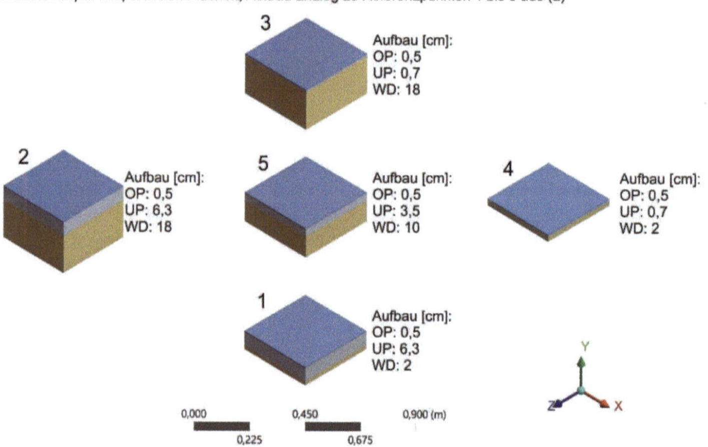

Bild 14-14: Untersuchte Modellaufbauten zur numerischen Untersuchung des Einflusses thermischer Querleitungseffekte

Das nachstehende Schema in Bild 14-15 fasst die Vorgehensweise dieser Untersuchung exemplarisch für den Auswertepunkt 5 zusammen.

Die Ergebnisse der Berechnung des Programmsystems ANSYS (3D-Fälle Modelltypen (a) und (b)) mit den Ergebnissen des Programmsystems WUFI (1D-Fall Modelltyp (c)) schrittweise verglichen.

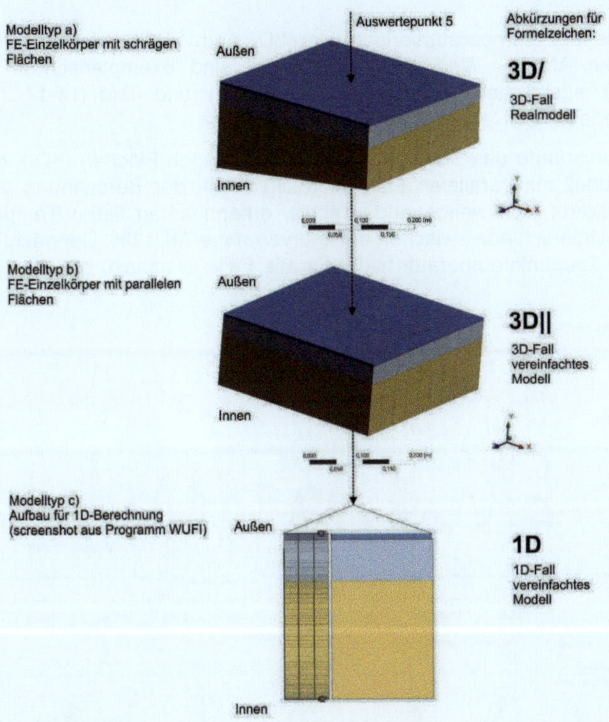

Bild 14-15: Modelltypen a, b, c für die vergleichende numerische Überprüfung, hier mit Darstellung der FE-Berechnungsnetze

Für die Untersuchung werden Tabelle 14-2 aufgelistete Zielgrößen zwischen den Berechnungsszenarien 3D-Realmodell (3D/), 3D-vereinfachtes Modell (3D||) und 1D-vereinfachtes Modell (1D) für die einzelnen Referenzpunkte i= 1… 5 ausgewertet.

Ergebnisse

Die Ergebnisse der Temperaturverläufe der 3D- und 1D-Berechnung mit den Programmsystemen ANSYS Workbench und WUFI sind exemplarisch in Bild 14-16 (Herbstfall mit nächtlicher Taupunktunterschreitung) und Bild 14-17 (Sommerfall Schönwetterperiode) für Referenzpunkt 3 dargestellt.

Die Temperaturverläufe des 3D Realmodells mit schrägen Flächen (3D/), dem vereinfachten 3D Modell mit parallelen Flächen (3D||) sowie der Berechnung an dem 1D-Modell (1D) decken sich weitgehend. Nachts, erkennbar an tiefen Temperaturbereichen, sind die Unterschiede zwischen den Kurven nahe Δθ = 0K. Die nächtliche Unterschreitung der Taupunkttemperatur findet für alle Fälle in nahezu gleichen Zeiträumen statt.

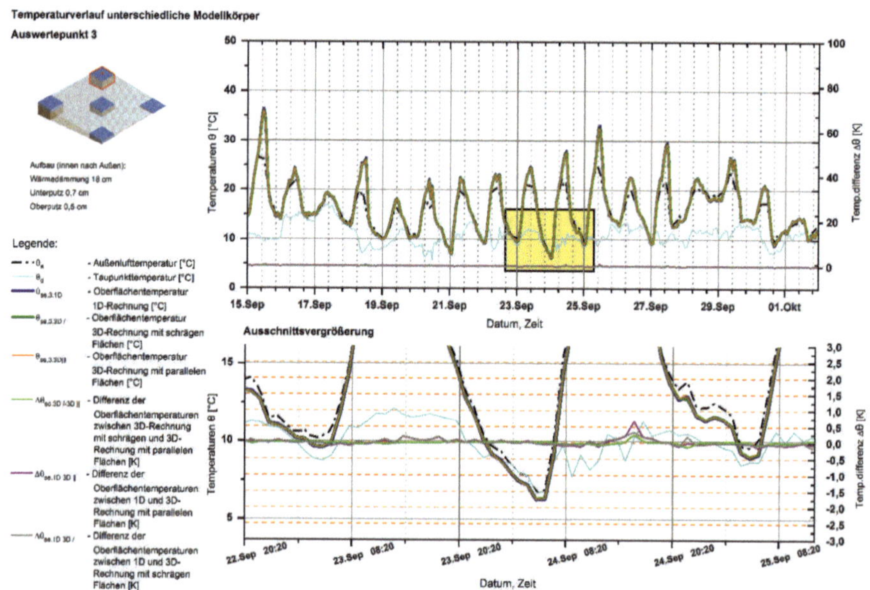

Bild 14-16: Vergleich zwischen den untersuchten Berechnungsszenarien 3D-Rechnung mit schrägen Flächen, 3D-Rechnung mit parallelen Flächen und 1D Rechnung in der Herbstperiode mit Taupunkttemperaturunterschreitung

Auch bei Tageshöchsttemperaturen gehen die Unterschiede zwischen der 3D-Rechnung mit schrägen Flächen und der mit parallelen Flächen gegen Δθ = 0 K. Die WUFI-Rechnung an dem vereinfachten 1D-Modell hat bei Peakwerten lokal Unterschiede bis zu maximal Δθ = 1,78 K (siehe auch *Tabelle 14-2*).

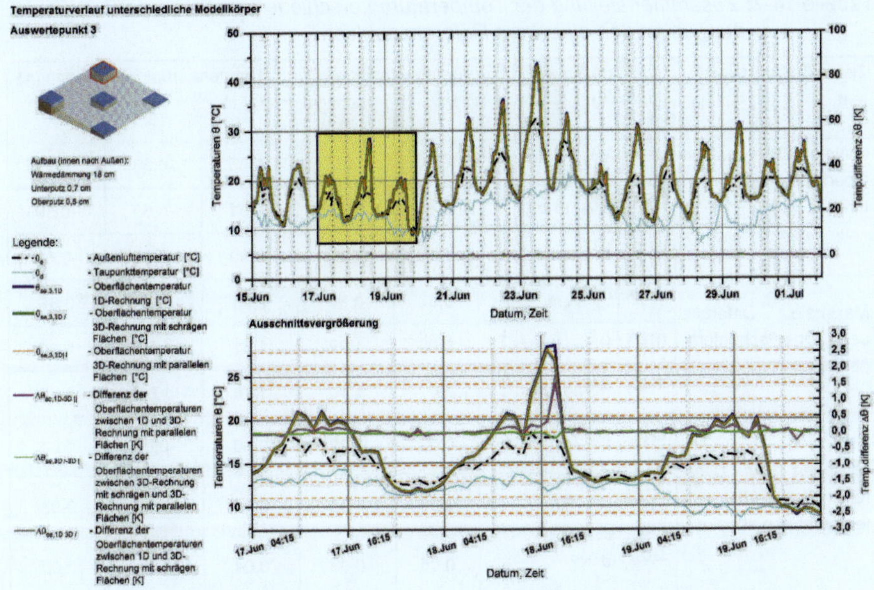

Bild 14-17: Vergleich zwischen den untersuchten Modelltypen 3D-Rechnung mit schrägen Flächen, 3D-Rechnung mit parallelen Flächen und 1D Rechnung am Auswertepunkt 3 im Sommer mit Peakwert der Differenz von 1D- zu 3D-Berechnung

Zum Gesamtvergleich werden in Tabelle 14-2 die Zielgrößen zwischen den Modelltypen 3D-Realmodell (3D/), 3D-vereinfachtes Modell (3D||) und 1D-vereinfachtes Modell (1D) für die einzelnen Referenzpunkte i= 1…5 ausgewertet.

Die Unterschiede zwischen den FE-3D-Rechnungen (grau eingefärbte Zeilen) betragen durchschnittlich bis zu $\Delta\theta \pm 0{,}025$ K. Zu der 1D-Rechnung sind die Unterschiede ebenfalls gering mit durchschnittlich etwa bis zu $\Delta\theta \pm 0{,}075$ K.

Tabelle 14-2: *Zusammenstellung der Temperaturunterschiede zwischen den Berechnungen an den einzelnen Referenzpunkten*

Zielgröße für Auswertung	Abkürzung	Referenzpunkte i=1...5, Temperaturunterschiede in [K]				
		1	2	3	4	5
Minimale Differenz der Oberflächentemperaturen	$\min\{\Delta\theta_{se,i,3D/-3D\|\|}\}$	-0,50	-0,47	-0,66	-0,58	-0,51
	$\min\{\Delta\theta_{se,i,1D-3D\|\|}\}$	-0,60	-0,88	-0,61	-0,55	-0,59
	$\min\{\Delta\theta_{se,i,1D-3D/}\}$	-0,61	-0,87	-0,99	-0,90	-0,66
Maximale Differenz der Oberflächentemperaturen	$\max\{\Delta\theta_{se,i,3D/-3D\|\|}\}$	0,37	0,34	0,43	0,37	0,37
	$\max\{\Delta\theta_{se,i,1D-3D\|\|}\}$	0,99	1,09	1,51	1,39	1,14
	$\max\{\Delta\theta_{se,i,1D-3D/}\}$	1,20	1,30	1,78	1,65	1,37
Mittelwert der Differenz der Oberflächentemperaturen absolut	$\overline{\Delta\theta_{se,i,3D/-3D\|\|}}$	0,03	0,00	0,00	-0,04	0,00
	$\overline{\Delta\theta_{se,i,1D-3D\|\|}}$	0,08	0,03	0,04	0,10	0,03
	$\overline{\Delta\theta_{se,i,1D-3D/}}$	0,05	0,03	0,04	0,14	0,03
Betrag der Mittelwerte der Differenz der Oberflächentemperaturen	$\|\overline{\Delta\theta_{se,i,3D/-3D\|\|}}\|$	±0,02	±0,005	±0,01	±0,025	±0,005
	$\|\overline{\Delta\theta_{se,i,1D-3D\|\|}}\|$	±0,05	±0,03	±0,03	±0,055	±0,035
	$\|\overline{\Delta\theta_{se,i,1D-3D/}}\|$	±0,04	±0,03	±0,03	±0,075	±0,035

Die Modellvereinfachung muss für die vorliegende Problematik herangezogen werden können. Feuchteereignisse an der Oberfläche müssen auch bei der Vereinfachung auf ein 1D-Modell bestimmbar und übertragbar sein. Bei vorliegender thermischer Betrachtung wird stellvertretend für ein Feuchteereignis hilfsweise die Unterschreitung der Taupunkttemperatur herangezogen. Hierzu wird nachfolgend verglichen, ob sich die Anzahl der Taupunkttemperaturunterschreitungsereignisse T_{TPU} pro Jahr sowie der Verlauf der entsprechenden Summenkurven der Modelltypen an den einzelnen Auswertepunkten näherungsweise decken.

Die nachfolgende Grafik in Bild 14-18 zeigt die Summenkurve der Taupunkttemperaturunterschreitungsereignisse der Modelltypen an den einzelnen Referenzpunkten i = 1...5. Zum Vergleich wird die Taupunktunterschreitungsintensität $t'_{TPU,Sep-Jan}$ (Steigung dieser Kurven an der steilsten Stelle) in der Hauptwachstumsphase (Zeitraum September bis Januar) ausgewertet und als Regressionsgerade im Diagramm dargestellt. Zur besseren Übersichtlichkeit sind diese Geraden exemplarisch nur für die Auswertepunkte 3 und 5 abgebildet.

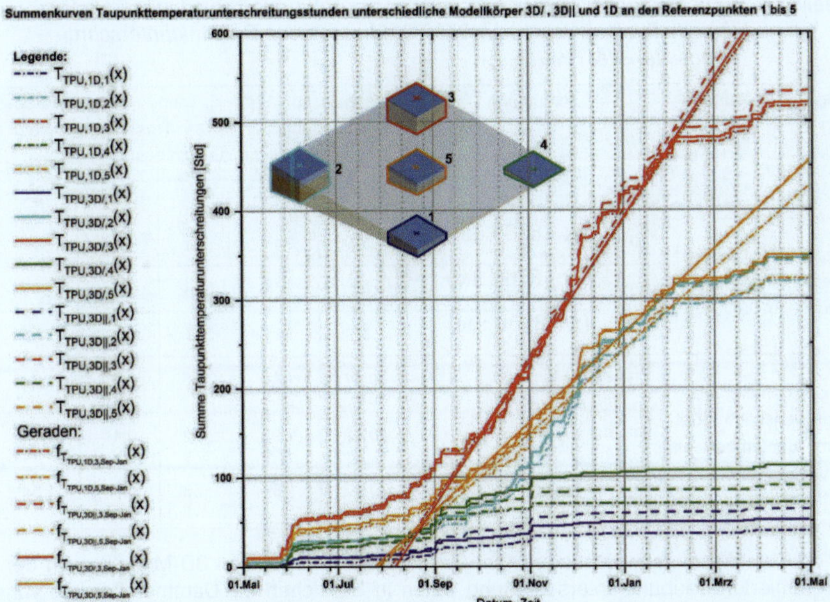

Bild 14-18: Summenkurven der Taupunktunterschreitungsereignisse für die Modelltypen 3D-Rechnung mit schrägen Flächen (3D/), 3D-Rechnung mit parallelen Flächen (3D||) und 1D Rechnung (1D), hier auch mit Darstellung der jeweils zugehörigen Regressionsgerade im Zeitraum September bis Januar

Die Summenkurven der untersuchten Modelltypen liegen für die entsprechenden Referenzpunkte auf vergleichbaren Niveaus.

In der nachstehenden Tabelle 14-3 sind die Anzahl der Ereignisse zur Taupunkttemperaturunterschreitung T_{TPU} nach einem Jahr sowie die Taupunktunterschreitungsintensität $t'_{TPU,Sep-Jan,i}$ für die einzelnen Modelltypen und Referenzpunkte aufgeführt.

Tabelle 14-3: *Zusammenstellung der Taupunkttemperaturunterschreitungsereignisse innerhalb eines Jahres (x=8760 Std.) sowie der Taupunktunterschreitungsintensität $t'_{TPU,Sep\text{-}Jan}$*

Zielgröße für Auswertung	Abkürzung	Referenzpunkt i=1...5, Taupunkttemperaturunterschreitungen [h/a] bzw. Taupunkttemperaturunterschreitungsintensität [h/d]				
		1	2	3	4	5
Anzahl der Taupunktunterschreitungen nach einem Jahr	$T_{TPU,3D/,i}(x = 8760\ Std)$	50	347	521	113	349
	$T_{TPU,3D\|\|,i}(x = 8760\ Std)$	62	344	534	90	345
	$T_{TPU,1D,i}(x = 8760\ Std)$	38	321	517	71	323
Taupunktunterschreitungsintensität im Zeitraum September bis Januar	$t'_{TPU,Sep-Jan,3D/,i}$	0,17	1,94	2,65	0,27	1,62
	$t'_{TPU,Sep-Jan,3\|\|,i}$	0,19	1,93	2,72	0,14	1,64
	$t'_{TPU,Sep-Jan,1D,i}$	0,12	1,85	2,58	0,1	1,54

Die größten Absolutabweichungen (ca. 20 Stunden/Jahr bei den 3D-Modelltypen) der aufsummierten Taupunktunterschreitung treten in Bereichen mit Dämmstoffdicken von 2 cm (Referenzpunkte 1 und 4) auf.

Für die spätere Beurteilung der Konstruktion an den entsprechenden Stützstellen wurde die Intensität des Anstiegs von Summenkurven in dem Zeitraum von September bis Januar herangezogen. In Bild 14-19 sind Intensitäten der Taupunkttemperaturunterschreitungskurve $t'_{TPU,Sep-Jan}$ der einzelnen Referenzpunkte 1 bis 5 für die untersuchten Modelltypen grafisch zusammengestellt.

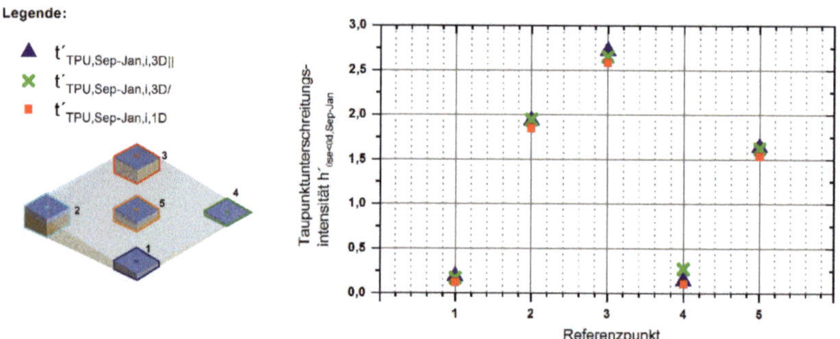

Bild 14-19: Taupunktunterschreitungsintensität $t'_{TPU,Sep-Jan}$ für die Modelltypen 3D-Rechnung mit schrägen Flächen (3D/), 3D-Rechnung mit parallelen Flächen (3D||) und 1D Rechnung (1D)

Der Vergleich zwischen den einzelnen Modelltypen hinsichtlich der Temperaturverläufe, der Taupunkttemperaturunterschreitungen sowie der Intensität der Taupunkttemperaturunterschreitung zeigen für die gewählte Geometrie eine gute Übereinstimmung. Die Vereinfachung des Modells auf eine 1-dimensionale Berechnung an entsprechenden Stützstellen kann daher durchgeführt werden.

14.3 C – Feuchtekorrekturkurven

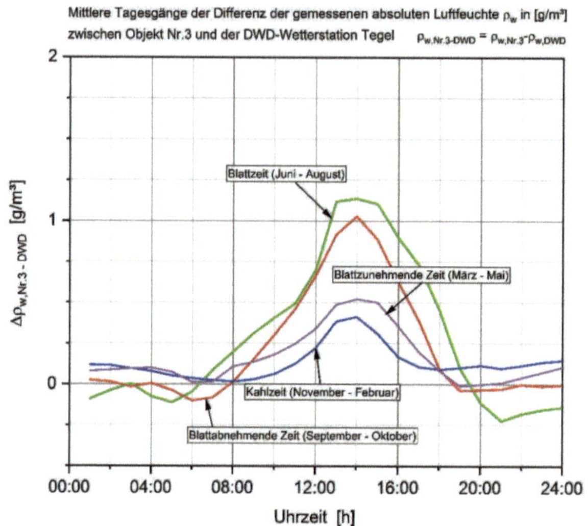

Bild 14-20: Mittlerer Tagesgang der Differenz der absoluten Luftfeuchte zwischen Messwert am Objekt und den Daten der Wetterstation des DWD – Objekt Nr. 3 – Berlin Mitte

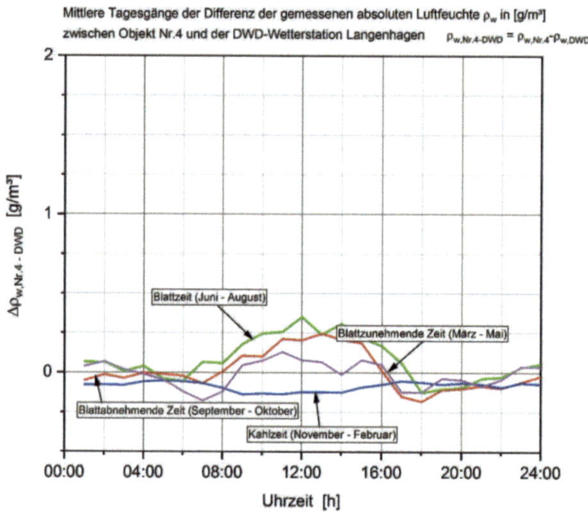

Bild 14-21: Mittlerer Tagesgang der Differenz der absoluten Luftfeuchte zwischen Messwert am Objekt und den Daten der Wetterstation des DWD – Objekt Nr. 4 – Garbsen Osterwald

14.4 D – Dokumentation der Berechnungsergebnisse zur Bestimmung der Oberflächenfeuchteintensität in unterschiedlichen Wandhöhen an Untersuchungsobjekt Nr. 1.2

In Bild 14-22 sind die Temperatur- und Feuchteverläufe sowie Zeiträume, in denen die Wandoberflächen freies Wasser aufweisen, dargestellt. Es wird deutlich, dass die Bereiche a und b häufiger unter die Taupunkttemperatur fallen und damit auch insgesamt längere Zeiträume mit hoher Oberflächenfeuchte aufweisen als Bereich c.

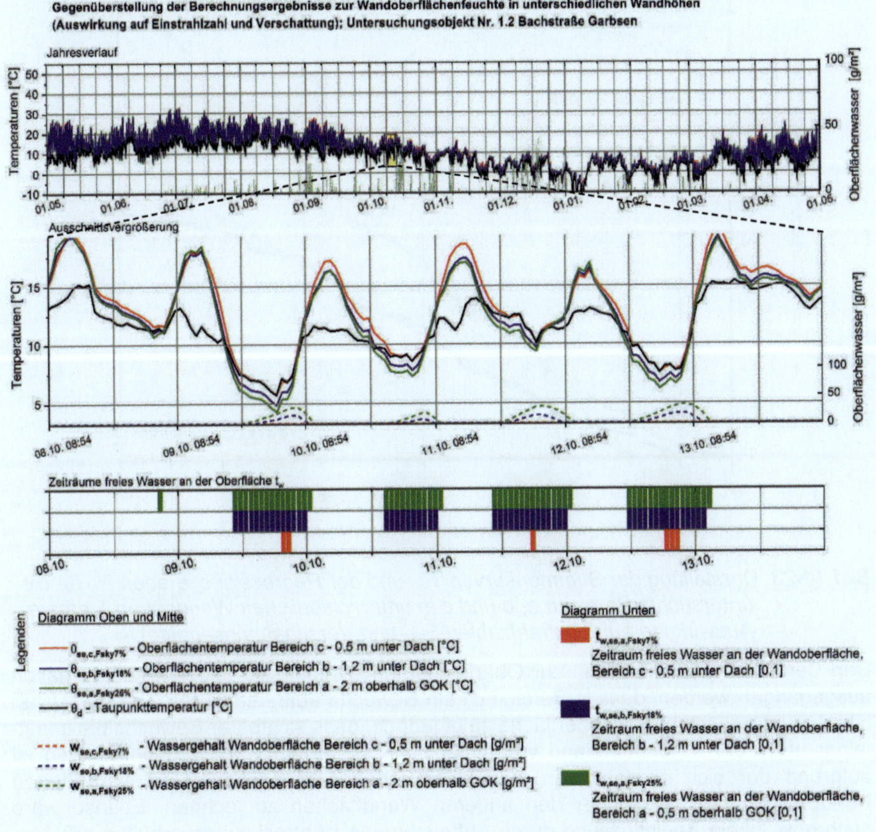

Bild 14-22: Darstellung des Temperatur- und Feuchteverlaufs der Wandoberfläche und der Taupunkttemperaturen in unterschiedlichen Wandhöhen (primäre Auswirkung auf Einstrahlzahlen F_{sky} und Verschattungseffekte). Exemplarisch vergrößerte Darstellung ca. einer Woche im Oktober. hier: Untersuchungsobjekt Nr. 1.2 - Bachstraße Garbsen Nordwand

In nachfolgendem Bild 14-23 ist die zugehörige Auswertung der Oberflächenfeuchteereignisse mit Ermittlung der Oberflächenfeuchtintensität $t'_{w,Sep\text{-}Jan}$ für die Bereiche a, b, und c dargestellt. Bereich c weist eine vergleichsweise sehr geringe Oberflächenfeuchteintensität $t'_{w,Sep\text{-}Jan}$ = 0,6 h/d auf. Durch die Lage unmittelbar unter dem auskragenden Dachüberstand bewirkt eine geringe Einstrahlzahl F_{sky} mit etwa 7 % eine vergleichsweise günstigere langwellige Strahlungsbilanz als die Bereiche a und b und die Oberflächentemperatur fällt somit auch selten unter die Taupunkttemperatur.

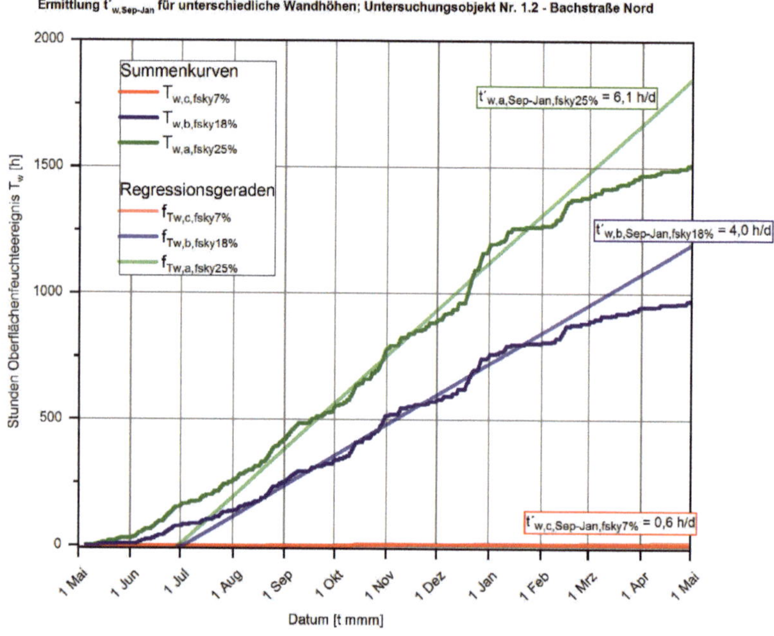

Bild 14-23: Darstellung der Summenkurven T'_w und der Regressionsgeraden f_{Tw} für die untersuchte Bereiche a, b und c in unterschiedlichen Wandhöhen (primäre Auswirkung auf Einstrahlzahlen F_{sky} und Verschattungseffekte)

Den Berechnungsergebnissen zur Oberflächenfeuchteintensität folgend, könnte davon ausgegangen werden, dass in Bereich c kein Bewuchs auftreten würde. Das Bewuchsbild der untersuchten Wandoberfläche zeigt jedoch, dass sichtbarer Bewuchs bis unmittelbar unter den Dachüberstand vorhanden war. Unterhalb von Dachüberständen ist aufgrund der sich einstellenden mikroklimatischen Gegebenheiten mit veränderten Randbedingungen gegenüber den anderen Wandflächen zu rechnen. Ebenso wäre auch eine lokale Beeinflussung durch Auffeuchtungs-/ Abtrocknungsverhalten z.B. von hölzernen Bekleidungen nicht unwahrscheinlich (siehe hierzu z.B. ein Beitrag zum Auftreten von Schimmelpilzbildungen im Bereich von Untersichten hölzerner Dachüberstände *[110])*. Außerdem sind die Windanströmungsverhältnisse in diesem Bereich im Rahmen dieser Arbeit nicht untersucht worden. Geringere Windgeschwindigkeiten an der Wandoberfläche bewirken ein langsameres Abtrocknen der feuchten Wandoberfläche. Für die vorliegende Simulation wurde von einer Windanströmung und Umgebungsluftfeuchtigkeit wie in den übrigen Wandbereichen ausgegangen und nur die Verschattungssituation und die Einstrahlzahl angepasst. Für eine gesicherte Aussage müssten hier weitere Untersuchungen zu oben genannten mikroklimatischen Parametern erfolgen. Die Ergebnisse des Bereichs c wurden daher nicht in die Auswertung einbezogen.

Der Bereich b ist ebenfalls durch den Dachüberstand vor Schlagregen geschützt. Die Feuchte- und Windanströmverhältnisse können aufgrund der Entfernung von ca. 1,2 m zum Dachüberstand ähnlich wie im unteren Wandbereich angenommen werden. Das Berechnungsergebnis wurde daher für die Auswertung verwendet.

14.5 E – Lebenslauf und Selbstständigkeitserklärung

Lebenslauf

Persönliche Angaben	Heide Ackerbauer geboren am 15.10.1983 in Hofgeismar
Ausbildung	**2004 - 2009** Studium des Bauingenieurwesens an der Leibniz Universität Hannover mit konstruktiver Vertiefungsrichtung, Abschluss Diplom-Ingenieur, Auszeichnung der Diplomarbeit mit Förderpreis der Victor Rizkallah-Stiftung **2007** Auslandssemester an der Queensland University of Technology (QUT) in Brisbane, Australien **2003 - 2004** Studium der Rechtswissenschaften an der Leibniz Universität Hannover **1994 - 2003** Gymnasium Beverungen mit Abschluss der allgemeinen Hochschulreife
Berufserfahrung	**10.2011 - 09.2017** Wissenschaftliche Mitarbeiterin am Institut für Bauphysik der Leibniz Universität Hannover, Fachbereich Bauphysik / Energieeffizienz / Energetische Gebäudesanierung **03.2017 – 09.2018** Freie Mitarbeiterin bei der CRP Bauingenieure GmbH **02.2012 - 02.2017** Beschäftigung im Rahmen einer Nebentätigkeit als Bauingenieurin bei der CRP Bauingenieure GmbH - Zweigniederlassung Hannover im Fachbereich Bauphysik / Sachverständigengutachten **03.2010 - 09.2011** Bauingenieurin bei der CRP Ingenieurgemeinschaft Cziesielski, Ruhnau und Partner GmbH im Fachbereich Bauphysik / Nachhaltiges Bauen / Sachverständigengutachten **02.2006 - 09.2009** Wissenschaftliche Hilfskraft am Institut für Bauphysik der Leibniz Universität Hannover

Erklärung

Ich kenne die Regeln der geltenden Promotionsordnung und habe diese eingehalten. Ich bin darüber hinaus mit einer Prüfung nach den Bestimmungen der Promotionsordnung einverstanden. Ich habe die Dissertation selbst verfasst, keine Textabschnitte von Dritten oder eigener Prüfungsarbeiten ohne Kennzeichnung übernommen und alle von mir benutzten Hilfsmittel und Quellen in meiner Arbeit angegeben.

Ich habe weder Dritten unmittelbar noch mittelbar geldwerte Leistungen für Vermittlungstätigkeiten oder für die inhaltliche Ausarbeitung der Dissertation erbracht.

Ich habe die Dissertation noch nicht als Prüfungsarbeit für eine staatliche oder andere wissenschaftliche Prüfung eingereicht. Ich habe keine gleiche und auch keine in wesentlichen Teilen ähnliche Arbeit bei einer anderen Hochschule als Dissertation eingereicht.

Ich bin damit einverstanden, dass die Dissertation auch zum Zwecke der Überprüfung der Einhaltung allgemein geltender wissenschaftlicher Standards genutzt wird, insbesondere auch unter Verwendung elektronischer Datenverarbeitungsprogramme.

Hannover, 26.09.2018